U0173978

国家社科基金西部项目结项成果

广西古村镇景观设计特征与文化传承研究（项目批准

号：14EG156）

国 | 研 | 文 | 库

古村镇景观设计特征与
文化传承研究

——以广西为例

褚兴彪 ———— 著

光明日报出版社

图书在版编目（CIP）数据

古村镇景观设计特征与文化传承研究：以广西为例 /
褚兴彪著. -- 北京：光明日报出版社，2021.5
ISBN 978 - 7 - 5194 - 5946 - 8

Ⅰ. ①古… Ⅱ. ①褚… Ⅲ. 乡村—景观设计—研究
—广西 Ⅳ. ①TU986.2

中国版本图书馆 CIP 数据核字（2021）第 066827 号

古村镇景观设计特征与文化传承研究：以广西为例

GUCUNZHEN JINGGUAN SHEJI TEZHENG YU WENHUA CHUANCHENG YANJIU:
YIGUANGXI WEILI

著　　者：褚兴彪

责任编辑：李　倩　　　　　　　　责任校对：傅泉泽
封面设计：中华联文　　　　　　　责任印制：曹　净

出版发行：光明日报出版社
地　　址：北京市西城区永安路 106 号，100050
电　　话：010 - 63169890（咨询），010 - 63131930（邮购）
传　　真：010 - 63131930
网　　址：http：//book. gmw. cn
E - mail：gmcbs@ gmw. cn
法律顾问：北京德恒律师事务所龚柳方律师

印　　刷：三河市华东印刷有限公司
装　　订：三河市华东印刷有限公司
本书如有破损、缺页、装订错误，请与本社联系调换，电话：010 - 63131930

开　　本：170mm×240mm
字　　数：308 千字　　　　　　　印　　张：17
版　　次：2021 年 5 月第 1 版　　　印　　次：2021 年 5 月第 1 次印刷
书　　号：ISBN 978 - 7 - 5194 - 5946 - 8
定　　价：95.00 元

版权所有　　翻印必究

目　录
CONTENTS

第一章

绪　论

广西壮族自治区地处中国西南一隅，是一个沿海、沿边的自治区。壮族是中国人口最多的少数民族，为古百越后裔；从秦汉开始，来自北方中原的汉族及其他少数民族不断迁徙至此。经过两千多年发展历程，现有 12 个世居民族，包括壮、毛南、回、京、彝、水、汉、瑶、苗、侗、仫佬、仡佬等，形成多民族聚居区。在文化上相互融合、借鉴的同时，各个民族也保留各自的民族特色，形成了具有广西地域特征的民族文化。

广西南部面海，属珠江流域冲积平原，西接云贵高原，北为南岭的萌诸岭和越城岭，东接广东。由北、西、东三面山体围护并向南部沿海开放，地形自西北向东南由高至低梯级过渡，呈现半开放半封闭状态，涵盖了山地、丘陵、谷地、平原等多种地形地貌。

广西属热带季风气候，雨热同季，有充足的光照和降水，利于境内多种动植物生长。从早期人类活动分布状态来看，广西整个区域都具备适宜人类生存的自然条件。广西是中国境内最早发现人类生存遗址的地区之一，从桂林甑皮岩遗址、南宁顶蛳山遗址到晓锦文化遗址，可以说早期人类活动足迹遍布整个广西，呈"满天星斗"式分布。壮族是最早生存在这片土地上的民族，他们烧陶为皿、以木构屋、临河而渔、整田植稻，奠定了广西农耕文化基础。

以"木"构架形成的干栏式建筑体现了岭南民众的集体智慧，尤其是"干栏"式建筑以壮侗语系发音而命名则充分说明广西干栏式建筑的高势能文化。广西壮族传统村落通过多个单体民居有机布局而成，其散点式、中心发散式村落布局体现以自然为前提的生态型传统村落，与其壮族相似的还有侗、苗、瑶等民族；随着北方汉族文化融入，以地居式、院落式、生土建筑为主的单体民居在广西出现，通过技艺、材质、形式等多方位融合，多样性民居在广西出现。汉族传统村落形成受道、儒文化影响深重，道、儒文化随汉族南迁而进入并逐渐流播，对其他民族有较大影响。道、儒文化尽管以互补的形式对汉族传统村落形式起到先导性作用，但对其他民族或地域来说，其影响大小存在着差异性。

综上所述，广西传统村落景观形式大致可分为两种：以自然生态为前提的壮侗传统村落、以儒道互补为先导并对自然适度改造的汉族村落。这两种基本形式互相影响，形成文化交叉，同时，每一种形式又由于受地势、气候、功能等多因素影响在具体表现上呈现"同质多样"的村落景观形式。

广西有较多传统村落。传统村落是指自清代以前（包括清代）形成并遗存至今以及其建筑风格、环境状况、历史文化、传统文化等均无大的变动，得到较好保存且地域传承基本不变的村落。传统村落以中国物质文化遗产与非物质文化遗产结合的方式真实记录了优秀村落建筑、空间艺术、传统建筑营造技艺、传统民风民俗、村落空间形态，反映中华民族文化传统，是一部生动的民族文化发展史。同全国其余省份相比，广西传统村落有较好的地域文化本源性、多样性、融合性，其村落景观所涵盖的多样性人居思想、建筑形式、骨架、节点等有较高文化遗产价值。随着社会快速发展，商品经济充斥乡村文明，商品经济在提高村民生活水平的同时也对现存传统村落景观具有冲击性，体现在现代与传统的生活方式的冲突中，传统村落景观的完整性出现断裂，甚至使得村落景观文化遗产呈现出快速消失态势。同时，探寻广西传统村落景观保护、传承、发展不仅具有学术性，也具有较强实践性，其价值体现在对当今社会"新农村建设""美丽中国""特色小镇"构建有较强启示性。

第一节　广西文脉概说

广西适宜的自然环境孕育了早期人类文明，使其具有深厚文化底蕴。在晓锦文化及顶蛳山遗址都发现了原始聚落空间构建所出现的柱洞，这说明广西早期人群以"木"构架形成居住空间。尽管在半坡遗址与河姆渡遗址都曾出现过"构木为居"的房屋形式，但至今已消失殆尽，而广西人居却将木结构房屋流传至今，尽管今天的干栏式建筑与原始的干栏式建筑已有了本质意义的差别，但从中可以窥探出"木"结构运用的文化脉络。

干栏式建筑在通风透气、生存便利、生态环保等多个方面较适宜广西人居模式，因此，广西传统干栏式建筑能传承至今与其较强实用性是分不开的。从文献记载及在广西至今发现的干栏式建筑遗存来看，广西干栏式建筑形式多样，包括高脚干栏、半干栏及矮脚干栏等类型。

自秦朝开始，历代统治者不遗余力打通广西南部出海口或许是出于时代政治、经济发展的考量，却带来多元文化融合。公元前 221 年，秦始皇派兵攻打广西，由于当地居民激烈抵抗，军饷供应困难，并有秦军士兵"三年不解盔甲"的记载，至公元前 219 年，秦始皇命监御史禄率众历时 5 年在兴安境内凿成灵渠以沟通湘江与漓江，意味着打通了运载粮饷的通道。此后，北方统治者顺利进驻广西，并沿着漓江、桂江、北流江、南流江一直到南部出海口。在汉代，更多外地人群进入广西，如西汉曾派兵在广西合浦驻扎兵营，并实行屯兵制，至今生活在防城一带的"马留人"即是因马援的将领和士兵部属等留下的后人而得名。①

来自北方的中央集权统治者进驻广西后，对本地百越各族实行的统治政策并不是一以贯之的。从历朝历代的策略来看，其统治策略表现为循序渐进的过程：与越杂处—和揖百越—羁縻制度—土司制度—改土归流。历代统治者不仅将广西纳入中国版图，更重要的是将北方文明带入广西，广西本地百越文化与中原文化及其他少数民族文化在此碰撞、交流，形成迄今为止多姿多彩的广西文化。

从建筑形式来说，广西传统民居为干栏式建筑，而从北而来的中原文明带来以生土建筑为主的院落式民居，因此，干栏式建筑与生土院落建筑是广西两种基本民居形式，这两种建筑形式借助广西地缘特点互相借鉴、融合并对自身形式进行改造，其融合性主要表现在对建筑内部空间分割、空间功能界定、多种材料替换、技术工艺方面做调整。从村落景观文化来看，主要表现在村落选址、空间布局、节点形式等方面具有共性与差异性。以干栏式建筑为主的传统村落景观源自朴素的原始思维进而呈现较强的自然生态型导向；而以生土院落式民居为主的传统村落则将道家、儒家文化融入其中，将山水、地势等自然形式上升为理性思维并成为村落景观的文化核心，在保持生态性基础上强化人与人的关系与秩序，呈现较强的秩序性。广西传统村落尽管形式多样，但也有一定共通性，主要表现在：在文化内涵上都含有祈福纳祥的基本诉求；在村落选址、民居形式、村落布局等方面都具备人地关系的适宜性处理。由此而知，广西传统村落所表现出的共性对人居的普遍性规律有概括作用，而这些具有共性的文化传统正是我们继承的主旨所在。

---

① 《水经注》引《林邑记》载："建武十九年，马援树两铜柱于象林南界，与西屠国分汉之南疆也。……土人以其流寓，号曰'马留'，世称汉之子孙也。"

第二节　研究意义与目的、背景

一、研究意义

第一，提取广西传统村落景观元素，丰富民族文化。

人是群居动物，有人群的地方，就有人居聚落存在。壮族从古百越的一支发展到现在，其人居文化有较鲜明的地域性，这是由族群思想与地理环境共同决定的。壮族是典型稻作民族，从旧石器时代以南宁为中心的大石铲文化圈层式分布可以说明：广西是中国较早进入农耕的区域之一，其聚居区具有农耕文明的共性，其村落景观构成的基本元素为山体、水体、稻田、聚落。

广西人居具有鲜明的地域色彩，其原因在于：在中国历史上，壮族是较少迁徙的民族之一；广西地理环境的相对封闭性；悠久的自治制度；尽管受汉文化影响但不全盘接收而是以融合为主并恪守民族文化本源。其地域文化表现为三大特征：第一，以血缘为纽带的人群关系对聚落构成秩序体现了"大公小私"集体意志；第二，对天、地、人、神的敬畏与对自然环境的适度改造使人居环境具有较好生态性，将这一思想进行深解，族群的造物文化体现出追求极致的物理变化并将物理变化进行多样化表现，所以，民居构建尽可能选择具有可再生能力的木材，并将这一习俗流传至今；第三，虽然是外来民族带来外地文化却根据人地相生的原理进行地域性适应，形成与源文化有一定差异的地域文化特色。

广西干栏式建筑材料多就地取材，并进行多样化利用，根据材料特征因势而用，并寻求外观审美形式的丰富性。达到这一目的的首要任务是寻找适宜的材质，如木材、竹子、山草、泥土、石材等。根据不同材质的特性加以利用，主要体现在对具有不可再生性的材料（如石材、土壤）则选择被动适应性，而对再生性强的材料如木、竹、草等材料则选择主动性适应，这一利用原则体现了对生态性的尊重，同时强化了造物的多变性。但是，用简易的材料进行精致制作的大体量房屋是有难度的，然而，广西干栏式民居解决这一问题采用了宏观思维解决基本构架，并强化细节的精致性，如整体构架主要采用杠杆式平衡原理，不强化对称，而采用均衡的方法，在木作技艺、装饰细节上体现精致性，并形成一套独立的建构系统。这种独立系统在房屋内部空间布局中也有自己独特的语言表达，如在空间内部设置火塘（去湿取暖）并设有祖先崇拜的空间；

将牲畜看作家产的重要组成部分，从而将其纳入民居空间之内（如底层为牲畜圈）；村落布局形制、景观节点布置等方面体现出尊重自然的生态性。

第二，广西传统村落的多民族文化融合方法对拓展当代村落构建形式的多样性有借鉴意义。

文化融合是一把"双刃剑"，即文化势能低的一方容易被文化势能高的一方所涵化，同时，双方也可以互相吸收对方有利于自身发展的高势能文化以提升自身。广西民族文化融合是一个漫长的过程，首先是汉族与百越文化融合，后又切入瑶、苗、侗、京、回等民族的文化，在多民族文化融合中有两个特点。第一是历时性。历时性体现在两个方面，即秦汉以后不同朝代对广西政策有差异，每个朝代的汉文化切入广西在强弱程度上有差异，但基本体现出逐渐强化的趋势。同时，历时性还体现在多个民族及人群在不同时代进入广西，这些族群的源文化与广西百越及汉文化融合的程度、方式都有差异，因此，广西文化融合体现出丰富多彩的样式。第二个特点是共时性，即在同一时间段，广西文化出现文化多样性共存，彼此相互学习但保持本民族文化核心与特性，这种特点至今存在。

先秦时期古百越文化保持独立性，从秦汉开始与来自北方的汉文化开始接触，自秦汉至宋，来自中原汉文化聚居区主要集中在沿漓江至南流江一段的水路、陆路交通要道附近，呈点状分布；自宋以后，汉族在桂北、桂东、桂南等地逐渐增多，呈片状分布。原有壮族或被汉化或逐渐西迁，尽管壮族汉化程度较高，但恪守本民族文化依然是广西原生文化的重要特征，这些特征从广西村落建筑中都可以得到印证。这种特征从汉文化密集的区域至少数民族文化集中的区域进行对比就可以体现出来，如以全州为圆心、以全州至恭城为半径画一个圆，这个圆途经广西形成一道弧线，这道弧线分别经过贺州、桂林、柳州三个地区，在这道弧线上分别分布着客家、瑶族、汉族、侗族等多个民族，其中在桂林一带是汉文化集中区，除瑶族有"沿地取风"的习惯外，其他人群及民族基本保持各自文化核心并形成不同样式的民居及村落，如贺州客家围屋、桂林地居村落、龙脊及三江瑶侗干栏式村落，这三种村落形式差异较大，基本保留本族群的文化认知，同时也能体现出一定的文化融合，如贺州围屋的单体建筑周边采用规矩的长方形边界、桂林地居建筑采用悬山顶山墙通风结构、三江干栏建筑中心对称布局逐渐形成，这些改变都是在保留本族群文化核心的基础上形成的。研究广西传统村落景观不但可以进一步了解多民族文化在广西的融合过程，也可以了解广西传统村落的本源构成及各个族群传统村落形成的精髓，以便能更全面、完整地展现多样式村落构成。

第三，通过对广西传统村落景观归纳、比较研究，探讨其发生发展机制，重在探讨传统村落发展为古镇的设计文化通道，寻求聚落演变方式的文化内涵，为现代社会城镇化进程中出现的"千村一面""千镇一面"现象及人居适宜性问题提供借鉴思路。

广西传统村落文化来源及形成有多种，且多民族文化融合历史悠久，因此具有浓郁的人文积淀，在村落选址、村落非遗文化、村落构成、景观节点布局、物质空间与非物质空间互动等方面所积淀的文化优点对当今社会城镇化过程中出现的"千村一面""千镇一面"等问题及生态乡村发展策略等有借鉴性。

二、研究目的

研究目的有两个，主要包括：

第一，提取广西传统村落景观文化特质。

在中国传统文化范畴下，每个地区文化都有一定共性，也有一些特质。广西传统村落景观的文化特质主要体现在以不同人群为主体所构建的村落文化脉络呈现出显著地域特点上，如汉文化区传统村落体现出的"儒道互补"，处理天、地、人关系时以道家思想为主，处理人与人之间的关系时注重儒家思想，二者互相补充、相辅相成，如根据道家自然观选择村落周边环境进行选址，强化人居的山、水元素，在道家文化构成的人居环境中糅合儒家文化对人与人之间的关系对村落进行布局规划，村落布局在线性上呈现出明显方形、弧形的穿插关系，并形成一定秩序性；侗寨则以血缘关系为纽带，呈现以"中心圆"为中心的层层相套的环形布局，在选址时的人地关系考量则倾向于对自然尊崇。除此以外，在广西其他地区也呈现出表现族群文化的村落景观，如广西灵山大芦村则以儒家文化为根本，构建秩序明确的套院及直线切形的村落边界；玉林市至今则有保护较为完整的中原官邸，如苏家大院。这些村落景观布局则呈现出对水口、风水树、巷门、宗祠等节点的有序排列。由此可见，隐含于物质景观之内的非物质文化空间是其传承发展的动力，而二者的有机结合也使得这些传统村落具有广西特质文化。

第二，对广西传统村落景观保护与传承提供理论借鉴与策略性建议。

目前，随着社会经济发展及乡村与城市二元化对立，部分村落逐渐失去传承动力，以钢筋混凝土等材料快速构建的房屋及村落无序发展都成为当代乡村发展的障碍。构建现代化乡村，传承与保护传统村落，处理现代乡村与传统村落之间的关系等成为当下传统村落现代转型的焦点问题。若割裂文脉传承，传统文化就会成为孤岛，且当代乡村如何发展及去向问题都会让当代人困惑。因此，寻求传统村落的文化精神、物质呈现的特征、寻求保护传承策略也是本研究的目的所在。

三、研究背景

研究背景如下：

第一，研究广西传统村落景观文化是历史赋予的时代命题。

相对于其他省份，广西的战乱相对较少，且多民族文化不断融合，文化积淀丰厚；至今，由于广西属中国西部经济欠发达地区，现代化程度不高，现代化进程对传统村落破坏相对较少，因此，传统村落保留数量相对较多；从地理区位分析，广西属于沿海、沿疆、沿边的地区，而对广西少数民族文化、多民族文化融合研究将对中国岭南文化及中国民族文化整体研究做出有益补充；同时，在"一带一路"背景下，广西作为中国对东盟的桥头堡，对内是涵化传统文化的重镇，对外是衔接东南亚的接合部，在历史上，随着壮族、瑶族等少数民族迁移到老挝、柬埔寨、越南等地，在广西研究地域文化、文化传播、文化价值判断将成为时代赋予的重大命题。

第二，对广西传统村落景观文化保护传承显得日益迫切。

经过文物考古调查，广西各级文物保护单位有 2000 多个，而传统村落有 600 多个。随着城乡人口数量比例改变（城市人口已超过农村人口）、人们对生存环境的要求提高，越来越多的政府部门开始重视地方历史文化资源开发，尤其是将传统村落开发为风景旅游区的现象更是一触而上。从广西目前 18 万个自然村及 600 多个传统村落的比例来看，传统村落所占自然村的比例很小，但从全国范围来看，广西拥有的传统村落数量较东部发达地区所占比例要高一些。这些数据说明，一方面，那些存在已久的传统村落成了珍贵的文化遗产；另一方面，传统村落景观作为稀有资源其传承与保护显得日益迫切，并上升为国家在这个时代所需要解决的重要问题。毋庸置疑，对传统村落进行旅游开发是保护传承的路径之一，观光旅游无疑也是促进地方经济发展的一个重要手段，但也应看到，不是所有的传统村落都适合这一模式，传统村落在文化保护与传承方面应有更多策略。

根据本研究所做的相关调查结果分析，已有一些传统村落受到重视，有一些正在努力争取，但更多的传统村落没有得到应有的重视。整体来看，广西的传统村落在保护与传承方面做得相当欠缺。近些年，随着人们观念的改变及利益驱动，那些年久失修的民居已成危房无人居住，甚至许多传统民居开始拆旧建新，传统村落及民居呈加速度消失，这种现象应得到高度重视。"更令人担忧的是，随着大量乡土建筑、人文景观等遭受破坏，村落的非物质遗产也在严重流失，很多富有地域特色的民俗、歌谣、传统工艺等非物质遗产难以延续。如素有'中国画扇之乡'之称的阳朔福利镇，由于商业意识侵蚀，画扇生产日趋机械化，千百年来的手工艺正濒临失传。"事实上，近几年来，广西通过实施城乡风貌改造、名镇名村建设、村镇规划集中行动、特色民居塑造等，一大批富有地方特色、民族文化的传统村落得到适当保护、传承和合理利用，但这些局部的、个别的保护对于整个广西的非遗来说还有较大差距。

由于广西地域宽广，且交通不便，真正要实行全面保护与传承并不是容易的事。一方面，也有一部分传统村落分布在经济欠发达、交通不便的少数民族聚居区，基础设施差，生活水平低，加大了保护难度；另一方面，很多地方对传统村落的保护意识欠缺，只重经济利益，而轻文化价值，缺少保护规划和强有力的保护措施。加上各级财政预算都没有专项保护经费，导致大量传统村落得不到有效保护和维修，濒临消失之危。

广西大多数传统村落逐渐走向荒芜衰落，关键是无人居住也没有人对此关注，这里面有客观原因，也有社会原因。如原来的房子是一个大家庭公用，随着大家庭的解体分化，小家庭产生，人口增多，在人多房少的情况下，每家只能分到一两间，又因原来的院落是共用，所以这个房子的小家庭只能迁出，在维修时相互推诿，结果就是全部选择放弃；再一个原因就是传统房屋的功能在采光、通风等方面不如现代民居，又不忍心拆掉原有的房子，于是选择新址重建并放弃原有房屋修缮；对于一些传统古镇，因商业模式转换、商业中心迁离，古镇失去原有繁华，居民也逐渐离开，最终导致古镇"空心化"，这样的古镇有大圩、扬美等；有些传统大宅居住人群发生变化导致古镇"空心化"，如灵山大芦村、钟山栗木镇等，在新中国成立前夕，这些院落属于经济实力较强的地主大家族居住，但其形式与功能已不适合当代小家庭居住而导致难以进行"活态传承"；当然，也有村落保持了其原有的景观文化，如三江侗寨、龙胜龙脊等，这些村落在景观形式、文化内核等方面都保留得相对较好，再加上乡村旅游开发力度加大，这些村落的规模比原来更大。这种类型的传统村落往往远离经济中心，城市对这个区域的居民诱惑力不大，原住民不仅人口没有减少，而且生活习惯也改变不大，因此村落景观发展模式得到有效传承。但这种模式也不是十全十美，如有过度开发倾向。因为广西有多个民族，且每个民族生存环境差异较大，导致地方经济、文化的发展不平衡，这也给保护传承增加了难度，从而需要多种策略进行应对。

村落的基础功能是为一个族群提供生存的场所。修建村落是生存必需的物质空间，不是所有的传统村落都是因为经济较好才修建的，有些地方不仅原来经济欠发达，现在经济水平提升也不大，但那些村落之所以保留下来是因为难以进行更新，如那坡达腊村、大化盘兔村等。根据现场调研发现，这些村落尽管保留了原有传统村落模式，但是在人居方面并不尽如人意，印象较深的是盘兔村，这是一个瑶族村落，其民居构建采用传统的干栏式建筑，以杉木做立柱，以茅草为顶，以席子在四面围合，上人下畜，室内空间界定不清晰，尽管从外观看上去，其视觉景观有异于其他村落，呈现出色彩及造型的朴素与别致之感，但人居舒适度较差。这些村落可以为我们研究村落的基础形式提供现实物证，但时代赋予的任务不仅仅是保留这些原文化，而是在原有文化基础上进行优化以适宜人居。

从广西传统村落的分布来看，尽管每个区域都有存在，但是分布密度有差异，在经济发达区域相对密集，欠发达地区相对稀疏，且人群组成不同，在村落选址、布局、建筑形式、内部文化组成也有差异，在现代经济快速发展的今天，研究传统村落文化，究其文化本原，提取具有可传承的优秀文化基因，不仅可以改善当地居民生活质量，也可传承文化为当代社会发展所需要。另外，在社会发展多元化的今天，这些传统村落文化保护与传承在城市规划、新农村建设、特色小镇、乡村旅游开发等方面都可提供理论及实践案例支撑，在这些村落加速消失的今天，其保护传承显得尤为重要。

第三节　学术回顾

从人类历史来看，人居模式发展演绎经历了乡村—集镇—城市几个阶段，简单概括起来说就是从乡村逐渐发展到城市的过程。但今天我们可以看到，城市与乡村两种人居模式在本质上都是人群集聚的居住模式，同样具有生活与生产两个空间；但在形式表现上则有一定差别，城市相对于乡村在信息流、物质流及集约化生产等方面更具有优势。但乡村作为第一物质产出地为人类生存提供不可或缺的生活资料来源，所以，乡村存在的必要性不言而喻。从世界范围分析，自进入工业化时代以后，农村哺育城市是工业时代最初的基本模式，从而造成城乡二元对立并导致乡村"空心化"形成，各个国家为解决乡村问题提出不同策略，如德国的"巴伐利亚实验"、日本的"一村一品"、韩国的"新村运动"，这些措施在一定时间内为该国乡村振兴起到了恢复与提升的作用。

中国进入工业化时代较晚，20世纪80年代改革开放以来，工业化进程加快，以京津冀城市圈、长三角城市群、珠三角城市群为核心的城市群逐渐形成，大量务工人员涌向城市，乡村"空心化"开始呈现。虽然国务院对解决三农问题高度重视，不断出台城市反哺农村的政策，如免交农业税、粮田补贴等，但乡村在环境治理、经济产出、人居适宜性等方面依然存在不少问题，这些问题在乡村景观上有所反映，因此，近些年，关于乡村景观研究逐渐增多。同时，因城市与工业文明对乡村冲击巨大，传统村落物质产出逐渐弱化导致乡村人群生产转型，使得乡村不仅缺乏发展动力，甚至保护也感到乏力，因此，传统村落保护研究也呈现新的高潮；城市经济发展、人口高度集中而导致的"城市病"使得更多城市人群"乡村游"行为出现，具有乡村文化承载性较强的传统村落则更多地承担了这一任务，而乡村并未做好接待准备，在餐饮、民宿、公共空间预留等方面依然存在问题，同时，乡村生态也在过多游客进入后遭到一定程度破坏，由此传统村落乡村旅游研究应运而生。

在"新农村建设""美丽中国""城镇化建设"等国家政策的理论支撑与实践方面，传统村落可提供一定借鉴性，广西作为少数民族集中的西部地区，经济发展相对滞后，所以尚能保留一定数量的传统村落，但越是经济欠发达地区，工业文明对其冲击越是巨大。所以，多民族文化遗存在当今保护与传承研究则显得日益明显，对此，从文化人类学及乡村景观、广西民居、广西建筑等方面进行研究的学者也越来越多，关于传统村落景观及保护传承方面的研究主要集中在以下几个方面。

一、相关概念界定研究

（一）村落

对传统乡村景观的整体概念解读并没有确定的权威性界定，如"庄""苑""邨""寨"，这些称呼注重对某个区域人居聚落解读。"乡"的原字是"飨"，本意是二人对食的意思，后假借为行政区域名，如《周礼·大司徒》记载有"五州为乡"，《广雅》有"十邑为乡"，《左传·庄公十年》有"其乡人曰：肉食者谋之，又何间焉？"。《说文解字》认为"乡，国离邑民所封乡也"。唐、宋以后至今指县以下的行政区划，当乡与村两个字相连成为"乡村"时，乡村则泛指城市以外的空间。

"村落"主要指大的聚落或多个聚落形成的群体，常用作现代意义上的人口集中分布的区域，包括自然村落、自然村、村庄区域。而古村落则"是指民国以前建村，保留了较大的历史沿革，即建筑环境、建筑风貌、村落选址未有大的变动，具有独特民俗民风，虽经历久远年代，但至今仍为人们服务的村落"。

"古村落"在广泛运用一段时间后，至 2012 年则改为"传统村落"。2012 年 9月，经传统村落保护和发展专家委员会第一次会议决定，将习惯称谓"古村落"改为"传统村落"，以突出村落的文明价值及传承意义，并指向村落文化传承与保护。传统村落是指自清代以前（包括清代）形成并遗存至今以及其建筑风格、环境状况、历史文化、传统文化等均无大的变动，得到较好保存且地域传承基本不变的村落。"传统村落"第一次出现在国家重要文件中是在 2012 年 12 月 31日，国务院在《中共中央国务院关于加快发展现代农业活力的若干意见》中首次提到"制定专门规划，启动专项工程，加大力度保护有历史文化价值和民族、地域元素的传统村落和民居"。

（二）景观

"景观"为外来词，最早出现在《圣经》旧约全书中，主要指耶路撒冷周边的美丽景色。17 世纪后，这一概念逐渐被引用到园林中来，主要指人造物、自然环境、人文等要素构建的整体意向。19 世纪，德国地理学家洪堡将"景观"一词作为学术术语提出，从此，景观开始在生态、生物、建筑、艺术等领域开始使用。

按照地理学对景观的分类，可界定为自然景观、城市景观与乡村景观三类，刘滨谊、王云才认为："由分散的农舍到提供生产和生活服务功能的集镇所代表的地区，是土地以粗放型为特征、人口密集度较小、具有明显田园特征的景观区域。"传统村庄景观是一种包含深刻文化内涵和人文意蕴的人文景观，而不仅仅是一种普通风景的概念，在地域村落的发展进程中，人们脑海中会对传统人文景观形成一个统一的图像。因此，传统村落景观则指村落形成较早，拥有较丰富的传统资源，具有一定历史、文化、科学、艺术、社会、经济价值，应予以保护的村落在物质与非物质呈现出的景观。单个传统村落景观研究范围主要界定在某个传统村落所涵盖的农田、山体、水体、建筑等物质空间及特定人文、民俗在物质景观中的反映。

二、传统村落景观空间研究

目前，传统村落景观空间研究中都存在定性研究、定量研究、定性与定量相结合三种研究方法。

（一）定性研究

赵晓梅的《中国活态乡土聚落的空间文化表达——以黔东南地区侗寨为例》以人类学为基点，通过活态保护法构建理论，以湘桂黔东三省交界处的侗寨为案例进行取证分析。该研究对建筑空间以文化进行分类，确立文化"场"空间概念，认为"场"空间具备"物理场""文化场"及有人参与的"在场"三个层次，研究文化表达对空间的影响。结果认为：侗族进入"现代文明"后，文化发生变化，进而影响到建筑空间，导致建筑空间在形式与功能表达上都产生了较大变化。

周庆华的《陕北地区人居环境空间形态模式研究》通过区域性人居模式研究，阐述了陕北地区人居环境形态，通过陕西区域人居环境现实问题分析，采用纵向与横向结合的方法构架研究体系，以人居空间形态结构演化为纵向，以环境生态、社会、经济、文化、技术为横向研究内在机制，并以此为基础，探讨区域性适宜人居模式，将是以人居模式分为城乡模式、区域模式、小流域模式、窑洞模式等四种。

袁犁、游杰的《消失的聚落——北川古羌寨遗址与环境空间研究》通过对四川西北地区羌族迁徙及聚落发展的文献整理，综合研究了古羌寨遗址的空间演化、空间构成、环境特征、空间关系，以小寨子沟深山峡谷中的古羌寨遗址为调查点，提出对古羌寨生活环境的保护意义及开发建议。

硕士论文与博士论文主要集中在区域性地区聚落空间研究，如曾艳的《广东传统聚落及其民居类型文化地理研究》，其主要研究目标为传统聚落景观多样性与差异性，重在探讨文化边缘地带非典型民居文化景观的形成与演变，通过时空双向维度及宏观与微观多层次文化地理研究揭示对聚落与民居形式认知，认为广东地区传统聚落与民居在一脉相承文化映射下，在本质上出现与原型映像的一致性。成亮《甘南藏区乡村聚落空间模式研究》以自然与人文为视角切入，采用从宏观至微观的渐进程序，研究聚落内部空间模式及动力机制所表现出的空间组织形态，提出三组空间组织模式，即一般自然村为聚向均质型空间组织模式和外显偏离型空间组织模式、向心内生式空间组织模式和强化支配式空间组织模式、均衡服务型空间组织模式和偏离并置型空间组织模式，并提出包括向心力、稳固力、均衡力的三力驱动结构。

本研究注重空间分析，通过人群及族源文化切入，分析村落精神内核对村落布局影响，赵晓梅提供的观点为："后现代文明"的文化变化影响到空间，并导致空间在形式及功能上发生变化。本研究在空间组织一章将在此观点基础上对文化内核与"现代文明"的关系做进一步解析：精神文化内核位置迁移与村落布局的四种关系。而曾艳的《广东传统聚落及其民居类型文化地理研究》一文中研究认为：传统聚落一脉相承文化映射下，本质上出现与原型映像的一致性。这个观点对广西传统村落中不同族源文化下的村落表现提供了理论依据。通过对定性研究的文献综述，该研究方向给出的研究方法基本在于纵向与横向研究相结合，从而得到村落发展动力驱动机制与空间组织模式类型，尽管区域性研究结果表明，每个区域村落空间组织有一定差异性，但是基本构架依然有相似性，这种方法对广西传统村落的类型区分和研究思路提供了借鉴支持。

（二）定量研究

陈永林、谢炳庚在《江南丘陵区乡村聚落空间演化及重构》一文中以赣南丘陵地区遥感图像为数据源，用 GIS 软件进行分析，研究了乡村聚落空间分布及演绎。他们认为在海拔为 200～600 米、坡度 <15°的低山盆地、河谷阶地等地区及道路和河流沿线聚落的数量、规模及密度均较小，但有扩大的演化趋势，并提出聚落空间结构的重新布局与调整策略。

唐承丽、贺艳华等从"生活质量理论"出发，运用乡村聚落空间与生活质量的双向循环互动机理，在空间功能、空间解构及尺度调控三方面进行优化研究，建立空间优化框架与模式，构建乡村公路为链接的聚落体系空间组织模式，阐释"综合村—特色村"的功能结构等级。

基于人居环境科学理论背景，赵万民、史靖塬、黄勇对区域性城乡统筹发展示范区主要问题，在时空统筹战略中"明确规划时序、重塑空间结构、界定编制层级"；阐述三位一体下的城乡统筹空间规划模式。在理论研究方面，李和坪等从区域规划、整体规划、城市计划、整体设计四个层面展开，提出"山水同构，二位一体"的概念理论研究。段进、季松对太湖流域古镇空间解构进行研究，运用结构主义三种数学原型对典型古镇空间结构进行解析，其空间组织规律表现出"群""序""拓扑"三种空间结构原型；在空间形态方面，探寻人的行为与古镇空间及建筑环境之间的联系与互动关系，揭示了古镇空间形态所具有的相似性、复合性、标识性三种特性。

空间量化研究对本研究的支持体现在传统村落布局大数据的规律性，以实现自然环境、地理地势与人居适宜性关系的量化支撑。

（三）定性与定量研究相结合

杜佳的《贵州喀斯特山区民族传统乡村聚落形态研究》，以喀斯特地貌地理单元为研究区域对乡村聚落空间形态进行系统性研究，以历史演义与地理特征、质性与量化研究相结合的方法研究聚落分布、选址、边界、内部空间，认为由地貌与民族双重叠加形成聚落布局，在平行空间上有差异，在海拔上呈现立体空间差异。定性与定量结合的方法主要体现在对构建传统村落评价模型方面的研究，如杨锐的硕士论文《传统村落人居环境评价》，构建了传统村落人居环境系统，包括空间环境、自然环境、人文环境、设施环境四个部分。评价指标体系由 4 个一级指标和 19 个二级指标构成，综合运用层次分析法、熵值法对数据进行处理，得到结论为：传统村落人居环境质量与村落的规模、发展水平因素有关。而传统村落得分的高低与建筑质量、街巷格局、村落传统格局的保存与维护等有关。设施环境中各个传统村落差距较大。

定性与定量研究为本研究提供了研究方法支持，以数据与表现说明传统村落空间格局分布及空间内部各个元素的关联性。

三、传统村落文化研究

文化是指人类一切劳动成果的概括，包括物质文化与非物质文化，也就是说，文化是既可以凝结于物质之中，也可以游离于物质之外，却能够被传承或被普遍认可的意识形态。村落文化研究是指纯粹以村落文化研究为目标，目的在于解析一种文化现象及隐藏于其中的内涵。村落文化与村落相伴而生，也就是说：有了村落就有了村落文化，甚至村落本身也是文化表现的一种。传统村落文化指的是村落的物质呈现及凝结于其中的非物质文化总和。目前，传统文化研究的主要范围有两部分，分别是文化研究、文化与保护一体化研究。

李银河从社会学角度阐释了村落文化即"村落中的一套行为规范及价值观念"，论述了传统村落以父系血缘为纽带的宗族关系。但是以血缘关系聚集并传承只是村落文化的一部分而已，村落文化应包括非物质文化与物质文化两部分。而闫培良的硕士学位论文则认为，村落文化应包含信仰崇拜及节日、礼仪等文化意向，并具有物质搭建及精神传承两个方面。刘沛林从物质文化角度谈聚落景观，认为聚落景观文化应从平面与立面两个方面表达，并从中寻求其差异性。李建华则在其博士论文中谈道：聚落文化一方面包括人们的物质生产活动、人际物质关系所构成的物质环境，另一方面也包括思想、语言、风俗、传播、观点、制度、伦理等构成的非物质环境。

富格锦在民族村落文化景观研究中认为：村落文化景观应包括赖以生存的环境，不仅包括所有可见的具体存在的物质文化，也包括那些需要被感知的并反映这一特性的非物质文化景观，并作为一个整体进行研究。赵逵从"盐"文化的角度解析了川西传统村落的物质景观与非物质景观，认为其特色空间营造技艺有利于特色传统村落保护与旅游开发。

从以上文献分析，传统村落文化研究界定了传统村落文化所涵盖的内容与概念，传统村落文化概念经历了从单一学科解析到多学科融合，认知范围从物质、非物质到整体研究的发展程序，为本研究在概念及研究方面的内容提供了基础理论支撑，并在研究方法上有所启示。

四、乡村旅游景观研究

在我国，乡村是指国家行政建制市、建成区以外的广大区域，又称农村。这一区域具有人口密度低，聚落层次低、规模小的特点，景观自然属性强，社会结构形式单一。乡村旅游是指以乡村为活动场所，以田园风光、农业生产经营活动、森林景观、农村自然生态环境和社会文化风俗为吸引物，以观赏农村乡野风光、体验农业生产劳作、了解民风民俗和回归自然为旅游目的，以城市居民为目标市场的一种旅游方式。乡村旅游具有类型多样、特色明显、易开发、参与性强等特点。乡村景观是可开发利用的综合资源，是具有效用、功能、美学、娱乐和生态五大价值属性的景观综合体，是在乡村地域范围内与人类聚居活动有关的景观空间。乡村旅游景观是指在乡村区域内，在不同时期呈现出的不同景观类型，它包括乡村旅游体验过程和乡村旅游景观格局，特色鲜明，具有丰富的文化内涵。乡村旅游景观作为一种空间环境，它是以乡村的自然景观和人文景观为基础，通过规划设计、开发利用等手段，营造出的具有高品质的、具有吸引力的乡村旅游空间环境，具有经济、社会、生态等多重效益。同时，乡村旅游景观通过规划设计等手段开发利用后，可以为长期生活、工作在快节奏的城市化环境中的人们，提供寻求并体验大自然的真与美的手段来缓解压力。

乡村旅游景观在我国起步较晚，研究也相对滞后，从研究文献的时间分布来看，2000 年以后，学术界才开始对其重视，多集中在乡村土地规划研究、景观生态学研究、乡村旅游景观规划与开发研究等方面。乡村土地规划研究方面，主要侧重点在于土地利用的优化配置，调整农业用地的规模化合并和不合理的乡村住宅用地，充分挖掘土地资源，改善乡村景观面貌等方面。景观生态学研究方面，如肖笃宁等编写的《景观生态学：理论、方法及应用》和《景观生态学研究进展》最具代表意义，推动了景观生态学在乡村景观规划中的应用。景贵和、肖笃宁、王仰麟、俞孔坚等学者也在这些方面取得了一定的研究成果。乡村旅游景观规划与开发方面的研究多以案例为主。如章锦河通过调研，对安徽宏村的旅游形象进行了设计。王仰麟、祁黄雄以密云县为例，在对当地旅游资源、区位优势、旅游市场、社会经济等条件进行分析的基础上，对其总体布局和功能分区进行了设计。总体上看，这些研究仅停留在归纳的水平上，缺乏对乡村旅游景观规划开发的深入调查研究。

对于乡村旅游景观中的名胜景观区的研究主要集中在理论研究、名胜景观区的规划、名胜景观区的景观评价等方面。理论研究方面：1988 年，丁文魁主编的《风景名胜区研究》是名胜景观区相关研究的论文集，其中涉及名胜景观资源的开发与保护、旅游开发、规划建设等问题,反映了我国关于名胜景观的研究成果及方向。名胜景观区的规划方面:蔡龙等把景观生态学理论应用到名胜景观区规划设计研究中,从景观生态质量、景观稳定性、景观格局等方面分析了名胜景观区规划实施的景观生态效应,并提出了完善的改进建议。吴应科探讨了广西桂林漓江风景区总体规划编制,认为编制总体规划必须遵循"重自然、高起点、精管理"的编制思路,以保护自然环境和景观资源为首要,实现可持续发展的战略。名胜景观区的景观评价研究方面:彭一刚的《建筑空间组合论》讨论了群组建筑的形式与审美,在审美差异性基础上,解析其存在的审美标准与观念,而建筑群组的关系与审美是景观评价研究的基础部分。俞孔坚对森林公园风景质量评价体系是在数量化模型基础上构建的,并以心理物理学派理论为依据。

对于传统村落旅游景观的研究,主要集中在理论研究、传统村落旅游景观的保护与开发利用、传统村落的价值研究等方面。理论研究方面,如刘沛林、董双双引入"意象"的概念,借助从感觉形式研究聚落空间形象的方法,对中国传统村落景观的多维空间立体图像做了初步研究。将中国传统村落景观的意象(山水意象、生态意象、宗族意象、趋吉意象)进行概括,并对不同地域传统村落景观意象做了差异比较。传统村落旅游景观的保护和开发利用方面:彭一刚从规划视角对传统村落整体村落格局进行研究。张安蒙分析了古村落成为旅游开发景区的现状及问题,提出保护古村落景观及建设景观型古村落的理念。传统村落的价值研究方面,张轶群对传统村落的人文精神进行了研究,彭守仁通过案例对安徽的传统村落的建筑特色进行了研究。

五、传统村落保护研究

1834年,希腊确立了第一部保护古建筑的法律,20世纪60至70年代,欧洲国家对城市进行大规模拆建活动,古建筑保护与规划得到学术界高度重视,研究由此展开。1964年,意大利通过了《威尼斯宪章》,表明对古村镇建筑的保护要保持原真与整体,并强调景观空间属于古村镇保护规划的内容,并认为对历史性文化区域的保护与投资由广大公民与权益组织参与。1997年,英国提出对古建筑保护的再开发以及区域整体性特色,重在开发控制以及对未来发展的评估。法国在1962年颁布了《玛尔罗法令》,对古村镇的保护做法是对其外观保持严密的复原,并强调保持居民邻里结构的原真。中国在20世纪60年代开始了对单体建筑的保护,20世纪80年代开始对古村镇整体环境的保护,在1986年公布历史文化名城时拉开了对古村镇保护规划的序幕。

对传统村落保护的研究主要体现在以下四个方面。

第一，保护方法研究方面，主要强调政府牵头，以还真性、修旧如旧等理念，对传统村落进行分层分区保护。如阮仪三教授提出了以历史真实性、生活真实性和风貌完整性为保护规划原则，以及保护传统村风貌、整治历史环境、改善居住环境、提高旅游质量的保护纲领。周乾松提出建立传统村落保护领导小组、建立传统村落名录制度，实行分类保护与分级管理、尽快出台传统村落保护法规等措施来保护城镇化过程中的传统村落。许文聪运用 ASEB 栅格分析法、空间句法等方法，以小河村为例提出了"整体保护、分区对待"的保护原则，为城市边缘区内传统村落的保护与发展提供理论依据。郑鑫对传统村落的形成与发展进行研究，提出了将传统村落的保护划定为核心保护范围、建设控制地带和环境协调区三个层次的保护区域。赵勇博士在专著《中国历史文化名镇名村保护理论与方法》中较为全面地论述了历史文化村落的保护与利用规划的理论与方法。韩海娟提出保护与风貌控制区、环境影响区的二层保护法，以及划定池塘、村口、新街、古街四个重点保护区的保护策略。刘夏蓓从人类学的角度探讨了传统村落文化景观保护与社会结构之间的关系，并提出了通过保护文化景观赖以存在的社会结构来保护文化景观，在发展中保护、保护中发展的文化景观保护的基本原则。宋晓龙从发展的视角，以山西大阳泉古村为例提出分层保护，重点保护体现村落核心历史文化价值的空间格局、街巷肌理和传统院落，同时找到与村落特色资源对应的产业的策略。吴承照、肖建莉在《古村落可持续发展的文化生态策略——以高迁古村落为例》中，"运用文化生态学理论从文化保护与经济发展、文化经营与社区经济、生态安全与容量控制等六个方面，探讨了传统村落可持续发展的前提，动力和制约因素及其对策"。

第二，传统村落的开发与利用研究方面，主要以挖掘当地独特的区域文化内涵为主进行旅游开发，并以可持续发展为理念，提倡在开发中保护、在保护中开发，以原真性为理念，避免同质化。如王路生通过对广西秀水状元村进行实地调查，发现传统物质空间与古镇村落发展空间的不足、古村落保护与历史人文环境衰败等矛盾，为规范开发行为等开发策略，提出了政府主导、公众参与、制定政策法规的方法。牛丹丹在《古村落景观保护与旅游开发研究》一文中对传统村落周边自然景观、整体村落空间景观、传统民居格局风貌、原住民非物质文化景观、传统乡土文化五大方面进行了分析和探讨，在旅游开发方面提出了遵循特色性、动态性、政府整体把控、保护为前提，适应市场需求等旅游开发原则。王莹以 LAC 理论为研究思维框架，从 1990 年以后新兴市场的角度探索了古村落空间形态、古建筑和传统文化三大类九大项指标的重要性，并提出传统民俗文化是古村落的灵魂，古村落开发利用必须守住底线，对商业化开发利用要保持高度警惕，根据市场多元化的需求实现古村落开发模式的多样化的观点。张剑文提出将 PPP 模式引入传统村落保护与旅游开发领域，并提出将原住民纳入 PPP 体系的 PPP 模式优化策略。胡道生评述了黟县古村落旅游资源，指出其开发的目标是可持续旅游，并提出了以政府为主导、保护重于开发、以人为本、以文化为主线的四个旅游开发原则。

第三，传统村落的价值与特色研究方面，主要研究集中在传统村落的形成演变、对传统村落的建筑、景观、空间、民俗、历史等进行梳理以及物质文化遗产和非物质文化遗产的发掘与保护等方面。如彭一刚教授在《传统村镇聚落景观分析》一书中以对传统村落调查为基础，解析了传统民居建筑及隐含于其中的乡土文化，将传统聚落的景观类型进行归类并做出分析。朱黎明以蒋村正月民俗活动为代表的非物质文化遗产、村落空间出发，研究了非物质文化与传统村落环境之间的关系，并对蒋村非物质文化遗产的保护与传承提出了动态保护和静态保护、与社会教育结合的传承保护方式。佟玉权、龙花楼以贵州省 292 个传统村落为实证对象，以 Arc GIS10.2 和 Geo Da 为技术平台，综合多种数据来源，探索传统村落的空间分异因素及其作用。方赞山在《海南传统村落空间形态与布局》一文中以海南岛 19 个传统村落为研究对象，采用田野调查法对海南传统村落的聚落选址特点、演变规律、空间布局、民居建筑的形态与构造，植物的组成与应用等方面进行了分析和研究。李伯华、尹莎、刘沛林等通过 ArcGIS 空间分析工具，对湖南省 101 个传统村落的空间分布进行定量分析，得出湖南省传统村落的空间分布类型为凝聚型，且相对封闭的环境、险要的地形、不太便利的交通、社会经济相对落后等因素使得传统村落得以保护，成为影响湖南传统村落分布的重要因素的结论。

第四，传统村落保护与开发价值评价研究方面，主要是对传统村落的旅游开发价值评价体系的建立以及对传统村落的开发价值进行评价，如蒋刚在《传统村落保护规划研究》一文中运用 AHP 求解指标权重，采用因子赋分的方式对张谷英村进行评分，最后通过加权求得传统村落综合得分，确定张谷英村的保护价值。祁雷将综合分析法和层次分析法相结合，系统剖析国内现有的一些关于村镇历史文化要素的评价标准，提出了整体综合价值的定性、定量评价方法。汪清蓉、李凡提出了层次分析法和模糊综合评判相结合的模糊综合评判法，并以广东省三水区大旗头古村落为例，对其进行综合价值评价，为古村落的保护与开发提供基础资料和依据。冯明明结合了价值评价方法以及评价体系制定了海岛传统文化村落价值评价体系，并以舟山群岛为例对海岛传统村落的社会文化价值、经济资源价值、生态环境价值、传统建筑价值以及旅游规划价值做出分析。朱晓芳在《基于 ANP 的江苏省传统村落保护实施评价体系研究》一文中运用 ANP 方法，制定出适用于江苏省的传统村落保护实施评价指标体系。

综上所述，随着国家开始重视传统村落，传统村落的保护研究逐渐升温，2015 年后传统村落保护研究达到新的高度。从研究涉及的学科领域来看，传统村落保护研究从单一的建筑或某一领域逐步发展到建筑、景观、规划、历史、美学、社会、文化、民俗等多领域交叉的研究。从保护内容上看，从传统的单一建筑的保护，逐步发展到村落整体的保护。从保护的物质形态上看，从物质文化遗产保护逐步涉及非物质文化遗产的发掘与保护。

传统村落是具有不可逆性的文化瑰宝，一旦毁坏将不可恢复，传统村落大多坐落于优美的自然山水之间，遗存大量的文物古迹，蕴含丰富的传统文化，如何在保护与可持续发展之间找到一个平衡点，需要更多的专家学者进行更深入的研究。

六、广西传统村落研究

学术界对于广西传统村落的研究相对薄弱，主要集中在保护与开发研究、景观规划研究、传统村落的价值研究以及民居文化研究等方面。广西传统村落保护与开发研究方面，如刘哲在《广西传统村落现状与保护发展的思考》一文中，指出了建设管理难度较大、基础设施薄弱且自身发展能力不足、传统生活方式保留不多、保护工作进展不快等问题，并提出以统筹推进带动各级重视、正确理解传统村落保护的意义、创新传统村落保护发展的机制模式的观点。刘志宏、李锺国以广西壮族自治区少数民族传统村落为调查对象，通过实际案例分析研究，总结出传统村落保护与城镇化建设协同发展、合理规划科学发展的发展新路径，为中国少数民族村寨建设提供有益借鉴和启示。杨军指出由于目前农业现代化、新农村建设、乡村旅游开发及城镇化速度加快，广西传统村落文化生态环境遭到侵蚀，传统村落文化保护受到冲击，要加强村落文化保护，传承村落文化遗产，优化村民居住环境，推动村落文化的多元发展以及要加强传统村落的文化景观保护。此外，还有公茂武的《广西传统村落分级分类保护研究》和黄忠免的《广西传统村落保护发展》等。广西传统村落的景观规划研究方面，如韦学飞认为传统村落应当受到人们的关注，在景观规划方面应当加强人文因素的设计，融合自然与景观，展现新的传统村落形象。庞春林在《广西历史文化名村景观规划与建设研究》中以广西境内的中国历史文化名村的景观规划与建设作为研究对象，通过村落景观中的自然环境因素、物质元素、非物质元素、功能要素等景观元素进行探讨，对村落景观规划体系、景观建设体系进行调查、研究与构建。广西传统村落的价值研究方面，如朱涛在《广西传统村落的价值与利用》一文中指出今后传统村落的利用，主要是为中华民族历史文化的传承服务，为脱贫致富奔小康服务，为社会创新、文化创新、科技创新提供历史依据。在民居文化研究方面，雷翔的《广西民居》较为系统性，从民族角度对广西民居进行分类研究，从建筑和聚落两个层次对广西民居进行了探讨，分析了广西民居的聚落形态、空间意象以及建筑特征，最后将传统村落及民居的保护和继承也纳入讨论范围。中国民居五书之《西南民居》则选择桂北龙脊的壮族民居作为研究对象，对壮族干栏的布局、建造技术和建造方式进行了详细的描述。李长杰先生编著的《桂北民间建筑》则深入调研了桂北少数民族聚居地区的村镇、民居，较为全面和详细地介绍了该地区壮、侗、瑶族的村落、民居和鼓楼风雨桥等公共建筑。《广西民族传统建筑实录》则从民居、园林、庙宇、公共建筑、古桥、古塔等诸种类型，多方位收录了各民族各类型传统建筑的范例。

第四节　研究内容

广西历史上战乱相对较少，且受中原文化影响的深浅程度不一，再加上民族众多，所以不仅保留有较多的传统村落，且风格形式多样。截至目前，保留较好且数量较多的地区主要分布在贺州、桂林、柳州、南宁等地，呈东北—西南线形走向，少数民族村落主要集中在桂西一带，呈点式布局，而且，玉林、贵港地区也有一定数量分布，本研究根据村落类型、保留完好程度，在进行区域性分析基础上选取具有典型性村落进行分析。研究内容分为四个部分，通过七个章节展开。

一、展开对广西传统村落历史文化成因脉络梳理工作

广西是古百越属地，是壮族先民世居之地，传统壮族民居以干栏式建筑为主。其村落布局较为疏散，传统壮族村落的选址需具备以下三个条件：第一，田地，这里说的田是能种植水田的意思，地指的是旱地，能种植杂粮；第二，山林，因为山林可取木材以做燃料；第三，饮用水源。在具备以上三个条件基础上，村落选址会在以上三个条件之间进行分析定夺，一般饮用水源在村落500米之外。

壮族一般家庭规模不大，等儿女长大成人后可择地而居，以家庭为单位建造房屋，房屋排列以实用为主，房屋与房屋的排列看似随机，其实集防御性、生态性、便捷性于一身，比如说防御性，每个单体建筑排列可有一定高低差，这样能保证每个建筑之间可在视距之内，起到相互照应的作用。有些房屋后面是山，其意义并不是与道家文化的风水有关，而是与逃生线路有关。生态性主要是壮族对人地关系的适度考量之后做出的选择，如一定区域之内生态承载力是有限的，所以当一个区域内人口达到生态上限，有一部分人口就要搬迁到附近的地方另外择地而居，所以许多壮族村落的名称则具有上、中、下的区分，如广西金秀的"上古陈""下古陈"。

尽管饮用水的水源地离居住地较近可方便生活，但从生态性分析，水源地离居住地要有 500 米以上的距离，这是因为在人居较近的地方，饮用水源的卫生较容易遭到人畜等破坏，所以他们宁愿选择远路担水也要保持饮用水的洁净。看似松散的村落布局其实有较强的便捷性，在种植、交通、交流等方面，壮族传统村落布局使其较为便捷。由于壮族村落以干栏式建筑为主，木质不易保存的特性决定了较为久远的建筑形式多已消失，但其村落文化遗传至今。有些壮族文化看似与中原文化在形式上有共性，其实其内涵差别巨大。如在村落布局景观节点中，由道家文化导引而形成村口的风水树在壮族村落中也存在，看似都是村口的大树，汉族有通神的含义，而壮族则在象征文化之外，还含有族群定约的意思。

尽管现存壮族村落传统建筑时间较短，但广西保留的传统建筑文化历时性较长，从公元前 200 年至今的构筑物在广西均有保留，其中春秋战国、秦、汉、唐、宋、明、清等各个朝代，历史跨度达 2000 多年。但传统村落建筑保留最早的为明末左右，因此，对于广西传统村落的梳理工作从两个方面展开：其一，建立者所具备的文化势能，包括世居汉族、少数民族、外来驻军、外地商人、外地移民等先进文化特征优势分析，这一部分主要讲解广西干栏式建筑起源与传承，中原文化切入，中原文化与壮文化融合，外地少数民族进入所带来的思想，外地商人所秉持的建筑理念，客家文化进入广西，多种村落文化在广西并存发展的多样性分析；其二，按照历史阶段分析，不同朝代的设计文化在本地适应性分析。

二、分析广西古村镇聚落景观特征

这一部分通过对桂西北、漓江流域、三江、南宁、玉林、南部沿海等地区传统村落调查，通过航拍并辅助以计算机软件进行整体村落构成样式分析；结合对村落现存状况调研以及对村民的访谈结果分析其基本特征，传统村落景观基本特征分析主要包括生长机制、空间构成、物质空间与非物质空间互动特征三部分。生长机制体现在逆空间序列组合的规律性，即空间形成与演化的序列特征，表现为外部自然环境的存在—人为因素的"借"与"引"—生活空间形成—空间生长—虚空间的界定，体现了聚落选址、人地关系考量的适宜性，在生成方式中，不同族群对人地关系理解不同，从而出现集中生成方式，主要有中心发散型、边界确定型、随机型，受自然环境影响，也会出现沿水域线形扩展型，山地村落出现自上而下、自下而上或横向发展型；受族群精神对村落形式形成有一定导引性，如村落精神内核与村落关系可分为四种样式，分别为中心型、边缘型、外部型、消失型；村落由外部空间与内部空间构成，外部空间主要分析景观元素特征，外部景观空间元素包括山、水、树木，内部空间包括聚落交通组织形式、建筑样式、建筑内部空间组织形式，在这一部分分析中还要结合自然环境与族群生命观，分析其构成形式的不确定性；在自然环境与人类构筑物所形成的物质空间之内是原住民在物质文化空间架构下形成特定的生活、娱乐、信仰、交流方式等形式出现的非物质文化空间，物质文化空间与非物质文化空间的双重整合联系是其发展动力。

三、广西传统村落景观文化特质研究

由于广西族群多元及地理环境的相对封闭性，广西文化同时具有封闭性与开放性，因此，这种对立统一的地域文化性格在传统村落景观中表现出自己的独特气质。对广西传统村落的文化特质研究包括聚落景观美学思想提取、设计符号提炼、设计思维探讨、文化要素传承等四个部分。聚落景观美学体现在规划思想与建筑美学两个方面的差异性，规划思想重在体现天、地、人、神统一的局面，由于创造主体信仰的差异，不同类型的古村镇呈现出不同的格局，如程阳侗族重在体现对父系血缘的维系，以"斗"为单位，一"斗"有一鼓楼，即以鼓楼为中心，聚落构成呈现出"单核团聚""多核团聚""自由团聚"式，而重在崇拜天地的黄姚古镇则呈现具象与抽象两种，提炼具有"象""形""意"三个层次符号出现的频率以及重要性。通过对设计符号解读，探讨其象征思维的文化内涵。从整体而言，整个村落具备以"一"为整体的宏观思维，即一个村落为一套完整生态系统，涵盖物质生产空间及生活空间的全部。由"一"而解的思维方法体现在：由构成的完整性为主导，之间分解为各个细节，细部结构不仅体现细节之美，也能从细节之间的关系呈现出统一体有机结合的完整性，由于"一"的相似性及所分解的细节差异，在物质视觉审美上出现"同质

不同样"的外部感受，以此丰富视觉审美。在审美表象上则呈现统一的和谐性，以汉族为代表的典型性村落精神审美具有道、儒互补的文化传统，在象征思维上出现与中原地区相似的文化通道；少数民族地区的精神象征与汉族区一样，其审美终点为"趋吉纳祥"，但表现手法则有本民族文化的表现系统。文化要素传承重在深入解读传统村落美学思想、设计符号以及设计思维，提取遗地价值核心具有传承意义的要素。

四、古村镇保护规划—可持续发展策略—对当代社会城镇化启示

广西传统村落存在现状令人担忧，冲击来自两方面：一是利益集团不合时宜切入，村落开发旅游带来许多负面效应，如生态性遭到破坏、原有风貌呈现变异等；二是传统村落大量世居居民迁出，造成村落空心化，使得村落失去往日活力，年久失修、毁弃等现象较多。对传统村落进行旅游开发只是使其存在的一种方式，但不是全部，因此传统村落保护规划就显得尤为重要。保护模式分为生态博物馆、自发保护、旅游观光补偿保护。对于原生态性较强的古村镇采取生态博物馆式保护，如已经在广西南丹里湖白裤瑶与三江侗族设立生态博物馆；对于独特性较强的古镇采取文化认同下的自发式保护，如兴坪古镇；对于具有自然旅游风貌特征与异文化并存的古村镇采取旅游观光补偿保护，如大圩古镇、黄姚古镇。规划模式分为"串珠式""圈层式""协同式""修复式"。几个古村镇相邻区域进行"串珠式"，体现在对古村镇廊道景观、节点景观的控制性规划；"圈层式"规划共分三层，即核心保护区、风貌控制区、协调发展区，主要针对远离城市的单体古村镇；"协同式"主要针对在城市近郊的古村镇，在古村镇与城市的模糊边界地带采取协同城市到古村镇景观廊道元素渐变的协同规划；对于良性发展的古村镇采取修复式保护。对现代社会城镇化的启示主要体现在城镇选址、传统景观文化文脉传承、保护居住主体的创造性。

第五节　研究方法

研究方法主要有田野调查、资料分析法、访谈法、比较法、归纳法等。

田野调查是本研究的首要方法，通过实地调研，了解广西现存传统村落构成基本特征，如村落构成的自然环境、整体视觉、材料与人文状态等。

资料分析法是本研究的重要方法，通过阅读相关文献，梳理广西传统村落所蕴含的文化底蕴，并分析其历史发展脉络，根据广西传统村落的基本状况，

综述研究内容，寻求理论研究基础。

　　访谈法是辅助性研究方法，通过访谈，了解所调研村落的一手资料，资料翔实生动，避免研究的空泛性。通过访谈，了解民居背后的故事及基本评述。有时访谈也会出现一些不准确信息，但可以通过基础知识进行综合判断。

　　比较法与归纳法在本研究中辅助于理论分析，通过资料法与实地调查，对传统村落的基本特征做基本归纳，了解其规律。同时，通过不同物象特征比较，可以得到规律性特征及差异性，而规律与差异是本研究得出结论的重要方法。

第六节　研究技术路线

　　先确立研究范围，然后确立调查样点，通过文献资料收集与实地研究，获取广西现存传统村落的基本状况，理顺文化脉络成因并进行分类及特征分析，通过广西传统村落生长机制、空间构成、非物质与物质在空间上的表现、节点研究解析其文化特征，在此基础上进一步深入分析得到文化特质，从而解析出文化传承所需要的景观美学、设计符号、设计思维内涵要素，结合传统村落分类，得到对其保护规划与传承策略，分析这些策略对现代社会城镇化、城市发展、特色小镇建设、乡村景观旅游的启示。

第二章

广西传统村落景观成因

人群生命观与环境互动是决定村落景观形成的根本原因，因此，传统村落景观形成是人与自然互动的结果，互动结果可分为三种：原生景观、改造景观、人造景观。原生景观指的是不对自然原貌进行改造而保持原生形式，但由于人生活在其间并被人的意识所感知，从而使得原生自然成为传统村落景观重要的组成部分；改造景观是指人类考虑自身需求和意图，对原生景观进行改造，但这类改造有适度和过度两种，前者如对自然水体的引领或储存，后者如出于经济目的过度砍伐或引进入侵性外来物种等；人造景观是指自然界原本并不存在，但又是人类生存所需的景观，如通过人的创造，"寻求一种高于自然的艺术创造意向"，如构筑建筑物、绿化、雕塑等。一般来说，一个传统村落中会有三种形式共同存在或只存在一两种。

由于地理环境、人群文化共同作用形成村落景观，根据广西区域历史背景及人群文化构成，广西传统村落景观成因解析主要包括四个方面，即自然地理环境、社会人文、历史更迭、文化融合。

由于地理因素在村落景观中起到重要作用，所以在论述中将地理解析作为成因的首要切入点。从自然景观来说，喀斯特地貌是广西最典型的特征，广西石灰岩地质生成于几亿年前的海底世界，通过地壳抬升作用生成陆地，山势奇特，山、谷地、平地相间，适宜人居。广西地处北回归线两侧，属热带季风性气候，这里雨量充沛、空气温润、植物繁茂。石灰岩地质在雨水、地下水、地表水的共同作用下形成形式丰富的熔岩地貌。因此，自然环境造就的山、水、台地、平地、绿树是广西自然景观的第一视觉感受。

社会人文因素关键在于寻找广西人群文化属性，从人群文化构成上来说，身为广西古百越后裔的壮族积淀了丰厚的民族文化并与其他外来民族文化存在一定差异，因此，在解析壮族早期人群生活状态与人群文化的前提下，了解其他民族尤其是汉族文化进入广西后的表现，寻求多民族文化融合及相互影响的过程与结果。目前，学术界从考古学、人类学及民族学综合研究界定广西最早居住者为壮族，从狩猎—渔猎—农耕—系列文明发展史提供的信息显示，广西最早居住的壮族是中国最早进入旧、新石器时代的人群之一，创造了灿烂的人居文化，如陶器发明、大石铲文化、铜鼓文化、稻作技术、干栏式民居等，其中陶器的印纹硬陶、原始青瓷、铜鼓、干栏建筑不仅在当时具有先进性，至今仍有地域文化特质性，正是这些文化的产生催生了广西人居文化的形成。壮族积极向上的人生观及观天察地、审时度势的自然观为广西乡村景观的形成奠定了基础。壮族对外来文化的吸收与包容是其不断发展壮大的动力源泉，而壮族内部分化、与不同民族通婚、外来民族融合，尤其是汉族文化强势介入是形成当今乡村景观的重要条件，其他民族在不同时期进入广西后带来各自的族群文化，这些族群文化通过适宜性改变及民族文化融合后形成具有广西特征的地域文化，这些文化成因指导着村落形式的构建。

历史成因体现在汉族文化切入广西的时代性、建筑及村落景观表现形式的历时性，表现为封建政权对广西的政策、迁入人群思想、每个时代村落建筑及景观的形式。

族群文化融合主要体现在不同族群思想相碰撞并相互影响，各种文化相融合并导致村落景观产生。

第一节　广西传统村落的地理成因

广西位于北纬 20°54′~26°24′、东经 104°26′~112°04′，这一区间地形显示为三面环山、一面临海，地貌特征总体上呈现出山地、丘陵、平地、盆地相间；广西西北是中国东北—西南走向的第二、第三地势阶梯分界线及与东西走向的南岭山脉交界点，从此交界点向东属南岭山脉，南岭山脉海拔高度尽管不高，且在众多名山大川中并不显眼，却有特殊的地理意义。其意义体现在它在地理与人文方面有四个分界合一，分别为长江水系与珠江水系分界、湖南与广西行政区域分界、南亚热带与中亚热带分界、两广丘陵与江南丘陵分界。南岭在多次造山运动中受华夏式北东向构造线影响，东西走向的主体山脉出现支离破碎的特征，有许多东北—西南走向及南北走向的谷地，当河流浸入其中，在山口低谷地带出现适宜人居的地理环境。

广西北部南岭部分由萌诸岭、越城岭、都庞岭构成，三个岭的最高峰为越城岭的猫儿山，海拔 2142 米，在东北部的贺州整体地势海拔相对较低；广西西部、西北部与云贵高原相连；东南部有云开大山和十万大山；南部为南海；整体地形呈南部开口的盆地状。从地形分析,广西三面封闭且地势形态多样,山地、丘陵、平原皆有适合人居的自然环境。在广西自然环境中,北部有高山阻挡、西部为云贵高原边缘及东部山脉,相对封闭的自然环境为广西古百越人群提供相对独立的生存空间,尤其是当周边省份文化势能不高、经济不发达的一段时间,广西人居环境相对良好,并形成有地域特色的古百越文化。

横亘于桂北的南岭由红色矿岩及青色灰岩构成,这两种岩石均属软弱性基岩,在高温多雨环境下,谷地岩层受雨水侵蚀而成岩洞,因此喀斯特地貌特征明显。群峰林立及天然洞穴较多为原始先人提供生存的天然人居场所,同时,山地众多及动、植物资源丰富也为他们提供了安全保障及多种物质来源。同时,北部纵横的破碎山脉及东部有隔隙的山间为外地人群进入广西提供了地理上的便利,也为日后多民族文化融合埋下伏笔。

山多、雨水多为河流形成奠定基础。桂西、桂北山高水急,并流向东南丘陵、平原地带,随着地势平缓,水势也渐趋平稳,在南部形成河流三角洲。总体来说,广西河流一般发源于西部及北部,流向为南北及东西,在梧州形成三江并流的态势并融入珠江水系,也有向南直接入海的河流,如南流江。广西河流整体分布呈横卧树干状,三棵枝杈分别为红水河、漓江与右江;三江众多支流如枝条纵横交错;南部有钦江与南流江流入北部湾。

从历史发展来看,广西原始人居历程经历了洞穴、贝丘、山丘、山坡等类型,其中贝丘型遗址分布较多,说明河流为原始人居提供饮用水,同时,在河流中渔猎可提供人类生存所必备的蛋白质。广西泉水、河流众多,为人居提供饮用及灌溉水源。广西水体形式呈现出河流纵横、湖塘遍布、泉水众多的基本特征,这也是自然馈赠给广西人群的宝贵资源,自古至今,广西体现出沿水而居的重要特征。

广西纬度低,北回归线横穿中部。在南岭及热带海洋间的广袤大地中,气候受大气运转、太阳辐射、多样性地形等共同作用,等温线呈现出由南至北平行递减的规律,而气候特征则显示为高温多雨、冬少夏多、积温较高,这种气候特征利于多种植物生长,树木种类繁多,其中优质树木有香樟、榕树、银杏、枫树、杉木、柚木、黄花梨、桃花心木、蚬木、格木、白木香、红豆杉、榉木、桢楠等,良好的树木材质为房屋构建提供建材来源,而杂木能提供生活所必备的燃料,茶油能提供食用油。所以,丰富的植物资源也是广西人居所考量的重要因素,如在民居建筑材质中也体现出对木材的热爱与尊重。在村落景观中,林木是重要节点形式,如风水林在村落营建中有重要的精神价值。

第二节 广西传统村落的人文成因

广西传统村落是广西地域人文表达形式之一，其人文成因有三个，分别是稻作民族的人居观念、干栏式建筑传统、人与自然关系和谐处理的审美思想。

一、稻作民族的人居观念

通过对广西原始人类遗址考古发掘，出土物中发现有稻壳遗迹，说明广西地区的早期先人已有种植水稻的能力。广西是野生稻生长地之一，尽管没有证据证明广西是最早培育水稻的地区，但从桂林甑皮岩遗址（距今一万多年）出土的稻壳遗迹说明广西是最早栽培水稻的地区之一。这些史前痕迹是广西发展史的重要组成部分，说明广西地区不仅有悠久人居历史且伴有早期文明出现。

广西原为古百越属地，古百越民族是这片土地最早的居住者，也是最早掌握稻作的族群之一。徐松石在《泰族壮族粤族考》中认为："越与粤，古音读如Wut、Wat、Wet，是古代江南土著呼'人'的语音。""百越"泛指各个"越"人的总称，即"越有百种""各有种姓"，明人罗泌在《路史·后记》记载有25"越"，即"南越、越裳、骆越、阪越、贩皑、既人、且既、供人、海阳、目深、扶催、禽人、苍吾、蛮扬、扬越、桂国、西既、捐子、产里、海癸、九菌、箱余、仆句、比带、区吴"。广西区域大的越分支为两个，即北部瓯越与南部骆越。黄现璠先生认为瓯越与骆越同属一支，因居住地与时期不同而称呼不同，且都是壮族先祖，"瓯越与被多数学者所承认的土著骆越人同出一源，都是今壮族的先民，只是瓯越分布地区相当于汉之苍梧郡和郁林郡大部分地区，即今桂江流域和西江中游（浔江）一带。骆越分布地区相当于汉代的交趾、九真、日南、儋耳、珠崖五个郡和部分郁林郡"。然广西区域的百越民族不仅有瓯越与骆越，还有其他支系，如《汉书·地理志》载有"自交趾至会稽七八千里，百越杂处"，《货殖列传》记载长沙、衡山、九江为南楚，南楚之南为南越，而《方言》记载"南楚之南"到"桂林之中"方言各异，由是推理其间族群较多。

许慎《说文解字》中认为"瓯"从"区"字旁，通"讴"，本义为咿咿呀呀歌唱，而"瓯"为"小盆也，从瓦区声"，引申为伴奏的陶制乐器，但这不是瓯越的真正来源，因古人将山水险阻之地称之为瓯，并以此命名居住此地的人，因此，桂北越人称瓯越，而《路史》记载"瓯越谓在合浦洛黎县"。关于骆越的说法，概括起来有两点。第一，"交趾昔未有郡县之时，土地有雒田"。

"仰潮水上下"等记载认为雒（通"骆"）田是其名之源，在越南语中稻的发音为 Lau。第二，雒田又称"架"田，指以木为架、中植水稻，稻田随水势涨落起伏，为一种原始粗放经营的农业种植方式，但这仅是壮族人种植水稻的一种方式而已，只在靠近河海交汇处运用，大部分地区并不使用这种方法栽植水稻。桂北瓯越与桂南骆越是最早居住于此的百越支系，而此两越实为壮族先民。以上说明广西先民因所居地域地理属性差异而导致生活方式不同；从人居景观构成要素分析，二者在民居形式上对干栏式建筑有认同感，但对生活所依存的稻田、山林、河流、树木、石材、土质等元素则具有情感差异性，由此导致广西南北区域在村落景观文化上存在差异；同时，从越南北上的京族，壮族与异族通婚形成的新民族，从内地迁入的外来民族等，是广西的不同族群来源，在文化形成之初进行小范围融合与涵化。由此，广西地域特定文化成因基础已经形成，而经历多个朝代民族变迁并最终走向文化融合，尤其是来自北方的中原文化基因慢慢渗入，奠定了广西传统村落景观的文化格局。

从广西境内考古发掘可以提取关于相关古百越文化信息：第一，广西境内遗址一般都发现有牙齿化石（包括动物及人的牙齿）；第二，器物发展文化脉络表现为砾石石器—有肩石器—铜鼓文化；第三，发现印纹硬陶（印纹硬陶文化在二里头文化中从未发现）。这三点信息可整合为：牙葬是原始巫术的表现，"牙"具有原始思维之下的"巫灵化"，《山海经》与《大荒南经》分别记载有"羿与凿齿战于华寿之野""有人曰凿齿，羿射杀之"，南越对于凿齿习俗继承说明对古百越文化的一脉相承性；而印纹陶则属于百越文化圈，具有百越文化共性；广西文化特质在于地域性造物特征，如从砾石石器到有肩石器人造物中注意到就地取材的便捷性，以此有目的地打造适宜本地生产所需的器具，"大石铲"是新石器时代广西区域特有的文化遗存，其特有性体现在种类多、数量大、普及性，造物特征体现在都有小方柄、双肩、小重肩、直腰或束腰、弧刃，而周边地区如广东、海南、越南等区域的发掘在广西均有发现，以此证明广西与周边文化相比，具备高势能文化，大石铲也证明了广西先民是最早开始农业活动的区域之一，而甑皮岩遗址关于稻壳的发现，都能说明古百越具有悠久的稻作传统。

上述陈述说明广西壮族自古以来具有农业耕作传统，根据"稻作文化"需求，人居聚落形式则具备以下几个特点：第一，村落选址方位应与水稻耕作区有良好互动，而水体、农田耕作是其考虑的首要因素，对于"天上之水"与"地下之水"的充分运用证明了"壮族住田头（有水的田）"的说法；第二"聚族而居"的生活习性使其村落布局具有良好秩序性，但其秩序性并不像儒家思想所界定的秩序，而是以耕作便捷为目的所界定的空间秩序；第三，出于耕作的需要，牲畜在居民生活中有较高地位，所以干栏式民居中也留有牲畜空间。

广西先民对聚落选址主要分三类，即山坡、高地、山地，此外，对河流的眷恋与依赖也是必不可少的，这些因素都是稻作民族所必须考虑的。以山地选址为例，山上的林木可提供植物果实、叶、根等资源；山下为河流不仅可提供饮用水来源，也起到防御作用；稻田是稻作民族整体文化审美意向，也是村落选址考虑的首要因素，稻田与村落的互动性较强，即生产与生活空间具有较强紧密性，体现了稻作文化中对生活与生产便捷性相统一的实际需求。

二、干栏式民居的传统

传统村落以单体民居有序组合而成，广西单体民居以干栏式建筑为主。

"干栏"又有许多别称，如阁栏、寮房、高栏、麻栏等，其语义来源为壮族对房子的发音"ɣan²"，音近"栏"，又因古壮语存在复辅音，故古壮语 kɣan² 可汉译为"干栏"。最早对广西干栏建筑做文字记载的是范成大著述的《桂海虞衡志》，其后分别为《岭外代答》《炎徼记闻》《赤雅》等。《桂海虞衡志》关于干栏的表述为"民居檐茅为两重棚，谓之麻栏"，其余三本史书有关于"麻栏"的记载，麻栏为古壮语ɣan²前加复辅音"m"与"k"，其中"m"为"k"的演绎，故麻栏与干栏实为同一种建筑形式。

广西为干栏式建筑源地之一，关于这一点，可以从早期人类遗址发掘得到证明，如晓锦文化遗址时代跨度较大，可界定为大致经历了从旧石器时代至夏代，在二期文化遗址中勘察到有85个柱洞，柱洞排列有一定秩序，如有的呈半圆形，有的呈圆形。而较明晰勘察的一组柱洞组合呈长方形，可能为房址，可以看到柱洞有圆形和椭圆形两种；三期遗址发现 17 个柱洞，其中由 15 个柱洞组成椭圆形，2 个为辅助柱洞，柱洞基本为圆形，少见椭圆形（见图 2 - 1）。晓锦文化出土大量柱洞组成的 10 余处房址，显示了广西原始聚落的基本形式。同时，发现有排水沟以及灰坑，说明当时人居的基本形式要素可概括为生活资料、生产资料两大部分，包括干栏式建筑、排水系统、灶具、周边动植物资源，而这也是人居对环境的基本要求；同样，距今 6000 多年前的顶蛳山遗址也发现有柱洞痕迹。这两个典型性遗址分别位于广西南部与北部，分属两个遗址类型，即坡地遗址与贝丘遗址，两个遗址类型都选用木材作为建构房屋的主体并承受荷载，说明木材在广西人居中有重要位置与作用。

广西人居聚落形成起因与全国其他地方具有相似性，即村落可以为衣、食、住、行提供生存必需的空间，而住是聚落需要解决的首要因素。但广西人居聚

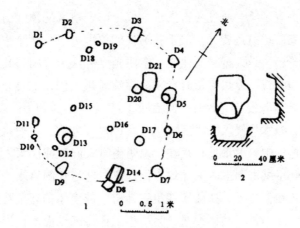

图2-1 晓锦文化三期遗址中房址形式

（图片引自《广西文物考察报告》）

落发展演绎至后来的村落景观形式与其他地区有一定差别，原因在于每个地方在地理、气候及资源方面有一定差异性。同时因广西远离中央集权中心，在生活观及造物思想上呈现出明显的地域特色性，尤其是以"木"为荷载形式的干栏式建筑主体构架形式延续。以"木"为荷载形式的建筑主体构架形成是受人群认知并进行判断的结果。"就地取材，材为我用"是广西人居对环境改造最初的基本判断，建造家园的环境选择在山林与河流之间，一个聚落的人员构成以具有血缘关系群体为主。房屋构建选择木材为主材，在山高林密的自然环境中，木材容易获得且可再生，同时，"木"材质容易加工，技术工艺可精细可粗糙，在生产水平不高的情况下，木材因其加工工艺的便捷性成为房屋建造的首选。除却主材外，辅材的形式也采用就地取材的方法进行选择，这样的材质有很多，如石材、砾石、卵石、竹、绳等，这些材料成为干栏式建筑的主体，因地制宜及就地取材的方法使得广西民居出现丰富多彩的干栏式建筑形式，包括高脚干栏、矮脚干栏、半楼半地干栏、地居干栏、勾式干栏等。

三、人与自然关系处理的思想

广西传统村落景观形成的思想基础如下：由原始混沌思维导致的天、地、人关系认知—合目的性造物活动以实用为先导—神性理念解读并切入—"道""物"并重格局形成。"道""物"并重格局形成决定了人居环境以实用性为目的，兼以糅合意向精神象征元素，因此广西传统村落物质景观呈现出生态性、合目的性及对本民族文化意象的象征性。

自然客观条件改变及族群争夺生存空间的斗争迫使人群迁徙是客观必然，

但文化基因却一直延续。通过考古发现，位于南宁地区的顶蛳山遗址属壮族先民所创建，但其后却痕迹皆无。关于其消失的原因可以从两个方面解释，一是李四光的冰期论，一是大石铲文化论。李四光先生认为我国同其他国家一样经历了第四纪冰川时代，冷热交错时期寒冷导致冰川入侵，主要分布在高山及山麓平原，而"礼乐海侵"导致海平面上涨 3～7 米，时代约为距今 7000～11000 年。这一时期，海水只侵入西江流域，此后 1000 年左右，广西邕江地区才受到影响，顶蛳山遗址中有大量贝丘存在，说明当时人们以捕捞水生生物为食物来源，而此后 500 年洪水到来时又导致人们迁离。这与壮侗语族关于洪水侵害的口头文学有一定相似之处，如壮族《祖宗神树》故事中描述了壮族子孙为谋生四散寻找生路，三房长老共同商量，为防止子孙将来见面不认识，于是约定凡是新建的村子要种上木棉、榕树、枫树，在标识壮族子孙的同时也具有图腾象征之意，分别表示红红火火、子孙昌盛、五谷丰登。由于壮族为稻作农耕民族，除非迫不得已极少迁徙，因此，该故事暗示了民族迁徙及图腾留存寓意。至今，广西壮族村寨的木棉、榕树、枫树依然被视为神树，同样，广西非壮族村寨也植有这些树种，是当今广西传统村落景观中风水树的前身，其中蕴含着乡村景观生态、自然风水等多重文化含义。

在顶蛳山经过洪水之灾后，祖先们离开河岸，向高地迁移，距今四五千年的广西石铲文化诠释了本地域文化中心的迁移情况，大石铲文化中心在今天左、右江及邕江交汇处，距离文化中心越远，石铲出土越少，其辐射范围呈环状向四周发散，东至广东高要、兴宁；南至宁明、合浦、越南北部；西至德保、凌云、靖西；北至河池、柳州等地，最远的可达东南亚及云贵高原等地。由石铲工具的广泛使用说明当时广西农耕经济已成为人们生活的主要方式。生活方式的改变首先是人类生存技能提高，但是人群迁徙的适地性是迫使人们提高生产力的内驱力。

族群在迁徙到目的地后还要面临聚落选址问题，选址体现了人群对人、地关系的考量，集聚着族群生活经验与智慧。广西人居聚落选址思想起因可以从故事传说中窥见一斑，如在云南壮族流传的《艾撒与艾苏》故事中，描述了壮族面临雷雨、洪水等自然灾害被迫迁徙，母亲认为自己尽管不知道哪里可以安身，但可以确认天下总有一个地方可以安身立命，于是她让兄弟俩出外谋生，并叮嘱道："看到爷爷的坟不要讲，看到河里淌来的东西不要劈，要沿着清水河走，不要沿着浑水河走。"兄弟俩离开后，哥哥艾撒执意要沿着浑浊的河流走，结果走到荒无人烟的地方与猴子结婚，生了五个猴子后家庭贫困，而弟弟则相信母亲的话，他沿着清澈的河流走，见到很多村寨并帮助了很多人，最终在那里结婚，生活幸福，后来又找到哥哥，并把他接来。

这个故事从以下几个方面印证了广西乡村聚落形成的文化内因。

第一，自然神崇拜。自然灾害难以克服，于是具有自然崇拜的原始意识，如自然界中云或雷电导致降水，而降水的多少不是人的能力所能控制的，尤其是降水过多形成洪水，这种灾难难以预料或改变，因而产生了自然神崇拜。对于云神、雷神、水神的敬畏与崇拜在广西较为普遍，如西汉时期广西印纹硬陶中的云雷纹与北方的差异，这些自然崇拜元素日后在广西乡村景观中以物质文化或非物质文化呈现出来，如以纹饰、神灵塑像、景观节点等体现。

第二，适应自然的生命力。当原居住地不能再居住时，他们坚信总有一个地方可以生存下来，尽管他们不知道那个地方在哪里，这是一种坚强的生命力量。壮族因稻作传统的农耕文化不会轻易放弃家乡，但在被迫迁徙中对人、地关系的处理理念使得他们对适应自然具有信念，这也是他们改造或适应自然的经验积累。

第三，具有祖先崇拜的意识。"万物有灵"观念中人死为"神"，祖先会在另一个世界保佑子孙后代，其阴宅具有灵性，如果告诉别人，怕别人会有意破坏而失去灵气殃及子孙，而后来的乡村景观中出现的宗祠与祖先牌位等都体现了祖先崇拜的朴素意识。

第四，对自然规律的认知。浑水河为洪水泛滥或水质不好的表现，人居住在浑水河边难以生存，而清水河则发端于山泉水，水质清澈可饮用可灌溉且水量稳定，是宜居的场所，水体成为后来壮族乡村聚落选择考量的重要因素之一。

第五，注重血缘关系。当弟弟找到适宜的地方生活后，把哥哥请来，说明人居具有以血缘关系为主导的意识，以血缘关系为村落构成核心，但不排斥不同血缘关系混居，这也是广西传统村落文化包容与发展的保证，如男方到女方家生活则为广西某些地方的传统，这一点在瑶族聚居区可以得到明证，不同于汉族区对父系血统认可的权威性，起因于广西许多上述民族聚居区依然有母系社会的遗风，体现在对女性的尊重上，如三江侗族的神灵萨岁为女性化身。

综上所述，在无文字记录或保存的少数民族聚居区，口头文学流传不是空穴来风，是一个民族根据其代代相传或民族意向而形成的文化积淀，这也对解释传统村落文化形成有一定参考价值。

人地关系思想形成包括村落选址及村落布局两种形式。

关于村落选址，目前流行两个理论，即"立体分布论"与"同温层习性论"。"立体分布论"以人类学族群生存状态为基础，将生产资料与生存空间结合，强化族群强弱与土地形态关系，认为根据族群强弱决定了占有土地海拔从低到高的立体形态，而土地形态决定了村落景观形式；"同温层习性论"指族群对同温层的适应决定其迁徙的目的地，由习性决定聚落景观形式。两种理论分别从战争与族群习性等不同视角诠释村落的形成基因，因战争而改变或因习性而选择居住地的说法都有一定道理。相对来说，广西从百越先民到现代壮族在排除战争的前提下（尽管广西在发展过程中有战争发生，但战争并未改变壮族居住地），其对居住地选择更倾向于"人地相生"，而演绎过程则糅杂了习性与战争因素，因此，广西传统村落景观成因应从"人""地"关系开始。

　　受"天人合一"整体性思维的影响，在人与自然和谐的前提下，人居空间注重整体性围护，但在内部空间界定不清晰，所以广西原生人居环境的整体空间以圆形、椭圆形、长方形为基本形并确立完整性模糊性边界，导致每一座民居之间界限并不清晰，以"场"意念划分居住区，这一点与汉族有很大差别，如那坡黑衣壮、三江侗寨、大化瑶族等，两幢民居之间留有一定空间，但没有明确界限。同时，最原生的民居之内也没有明确空间划分，如大化瑶族自治县盘兔村，其形式以石为基以木为柱，同时以茅草覆面四周以竹席围护（见图 2 - 2），下层为畜舍上层人居，人居空间没有明显界面分割，以"场"意念布置空间模式。

图 2 - 2　大化瑶族雅龙乡盘兔村干栏式民居

　　广西传统村落对人、地关系的处理还体现在对实用性功能考量，实用性功能体现在环境对生活便捷与天然防御性。这个时期村落的完整性空间对周边自然环境要求较高，人居环境对安全性、生活资源丰富性要求都是重要考虑因素。因此，在人地关系考量中注重聚居区对自然山体、水体、林木的借引，在保护自然生态的基础上实现人居利益最大化。如百色那坡县达腊村（见图 2 - 3），达腊村海拔 790 米，村落选址位于四面环山的高山坝子之中，立面空间呈"佛手"形，平面状态呈"环"形，村落位于"U"形底部向上 50 米，正在"佛手"开叉处，以利于通风、防洪、交通、防御，无南北方位感，朝向均具有"佛手"底部圆心的向心性；单体民居材质倾向于就地取材，即房基为石材、以杉木板为墙体，以杉木为架和梁，青瓦覆顶；单体建筑选址地势相对平坦，但房屋后略高于前，三开间为基本样式，但居室空间分割较为随意，功能多样性高，将畜养、厨房、卧室、客厅、储藏、柴房等多种功能集于一身，无独立院落，房前道路具有原始人居"场"空间的虚拟性。单体民居存在优势，审美具有质朴性、居住具有生态性、造价低廉；不足之处则是防潮隔热性差、卫生条件差、人居空间识别性差。因此其景观存在奇异度高，具有一定审美差异性，有一定旅游开发价值，其劣势在于物质产出低、道路通达度不高、信息交流度差。

图 2-3 百色那坡县达腊村

第三节 广西传统村落的历史成因

广西传统村落景观形成与地域、种族文化有密切关系，目前，学术界关于中国文化起源有两个观点：一元文化论与多元文化论。前者指黄河流域产生的文化向全国辐射传播，后者认为全国各地有着多个独立产生的文化起源。"关于中国文化起源的多元性与上古时代区域文化的多样性有关系。"广义的文化界定为人类所创造的一切劳动成果，狭义的文化仅强调精神方面，也就是说文化研究在广义上趋向更大范围的模糊，而运用研究日趋清晰。从这个意义来讲，文化起源是一个模糊点，关于文化起源的多元论与一元论起源皆有不足。广西由于自身地理气候条件的独特性及古百越各族的种群性有文化特质，从广义文化起源上来说，村落景观物质文化的实用性与精神文化的趋吉性具有中国文化的普遍性意义；而狭义的文化则具有地域的独特性，因此，广西传统村落景观起源具有普遍性与独特性两层含义。中国历史发展一般按照朝代更迭进行描述，但由于广西历史纳入全国统一管理的时间与中原地区并不同步，并造成广西文化势能较低，受周边文化、中央集权文化影响较重，因此，根据广西历史自身特征及汉文化对其影响可概括为五个时期：先秦、秦汉至南北朝、隋唐至宋、元明清、近代。

一、先秦时期

广西为古百越居住地，百越在广西以骆越与瓯越为主，其居住形式经历了洞穴—贝丘—山坡，这三种类型在某个时期可能有重叠，但大体能说明从早到晚的基本顺序。10000年以前的遗址主要有百色百谷遗址、桂林宝积岩、柳州白莲洞遗址，而6500至10000年的遗址有桂林甑皮岩、柳州鲤鱼嘴、那坡感驮岩，居住形式均以洞穴为中心；贝丘遗址一般年代为6000~9000年，以邕宁蒲庙镇顶蛳山、防城港亚菩山、马兰嘴遗址为代表；山坡遗址以隆安大龙潭、资源县晓锦文化、百色革新桥为代表。以上遗址通过考古发现说明，以山洞洞穴为居住形式简单易行，无须更多人居造物技术，生活来源为山地动植物资源；而从洞穴到贝丘说明渔猎技术提升，同时人居也有一定营造水平，但遗址中没有找到相关人居痕迹；在晓锦文化（坡地遗址）中则出现了柱洞及红烧土居住面、碳化稻米，从柱洞排序可以推测其基本形式是木质材料为承构筑物，平面形制为圆形（或近圆形），百色革新桥遗址位于右江平坦阶地上，背山面水，东侧有溪流流入右江，并有大量石铲出土。山坡遗址是早期百越先人居住的基本形式，即以木为构架的圆形居住区，在这个时期人居考量因素主要有居住地高于周边地势，相对平坦，周边有河流，但河流流量不大，大河对人居的危害性较大，而径流量小的河流危害性小且能保证日常饮水。从火烧地面及陶瓷烧制来看，在这些遗址中生活区域有火塘痕迹，火的运用在当时具有重要意义，至今，广西传统民居中"火塘"依然在空间布置中处于重要位置。

古百越人居聚落景观基本构成形式在其遗址中有所体现，首先是聚落构成以木柱承重，平面形式为圆形或近圆形，建筑物内有火塘、聚落外有排水沟，生活区附近有径流量较小的河流；从石铲文化看，岭南及东南亚部分地区均有出土，说明广西有悠久的农作传统，同时，有甑皮岩出图的稻壳遗迹也说明本地栽植水稻传统悠久，因此，古百越民族可界定为稻作民族。通过以上归纳与分析，发现广西原始人居环境包括生活资料、生产资料、精神空间三个部分，这一时期人居景观节点有人居建筑空间、排水系统、河流、水田、道路、公共空间、墓葬区。

二、秦汉至南北朝时期

公元前221年，秦始皇统一六国，首次完成国家大统一，并发动对岭南地区的征战，这是中央集权首次进入广西。《史记》对秦汉之前广西的记载有两次，即"南抚交趾、北发，西戎、析枝、渠廋、氐、羌，北山戎、发、息慎，东长、鸟夷，四海之内咸戴帝舜之功"及"践帝位三十九年，南巡狩，崩于苍梧之野。葬于江南九疑，是为零陵"，指舜帝南方安抚到交趾国，并在苍梧（今广西梧州地区）郊野逝世葬于零陵。但"三皇五帝"时期注重以"德"顺民，对交趾国并无强势文化介入。自夏至秦汉，尽管广西北部也曾受楚、秦统治，但汉文化影响甚微，直到秦始皇统一六国后发动对广西的征战，即"三十三年，发诸尝逋亡之人、赘婿、贾人略取陆梁地，为桂林、象郡、南海，以适遣戍"，秦兵征伐百越遭到瓯越顽强抵抗，士兵三年不解铠甲，直至灵渠修筑成功，灵渠沟通长江水系与珠江水系，水系沟通保证了粮草运行及战争胜利，"越人逃遁"，但灵渠修好后，秦始皇驾崩，秦也很快灭亡。两汉时代发动两次对南越战争，一次为公元前112年，由于南越王年轻，丞相吕嘉叛乱，汉朝廷派军队平定，三路大军均由水路进发，目标直指广州，其水路分别为零陵—漓江—西江、红水河—黔江—浔江—西江、豫章—横浦；第二次为东汉建武十六年，交趾地区二征起义，规模庞大，光武帝派马援带兵平叛，此次依然是水路，路程为：灵渠—漓江—西江—北流江—南流江—合浦。

从两次征战路程来看，当时的水路具有重要意义。再叠合秦汉古墓遗址及遗迹遗址，呈现出秦汉时期中原文化较早切入广西的地区为广西东部的南北走向，出现这一走向的原因在于这个区域河流径流量大，这样的河流利于战争中对人员及粮草装备运输，第二个原因在于经济发展的需要，河流及出海口是货物运行及交流的需要，即海上丝绸之路的开拓，这个时期移民主要来自官兵戍边、官员流放、移民等三个方面，三种移民主要是广西域外战争及域内战争的结果。域外战争人员来自甘肃、河北、陕西、河南、辽宁、青海等三北地区。

这些人员进入广西后，引发文化在各个层面的变化。

其在人居聚落形式变化体现在两个方面。第一，城邑的建立风格，尽管建筑规模较小，带有强烈军事堡垒色彩，但有明显中原建造风格，如位于七里圩村南 200 米的秦"王城"，城墙材质为泥土，形制为规矩的长方形，建筑采用秦时高筑台样式，多边形台基高 1 米左右，而城墙四角设有角楼，马面建筑形向外凸出。第二，豪强地主庄园建立，"一家聚众或至千余人，大抵尽收放流人民也"。尽管没有文献提供庄园形制及规模，但根据"事死如生"的思想及出土文物可以推断当时建筑受中原的影响。而地面建筑秦城遗址发掘到秦代印纹青砖，烧制火候已成熟，从秦军驻军以来，"板筑"技术在桂林一带广为流传。

干栏式建筑形制有两种，一种为面宽三间进深两间的中轴对称式，一种为曲尺式干栏。把秦汉建筑形制与广西出土陶屋进行比较，秦代建筑以高台建筑居多，汉代高台建筑逐渐减少，但多层阁楼增加，同时，汉代建筑注重对主体建筑表现，如组群建筑多采用廊院式，以建筑高低及纵横穿插的方式，用门、廊、墙等衬托主体建筑的高大威严，在审美上注重对比、秩序、轮廓线变化。而"面宽三间房"建筑中间为双开门，符合秦汉营造法则，可推断为中原文化影响下形成，同时，悬山、挑檐、二层山墙开窗则是中原文化适应性改变的一种形式，从一层到两层陶屋在广西均有出土，且下有平台，平台应为秦代建筑高筑台的简化形式，从一层到两层应视为两汉时期注重多层建筑，而带有围合院落的出土陶屋也与西汉营造理念相切合。临桂五通东板与阳朔凤凰岭等地发掘的汉代砖室墓为单砖无浆干砌，其拱券技术及砌墙技术已在桂林流行；在装饰方面，屋顶两面坡，面饰瓦垅，屋脊两头翘起，瓦面上有四条垂脊则明显受中原文化影响。但建筑的基本形制，有百越民居基本特点，如悬山、挑檐、二层山墙开窗等，重要的是，本时期干栏式建筑形式多样，并没有统一样式占主导，这是因为广西干栏式建筑在秦汉已经成型，当铜、铁等金属工具及技艺进入广西后，推动了伐木及营造技巧发展，干栏式建筑结构更丰富、构造更稳固。尽管样式较多，但其基本流程较相似，即：以高大乔木为柱，以铺板为楼，以合板为隔墙，柱与柱以凿卯穿榫连接，架空底层，人居二楼。这个时期是广西干栏建筑飞速发展的时期，他们创造了既不同于中原也不同于传统干栏的新样式：硬山搁檩。

从西汉出土的建筑模型看，既有硬山搁檩式也有干栏式，说明本时期建筑处于高度融合期。如合浦凸鬼岭汉墓出土干栏式建筑有两种形式：一为两层底层架空，前后开窗；另一种为上下两层干栏，二层门口在山墙左侧，右侧有厕所，一层前圈栏后主屋，下层通底，无地板隔层。

同时，广西还有曲尺式陶屋出土
（见图2-4），曲尺式陶屋因不符合
轴线对称营造法则，在秦汉建筑群中
一般为陪衬性建筑，而在广西出土的
曲尺建筑多为主体建筑，此应为中原
文化被吸纳改变的一种形式，因为以
轴线对称为营造法则的北方建筑，基
本形式为三开间，也称为"竹竿

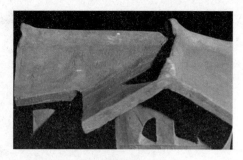

图2-4 东汉陶屋（贺州出土）

屋"，而在一侧增加房屋，称为"单伸手"，也叫"无字屋"，意即没有照风水
及文公尺计算的房屋。

从秦汉时期广西建筑样式、类别等推测，此时期中原文化切入广西东部大
河及交通发达区域，为百越文化与中原文化滥觞初始，既可以接受中原文化，
也保留了当地原有传统，因而形式多样，而村落则出现豪强庄园及汉族普通民
居、百越民居三种类别，干栏式建筑为其基本形式。而牛耕、铁器等的使用推
动了水田稻作发展。

陶井的出土证明当时已经有打井技术，打井技术对改变广西传统民居起到
重要作用，较仅靠河流、泉水水源为传统饮用水而言，打井技术使得人群的生
存范围得以扩大。除了打井技术外，池塘营建技术也得到发展，池塘作为水体
处理的一种形式，丰富了乡村景观内容，并有较强使用价值。曾在陕西勉县出
土过的池塘也在合浦出土过，池塘近方形且四周挡板均有装饰，开口宽且往下
略有收缩，后挡板有排水口（见图2-5）。

打井与池塘是人对水体自然形式的改变，从池塘装饰可以说明池塘既有实
用性又有精神审美性，实用性体现在对水产养殖技术有初步认识，排水口则说
明人对水体的控制，而挡板装饰的龙等纹样体现了实用物体的精神象征。池塘
集养殖、审美、拓展人居范围等功能于一身，这对当时人居是一个大事情，而
水体是聚落存在的前提条件，也是村落景观的一部分。西汉定都长安，派入广
西平定局势的将帅均由朝廷统帅，这些将帅久居不归而成本地人，由此打通朝
廷与广西文化的联系。

西汉豪强地主家庭人口众多，以数世同居、合门百口的大宅流行，尽管这
种大宅样式没有实物存留，但记载有"所起庐舍，皆有重堂高阁"，又因汉代
"孝"风与"儒家"文化盛行，建筑与之对应所体现出的即为建筑秩序与"厅
堂核心"文化，庭院不仅广阔而深邃，整个群族建筑以四面房屋合拢呈四合院
形制，内部分割成许多小四合，以堂、廊庑、通道为连接。

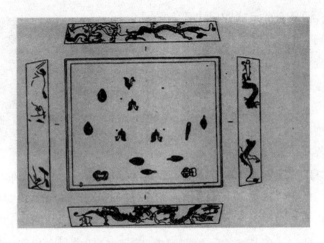

图 2 - 5　合浦风门岭出土铜质池塘

(图片来源：广西壮族自治区文物工作队，合浦县博物馆. 合浦风门岭汉墓
——2003—2005 年发掘报告 [M]. 北京：科学出版社，2006：77.)

汉晋南北朝时期，岭南百越被称为"俚""乌浒""僚"。东汉末年战乱，不少豪强贵族迁居岭南，广西出现"雄于乡曲"的大姓，如合浦冼氏及宁氏、桂州李氏、高凉黄氏等。中原文化在广西进一步推广是在魏晋南北朝时期，尤其是西晋末年"永嘉之乱"造成大批中原士人南迁，称为"衣冠南渡"，指北方缙绅及士大夫举家南迁。这次南迁规模很大，"俄而洛京倾覆，中州士女避乱江左者十六七，导劝帝收其贤人君子，与之图事"，缙绅、士大夫从黄河流域流向长江、珠江流域，由此，文化上"重北轻南的格局"得到一定程度改变，广西百越、三苗族裔与中原文化得到交流。这批南迁士人主要集中在广西东部从北至南的江河边，西部山谷地带少有涉足。

南北朝时期是广西人居文化与外来文化融合的重要时期，主要体现在建筑形式、建造技艺、园林形式，这三种形式为广西汉族地区村落景观构建打下基础。

第一，建筑形式。

南北朝时期中国出现了南北文化大融合趋势，广西汉族地区建筑形式体现在建造体量进一步增大，同时，为了增强防御措施，"坞堡建筑"流行。"坞堡建筑"又称"坞壁"，四角有碉楼，起到预警及防击作用，"构建坞壁，步步为营"是永嘉南渡以后人居景观在广西的表现。因动荡年代一次完成家族迁徙难度很大，一时看不到目的地或举棋不定迫使他们边驻边行，而构建坞壁保全家族是人居的重要选择。"坞堡建筑"以宗族共同体聚居，现存于合浦博物馆的坞堡建筑明器有多种，反映了这一时期坞堡建筑在广西流行的广泛性（见图2-6）。这一时期，自北方汉族建筑进入广西的不仅有建筑样式的大宅"坞堡"，也有小居室，其原因在于移民人群中不仅有缙绅也有庶人，庶人民居体量则小，且讲究分居，即小型居室，这些可从秦代确立的"里伍"制度中得知，"里伍"制度，以五户为一伍，十户为一什，十什为一里，十里为一亭，十亭为一乡，其间"君子小人"混杂，这种制度不强调血缘关系，邻里可能为不同阶层、地位、姓氏的人，因此，各家各户有自己的院落，不需日夕往来的小型住宅互相连接且保留有各自私密空间的宅院形式得以形成。

图2-6　合浦出土的坞堡建筑

第二，建筑技艺的发展。

建造技艺主要体现在材质制作及构建技艺两个方面，青砖烧制在南北朝时期技术水平得到提高，如桂林出土的南朝实物例证为墓葬发掘，青砖搭建的墓室中青砖色差极小，说明建筑材料技术有长足发展；木作构建技艺中大木作梁架穿斗技术得到运用，这一形式改变了传统干栏式构建的单一性。

第三，园林思想及形式。

自南北朝时期开始，从北方迁移到岭南的汉人自称为客家人，他们主要迁往江西、福建及广东梅州一带，这个时期也有部分客家人进入广西。这一时期道家文化在广西开始流行，受道家"道法自然"的文化影响，广西园林景观尚"道"意识增强，从现存的桂林园林景观来看，其构成形式与苏州园林有较大差别，其差异表现在广西园林注重对自然山水元素的运用，不强调对自然形体的改变，而是顺应自然，在适宜处修建亭台廊榭，将人造物自然巧妙地融入自然之中。如公元424年，南朝颜延之开发独秀峰与读书岩，广西山水园林呈现初貌。广西对南北朝园林文化传承有良好脉络，并被广西所留存。在形式上不强调建筑而强调自然，关注自然山体、水体、林木的基本形式，在自然形态基础上建造各式住宅、别墅，以廊与桥相连，这种傍山傍水修营别业尽显幽居之美，体现了本时期"选神丽之所，以申高栖之意"，说明北方汉族园林文化南迁至广西并得到发展。

在这一时期，北方文化尽管进入广西的力度较大，影响力也仅限于东部较大河流附近或陆路交通便捷之处，且呈散点状分布，对于传统百越民居样式影响不大，如《魏书》记载"种类甚多，散居山谷"，但对田园景观有明显影响，如苍梧出土长方形陶耙田明器，明器显示田有四埂，中间有一埂将田分为两块，每块都有一人驭牛耙田，牛鼻有环牵引。

综合上述三点，南北朝时期汉族文化村落景观在广西的表现为：以自然山水为前提选择人居的思想稳固下来，多个不同血缘关系的家庭可以共处在一个村落中，建筑技艺得到提高，田园景观得到改变，而这些改变对后来广西人居环境及建筑样式有重要影响。

三、隋、唐、宋三代

隋唐五代时期，壮族也出现了以大姓氏命名的部族，如"西原蛮""洞氓""黄洞蛮"，宋代则称"布土""撞""土人"，自称为"壮""侬""土"等，首次出现"zhuang"的发音，说明壮族经历了百越、瓯越与骆越等部落发展历程后，部族逐渐壮大并逐渐发展到民族概念，尤其是唐代实行羁縻州县制并在两宋得到强化后，民族文化发展出现一个高潮。

尽管隋唐时代为中国历史上封建文化经济高度繁荣时期，但广西部分地区依然有很强的奴隶制遗迹，买卖人口、"质身于子""质身为奴"现象仍较为普遍，如《新唐书·孔戣传》载有"南方鬻口为货，掠人为奴婢"。桂西仍为刀耕火种、巢居崖处的原始聚落，如柳宗元诗曰"桂州西南又千里，漓水斗石麻兰高。阴森野葛交蔽日，悬蛇结虺如蒲萄"，诗歌以斗石、麻兰、悬蛇、野葛等要素简要描述了广西西南少数民族民居的荒凉景象。为解决广西落后面貌，隋唐时代都委派官员到广西进行改革，如隋代令狐熙在桂州开办学校，兴修水利；唐代容州刺史韦丹"教民耕织，止惰游……教种茶、麦，仁化大行"。柳宗元在柳州赎奴千人，修建寺院以佛教教化民众，达到"去鬼息杀"的效果，并凿井饮水及灌溉，其诗云"盈以其神，其来不穷，惠我后之人"，这些措施使得广西在经济发展的同时也融合汉、越文化。

唐宋时期对广西的治理，使得屯田、牛耕、水车、竹筒饮水等技术得到普及，即使偏远的百色等地也使用了牛耕。在农业基础上，商业也得到发展，"诸道一任商人兴贩，不得禁止往来"，对于海外商业，则规定岭南"任其往来，自为交通，不得重加率税"，广西农业、商业呈现前所未有的繁荣，重要市镇、圩市兴起，这是村落高度发展并出现商品交易的结果，这说明北方中原文化在广西得到进一步推广。

唐宋时期中原文化在人居上对广西有重要影响，主要体现在以下三点：城市布局、官员府邸、普通民居。唐代遗址在广西有四处，分别为桂林古城、归义古城、乐州古城、全义古城。桂林古城南北界点为榕杉湖、宝积山，东西界点为漓江、壕塘，形制为东西短南北长的矩形，城市的基本规划分三部分。位于城市中心位置濒临漓江西岸为"子城"，为官府署衙办公所在地，故又称"衙城"；唐宣宗时期又建"增城"，即居民区；唐僖宗时期在城北又建"夹城"为商业区，城市体量较大，布局清晰，规划意识明确。

归义古城为方形，城墙为土筑，高4米，宽5米，周长700米，古城西北角有古井，应为"衙城"。乐州古城与桂林古城形制相似，为南北狭长东西短的矩形，南北长1000米，东西长500米，应为"衙城"，城墙亦为土筑，传说有千户人家居住于此，现在依然有"千家桥"遗迹。全义古城位于兴安县境内，灵渠从城北流过。因损毁严重，从四角基本形制推测为长方形，尚能发掘出相对完整砌城墙的青砖。

从四个遗址可以看出，唐代城市规划严谨，以衙署为核心，衙署四周城墙以土筑为主，兼有青砖箍砌，衙署周边为居民区，商业区在城市一角，城市选址均临近河流。衙城面积不大，但城墙防御功能较强，唐代古城功能体现在执行朝廷政令、居住、商业集散。除城市提供各民族文化交流外，圩市也是重要场所，隋代广西圩市交易"岭南诸州，多以盐、米、布交易，俱不用钱"，唐代广西五铢钱盛行，圩市较繁华，如关于圩市的描述有"青箬裹盐归峒客，绿荷包饭趁圩人"及"夷人通商于邕州石溪口"。

宋代加强了对广西的统治，体现在四点：第一，确立广西独立行政区划名称为广南西道；第二，选派中央官员到广西任职；第三，实行科举制与铨叙法并行；第四，对落后少数民族地区实行羁縻州县制。

"广南西道"称谓的确立说明广西已较全面接受中央集权统治，中央选派官员到地方任职有利于中原文化在广西流播，鉴于广西地处偏僻及瘴气横行，中央官员大多不愿到此服职，因此，宋代一方面推广书院培养人才，一方面实行科举制与铨叙法并行制度，科举制异于中原，如试断案要试五场，广西只考一场。另外，官员人选，根据铨叙法，只要"两广得解士人"可充实"摄官"，为广西本地官员上升提供便捷通道。羁縻制主要针对桂西少数民族集中地区，其特色为：在左江、右江地区设立羁縻州，由经略安抚司委派提举、知寨、主簿等官员，掌管其兵、政、民事、赋税等事务。羁縻制度加强了政府与少数民族沟通，尽管基本实行地域自治政策，二者文化具有相互沟通的通道，但这种由上而下直接统治也带来了一些如强化阶层矛盾的负面作用，因此，宋代广西民间起义也增多。

通过宋代在广西治理，广西商业、农业、文化得到提升，从人居环境及营造艺术上看，建筑材料更先进，规划更灵活，民居规划意识提升及商业贸易沟通使得广西在此时期内村镇规模及密度较唐代有所进步。如广西现存最早的石拱桥白沙仙桂桥即为宋代建造。仙桂桥现存于阳朔白沙镇旧县村旁，桥选址在四面环山盆地中，为单孔石拱桥，九列条石平列且无浆砌筑，石料表面处理粗犷，但桥体造型轻盈灵动。从近代考古发掘宋代遗物及遗迹来看，宋代构筑物主要用大料石凿刻，并用料石做券拱，不需灰浆勾嵌，同时，青砖砌墙、排水沟、跑道、水井等已较普及。1954年在桂林西郊发现三座宋墓，并在北郊发现三座，西郊墓顶盖石板、壁基以石块砌、墓底铺火砖，北郊墓室为双券石拱门，壁基为火砖平砌，底铺砖，两侧有石灰。说明宋代构筑物以石材凿刻、青砖砌筑、石灰填充等技术已普及，同时，以石材与青砖做拱技术已成熟。

宋代桂林古城保持唐代规模近300年，宋末开始扩建，原有唐城为规矩长方形，宋代将规矩形拓展，扩建目的在于防御，但其规划思想掺入人地关系，如将自然山水纳入人居整体环境中，同时营造水体，即采用借用与改造两种手法，同时，打破规矩形拓展审美情趣，宋代桂林城较唐代亭台楼榭及寺观增加10倍以上，更强化人居的多样性。南北朝时期以自然适度改造回归自然的园艺思想在宋代有一个审美跨越，即在自然基础上强调人的审美理想，因此，拓展人造物的宽度，使自然与人造物结合更进一步。

由于宋代商业发达，沿漓江两岸及主要支流附近出现交易量较大的古镇，如灵川大圩、荔浦龙古寨、平乐津榕村、灵川长岗岭村；由于宋代实行羁縻制，在壮族居住区州县所在地形成重要城镇，如凌云泗城镇、甘田镇、乐业雅长镇、逻沙乡、那坡安峒等；在南海边，公元1010年设廉州（今合浦）为交趾国与中原交易互市，同时也是中原、珠江流域货物出海到交趾国的重要港口，最远曾到达大食（阿拉伯）。宋代桂北古村镇具有中原建造风格，即青砖铺地，石材做建筑基础及拐角处拉结，另外泥土夯筑、木材、砖瓦、茅草等材料也综合运用，公共建筑空间及园林元素在村镇中出现。

通过考古发掘，宋代羁縻制古镇遗址有唐钦江古城、越州古城、浦北县旧州古城，这些古城周边有城墙围合，基本为红色黏土夯筑而成的土城，城分内城与外城，城内有池塘、水井，从城墙土与池塘原生土质相近，可以判断是取土筑墙时有意识挖筑。城内出土石臼、石磙、石碾、碑刻、板瓦、筒瓦、莲花纹瓦当、绳纹红砖、菱纹红砖等文化遗物，可推断城内可进行农产品加工集生活为一体；凌云泗城镇也是以土筑墙，只有城内有少许建筑用青砖砌成，城外民居为干栏式建筑。城镇选址、布局与宋桂林古城都有相似性，即选址上注重与周边环境融合，注重周边生态，如越州古城，"四面石壁，环抱如城，中间开展宽广，约十余里"。其自然生态为山环四壁，并顺应地势将城建为"月牙"形，这一点与宋代古城将唐代古城的长方形周边拓展至山、河处有相似性。因羁縻制形成的古镇与桂林古城在功能上有相似性，即行政公署的阶层统治性及生活性合二为一，其区别点在于羁縻制更强调防御性，所选地址地势更险要，其生活来源为其统治下的百姓供养，如《桂海虞衡志》载有"其田计口给民，不得典卖，惟自开荒者由己，谓之祖业口分田，知州另得养印田"，"功剽山獠及博卖嫁娶所得生口，男女相配，给田使耕，教以武技，世世隶属，谓之家奴，亦曰家丁。民户强壮可教劝者谓之田子、田丁，亦曰马前牌，总谓之峒丁"。

商业型古镇在宋代广为流行，主要分为守节驻地、博易场、圩市。守节驻地作为行政中心的同时也兼具商业贸易功能，如桂州、邕州、梧州；在广西每个区域都分布有博易场，博易场多为大宗贸易中转、集散地，如邕州横山寨（今广西田东平马）、邕州永平寨（今永明县）、融州王口寨等，而乡村交易圩市也增多，比较著名的有利仁圩、那驮圩、石传圩、广化圩、莫圩、油蓝圩等，这些商业中心形成城镇。

由于宋代朝廷实行直接委派官员到广西任职、以科举制与铨叙法选取本地官员、羁縻制少数民族自治等策略，中原文化在广西呈现出以桂林为中心点向四边辐射的态势，以州、县所在地为接收端点，使城市选址、布局、审美思想具有一致性，即山水自然要素与人居环境结合、轴线对称等规划方式得到拓展，建筑材料技术得到进一步提升，并注重人居环境中文化要素的提升，如宋代桂林古城佛教寺为唐代的 10 倍，寺院形式也在少数民族聚居地建立。商业型古镇大规模发展，主要集中在沿江、沿海及交易密集的圩市。同时北方人口南迁逐渐增多，主要原因在于黄河流域、长江流域战乱移民至此使得岭南得到开发，如宋代李伯纪诗"得归归未得，滞留绣江边。感慨伤春望，侨居多北人"，"十年后，北方留寓者日益众，风声日益变"，此时北迁民众与以前不同在于单体家庭南迁难度较小，因此，北迁人口中以散户居多，这些北迁人口在普通村落建造中将北方文化进一步带入，因此，广西乡村景观形式也得到丰富。

四、元、明、清至今

至元代，广西人口锐减，其原因在于元代统治者重军事而漠视经济，同时，元政府的残酷统治使政府与民众矛盾激化状态长期存在，如元军进驻广西的屠城事件、掠民为奴等，民生在此时期得不到重视（如水利设施长期不维护），即使屯田，也是为军事服务，对百姓生活改善较小。元代广西屯田主要集中在险要关隘处，总共有128个隘口，涵盖广西每个地方，如僮寨有18处。面对元代的残酷统治，广西民间起义达到前所未有的密度，从1284年开始，几乎每两年就有一次，甚至有的一年有几次，尽管这些起义最终都被镇压下去，但广西民间起义在一定区域内沉重打击了元代统治直至其灭亡。纵观整个元代，广西官民矛盾对立状态严重，民间造物技艺停滞不前。因此，元代出现新的古镇仅限于屯兵遗留的隘口，如百色西林那劳岑氏建筑群等少数民居。传统古镇交易尽管一直沿用，但规模没有发展，如横山寨依然是少数民族交易场所，梧州依然"江汇百川，舟通诸城"，大圩古镇等依然在交易，但这些传统古镇所承担的功能主要是百姓生活必不可少的土特产及农副产品交易，而外向交易性古镇如合浦等港口古镇则明显失去往日繁茂。

明王朝在广西实行三司机制，即总督、布政使司、府县三级管理，实行卫所制度，在广西设11卫21所。朱元璋实行"封建亲王，屏藩帝室"政策，将20个儿子、侄子分封到各地。桂林经过唐宋时代发展，到明朝已成为全国知名城市，因此，朱元璋派其侄子到广西任藩王；驻军较前代有所增加，明初即派10万大军到广西屯田，一方面开拓边疆，一方面加强边疆稳定；对少数民族地区采取"以夷治夷"政策。

明代土官制度得到空前发展，实行土官制度带动了少数民族参政的积极性。明代是广西传统村镇景观发展的重要时期，原因有三。一为重视教育，书院发展盛况空前，此时广西建有书院68所，遍及广西各个区域。据《广西通志》记载，整个明朝广西共有进士212名、举人4634名，有大批士人进入中央政府部门，文人建筑及传统府邸建筑在广西推行。二为广西水路发达，广西有河流可通过珠江、长江及直流入海三种方式，明代广西重视水路并拓展航运，在沿江处设水、马驿站99处，因此，不仅本地商人增多，而且外地商贾云集，大圩场逐渐形成，并有"男不耕，商而袖子做食"的记载，商业型古村镇空前发展且样式繁复。第三，明代工艺技术发展带动广西本地造物热情，广西因山高林密，木材质量上乘，木作技艺得到拓展，如"桂作"红木家具，以铁黎木为材质，造型简单大方，形成具有明显地域特点的广西木作；柳州因棺材制作精美而获得"死在柳州"的传说。在此基础上，广西建筑技术达到历史上的高峰，并出现能代表全国建筑水准的建筑，如合浦大士阁（见图 2-7）、容县真武阁、桂林舍利塔等。

图 2-7　合浦大士阁

明代为防止倭寇侵袭，在沿海设置海防城，合浦千户所就是这样一个要塞城，初建时主要有城壕、窝铺及门楼，后又加四门楼、角楼、月城楼、重门、鼓楼，而大士阁即为鼓楼。城墙采用黄土、碎砖层叠式夯实，城内有民居。大士阁由两座建筑连接而成，各有两层，连接方式采用"承雷"技术。"承雷"技术唐代以后较少用，使屋檐的接水长槽连接以取得较大进深，以解决木结构对大宽度建筑构建的不足。大士阁为两层歇山式重檐阁楼，由 36 根木柱支撑，36 根木柱分别为内金柱、山柱、角柱、檐柱，其中金柱、山柱直通二层，柱础形式有三种：铺地莲花、方唇素面鼓墩、圆素面覆盆墩。地面以红阶砖铺地，明间有三层踏跺，屋脊的正脊、垂脊、岔脊、翘脊饰以色灰塑，以圆雕和浮雕呈现，纹样以"暗八仙"及花草鸟兽为主。大士阁建造方法符合宋《营造法式》，集实用与审美于一身，其实用性体现在功能性发挥及历经台风地震屹立不倒的坚固性，其审美体现了中原营造技术与岭南建筑风格结合，有独特的岭南阁亭建造风格。

公元 759 年，唐代元结到容县任经略史，为操练士兵及游览观光营建经略台。明万历年间，增建真武阁，真武阁是借助中原审美、工艺技术及广西干栏式建筑思想修建而成，被称为"江南四大名楼"，因其抗震、抗风的坚固构造屹立 400 多年不倒，其建造技术令人惊叹，也被称为"天南杰构"（见图 2-8）。据梁思成考察，其独特之处在于"杠杆式原理"营造理念。真武阁共三层，一层由 13 根檐柱及 8 根金柱支撑，尽管首层面阔三间、进深三间，但整体形状为长方形，面阔 13.8 米、进深 11.2 米，在中间 4 根金柱两侧各平行加一根金柱，在平面上四边两根檐柱与新增金柱形成等腰三角形，中间 4 根金柱形成边长 5.6 米的正方形，正方形及等腰三角形共同构成一层的稳固性；到二层后，面阔及进深缩减为一间，一层的 4 根金柱为二层檐柱，中间 4 根金柱受力主体，其独特性体现在二层中间有 4 根不着地的金柱，金柱离地面 3 厘米，表面看是落地，其实不能承受荷载，4 根金柱之上的顶棚荷载及 4 根金柱自身荷载与金柱之外的屋顶面载呈平衡状态，两部分荷载将力共同传到一楼直通上来的金柱上，这根金柱起到如天平中间平衡点的作用。其抗震、抗风性除木作构建本身性能外，直通顶层的金柱在一层的着力点（即柱基）之下的土层为细沙堆，同时还有真武阁柱、梁交接的榫卯呈松动状态，沙基及松动的榫卯平常时间为静止的，当地震及台风来时它又是动态的，在动态中寻找平衡，当外界环境为静态时它又恢复为静态，达到建筑与自然相合的造物境界。

图 2 – 8　真武阁

中国传统建筑可归纳为三个发展阶段：汉式建筑、宋式建筑、明清建筑。流传于世的建筑名著有宋代法典文本《营造法式》及清代《工程做法则例》。唐宋元时期，传统建筑在种类、规模、豪华度上有一定的发展，明代进入稳定、提高、标准时期，尤其是土木建筑进入统治阶层视野并管辖统筹，其特征表现为：周正大方、豪华不烦琐。明代广西建筑技术空前，出现了全国知名建筑（真武阁），也出现了以铁力木为材质的红木"桂作"家具及"柳州棺木"。这一结果不是偶然，原因在于明代大量外地商人、平民往来或移居广西，在民间进行建造技术融合；中央政府注重对广西开发及加强书院教育，使得广西本土士人进入集权阶层并与强势中原文化直接对语，出现官方建筑形式直接进驻广西。从大士阁及真武阁两座官方建筑可以看出，土木建筑进入官方视野，所以广西官方建筑可以以广西木质干栏为建造形式，在干栏建筑技术基础上，糅合北方木作技艺及营造法式，出现了周正、对称、大方的干栏楼阁，如真武阁"杠杆平衡原理"建造，不是广西唯一，但在中原建筑中却没有先例。梁思成认为，"容县真武阁的杠杆结构在建筑史中是一个罕见的例子，对我的孤陋的见闻来说，是从来没有见过的结构类型"，并推测当时的匠师具有天才想象力并用"结构花招"完成这一杰作，他在文章中也提到在容县附近还有一座这样的"杠杆结构"建筑物，只是体量小了点。在今天侗寨建筑中，由于侗族建筑"倒三角""大屋顶"的结构，采用杠杆平衡的建造思维依然存在，可见，广西由来已久的干栏式建筑已传承丰富木结构建筑经验，按人们的思维方式与技术融合中原建筑从而达到建筑的高水准。

在城市规划方面，明代有遗迹、记载的城市有桂林、梧州、柳州等，从其构成分析，城市景观已初具规模，体现在景观节点的丰富性、精神性、审美性已较全备。《葡萄牙人在华见闻录》对明代桂林城有基本描述，即桂林城很大，城墙很宽，"老爷"们在城墙上走，若是像平常人一样的速度走，怕永远也看不到边。城内有上千人居住，这些人都是同一血脉，这些人居住的房屋都很高大，但是因为城墙高，所以这些民居也不显眼，每个民居都有围墙、大门，都涂红色，红色是王府建筑标记，城门上是木质门楼，做工极为精细，建筑的屋顶、门楼都是绿色琉璃瓦。桂林城商业发达，全城有无数商人，大部分居住在王府城外，王府城内也很多。王府面积很大，里面绿化以野生植物为主，建成花园的样子，花卉有石竹、粗茎菊及香花异草，乔木有松树、栎树、雪松等，乔木形成树林，林内有牛羊鹿及其他野兽，供他们游览。

梧州为西江、黔江、桂江三江并流处，明代为广西军事、商业重镇，是广西农产品、手工艺品输出及盐输入集散地。梧州城规划为"濠环城东西南三面"、北面背山，城内造串楼，地下设窝铺，城外有11坊1所11乡。

柳州于宋宝祐年间筑城后又废弃，明初复建城，四年时间用土筑成，后又改为砖筑，外环以濠，三江汇集如"壶"，万历年间修筑五门，柳州建成也因水路发达，明代是广西中部产品集散地，外地商人包括湖南、江西、福建、广东省商人云集，"城厢内外，从戎者多异省人"。

重要集镇由于政府行署设立而成为城市，城市兴起带动周边村落繁盛，交通发达且宜商宜居的村落林立，由于这些村落人员来源各异、道家风水学盛行及经济条件较好等原因使得桂北、桂东形成一些技艺水平较高的建筑群落。由此，湘赣建筑、广府建筑、客家建筑逐渐进入广西并带来各具特色的建筑形式及村镇布局意识。

明末清初广西境内抗清斗争较激烈，持续时间较长，出现大片田地荒芜、农民流离失所的现象；同时由于土司制长期实行且基本为世袭制，到明末土司势力强大，对各类土地占有加重了对少数民族百姓的剥削，因此，清初广西地区地广人稀。清政府实行"改土归流"制度，兴修水利，鼓励垦荒，不利于耕植的西部山区也不断有瑶、苗、壮、汉等人口迁入，并开垦出梯田、冲田等，加大了水稻种植面积。因此，整个清代人口增长超过全国增幅，土地利用也得到缓解。

传统村落星罗棋布于广西各个角落，村落构成从十户八户到百数十家，在交通便捷及土地肥沃之地村落规模更大。由民间生产生活用品交易而形成的圩市在此期间依然盛行，发达地区平均15个村落就有1个，而西部处于土司管辖的少数民族则为30个村落有1个。圩市除担负商品交易功能外，也起到信息交流的作用，如广西少数民族地区妇女盛装"趁圩"是一个传统，圩市也为谈情说爱提供了场所。圩市一般处于交通便利的中心村，到清代，圩市除日常用品交易外，出现了农业生产商品精细化的专业圩市，如"牛市""米市"，说明农产品交易规模日渐增大。若干常规规模圩市有一个中心城市，负担大宗货物批发及中转，这些城市也曾是历史上的常规圩市，由于地利、政府行署功能而日渐成为城市。清代广西著名城市有柳州、桂林、梧州、南宁，而外地大客商云集于此，称"客户"，"城厢内外从戎贸易者，多异省人"，来源地为广东、福建、湖南、江西。这些客商对某种产品实行垄断经营并获取大量利润，如始自乾隆年间的广东客商进入广西人数逐渐增多，并建立"粤东会馆"。少数民族与汉族商业发展的不平衡给外地客商提供了更多机会，因此，客商逐渐进入少数民族地区，尽管清政府出于"重农抑商"的想法也曾下令限制这种贸易，但商业流通是经济发展趋势所致。至清代，随着广东、湖南、江西等地的商人进入广西，在百色、南宁、平南大安古镇、苍梧等城镇出现了粤东会馆、湖南会馆等。具有乡村交易中心的古镇日渐兴盛，如大圩古镇、扬美古镇，不仅担负对本地商品的流通功能，还可生产商品并将其销售到香港、东南亚等地。

第四节　广西传统村落的文化融合性

广西各个族群文化融合研究沿两条路径展开：一为以史为脉，将汉族文化进入广西的时间节点做归纳，梳理文化融合特征及村落景观变化；二为现代村

落景观的民族文化融合所出现的民系。文化融合成因思路按技术路线（见图 2 -
9）展开，以此理清文化脉络。

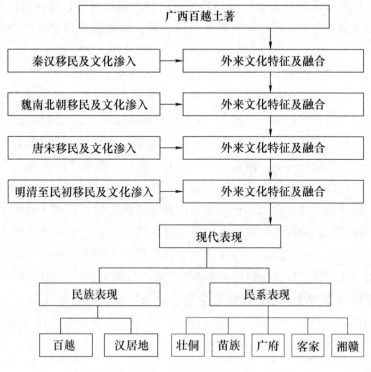

图 2 - 9 广西传统村落景观融合流程

一、以史为脉的村落景观文化融合

秦汉之前，广西传统聚落显示出以"稻作"为意象进行选址，主要考量因素围绕以"稻作"为传统的农耕便捷性展开，考虑周边自然环境状况，如高地选址，周边有水田、河流、泉水、林木等，聚落规模相对较小，以自然生态承载力核定人居规模，民居以干栏式建筑为主，建筑之间关系呈现以"意念"为场的模糊界定，有较强自然生态性。

秦汉至南北朝时期，中央集权带来具有军事组垒性质的城邑、豪强地主庄园、坞堡建筑等形式；材质出现泥坯、砖瓦、石板；技术上出现单跑砖无浆干砌、硬山搁檩、券拱等；建筑形制出现曲尺式、竹竿屋、单伸手、重堂高阁等；建筑细节进一步强化，出现悬山、挑檐、瓦垅、翘脊等，村落景观以民居为中心，将人改造自然形式进一步拓展，出现池塘、水井等。这一时期，汉族主要聚集在漓江至北流江流域，因此，来自北方汉族的村落景观构成依然有别于古百越村落干栏式建筑景观，文化融合性体现在汉族与古百越民族的交界处，北方传统村落构建开始对干栏式建筑形式有一定借鉴。瑶族与苗族进入广西后主要集聚在桂东北及桂北山地较多的地区，苗族、侗族沿袭百越村落形式构建，瑶族则处于深山之中，因不善农耕及房屋营建，其聚落形式形成"沿地取风"的居住思想。

　　隋、唐、宋三代中央集权对广西管理进一步加强，屯田、牛耕、水车出现、竹筒引水等技术在广西得到推广，农业生产力进一步提高，村落规模加大，并出现以商品交易为中心的"圩镇"，较大的圩镇也已产生，如唐代的桂林古城、归义古城、乐州古城、全义古城等，城市建设在唐代体现出体量较大、布局清晰、规划意识明确的特征。到宋代，道家文化盛行，儒家文化也在广西进一步得到推广，广西出现大量书院；在村落景观中"儒道互补"的形式较为明显；桥作为一种建筑形式在广西得到普及，出现建造技艺较高桥体，如玉龙桥、仙桂桥等，桥逐渐成为村落景观中水口的重要处理形式；由于造物技艺进一步提高，村落景观出现审美跨越，即在自然基础上强调人的审美理想，将自然与人造物更进一步结合。从文化融合上来说，汉族文化向少数民族地区进一步渗透，影响范围也逐渐增大，如在壮族聚集的百色地区出现较大形式的圩镇。由于"羁縻州县制"推行，广西实行少数民族自治的政策，在少数民族聚集"土司"居所已开始用汉族营建房屋的砖瓦技术，因造价较高，在普通民居中并未得到普及运用。

　　元、明、清至今，各个族群文化融合较为充分，元代由于对广西统治过于严酷并实行屯田制，因此，北方文化主要集中在128个屯兵隘口。明代实行三司机制统治全国，朱元璋派其侄子到广西任藩王，并派10万大军到广西屯田，这一时期进入广西的外地人以官兵为主，民间人口流动得到限制。明代广西建筑技艺已有较高水平，主要体现在木作构建上，如大士阁为两层歇山式重檐阁楼，连接方式采用"承霤"技术以屋檐的接水长槽连接以取得空间较大进深。在广西干栏建筑技术基础上，糅合北方木作技艺及营造法式，出现了周正、对称、大方的干栏楼阁。

　　清代对民间人口流动限制政策比较宽松，广东、福建、湖南、江西有大批移民进入广西，尤以广东居多，大量客家人进入广西东部地区，客家围屋形式在广西逐渐演变成围龙屋。由于不同人群进入广西，广西传统村落景观形成了不同风格的派系格局。

二、民族性与民系表现

广西传统村落的民族性与民系产生主要探讨人群文化原发性及融合性，由壮族原生村落景观为源点，分析汉族及其他少数民族文化切入至各个民族文化融合流程，如图2-10所示。

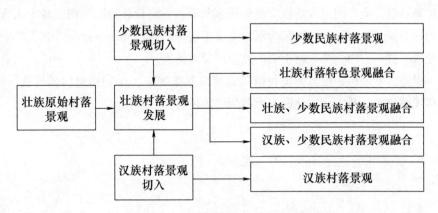

图2-10　广西壮族村落景观文化成因

广西原生村落为以干栏式建筑为特征而成的村落形式，其村落选址、平面布局、田地、林地等布局均以自然生态承载力为核准，体现了农耕型村落景观的特点。其他少数民族及汉族进入广西后带来原生地文化观念，在建筑上形成生土建筑与干栏建筑两大形式，在村落景观上形成壮、侗村落及汉族村落两大形式，而其他少数民族因风格相似逐渐融入两大体系中。

汉族村落切入广西主要有四种形式，即军事型、政治型、商业型、移民型。

广西移民在秦汉至明以军事型及政治型为主，如汉代平定征氏、唐代伐兵南召、两宋两次平蛮、明代守御卫所等，其后人大都留居广西；商业型则出现在明代以后，随着清代至民国期间商业型移民增加，主要表现为大量外地商人进入广西从事商业活动；移民型主要在清代后期，移民来源主要是广东与湖南的普通农民，广东移民主要集中在广西东部地区，湖南移民主要集中在桂西北地区。

政治型与军事型移民基本来自山东、河北、河南、陕西等地，商业型移民来自邻省，以广东、湖南、江西为主；从移民数量来说，政治型、军事型移民尽管持续时间久远，但数量较小，而移民型尽管历史阶段短但数量大。从文化保持性来说，由于军事型及政治型人数所占同时期广西人口总数比例小，因此，受当地文化影响强，而移民型移民数量多，又由于在经济、文化上所占优势，因此文化具有迁出地风格的一般特征。清代至民国年间，移民型移民人数上涨很快，如桂东南地区，玉林周边地形以平地、小丘陵为主，土地肥沃，适宜农业生产。清初，政府鼓励到广西垦荒，并给以政策优惠，许多广东农村移民到此。至道光年间，移民人数已超过原住民。同时，商业性移民数量也在增加，如广东以经营盐、木的大商人一直占据广西商界，形成"无东不成市"的局面。乾隆年间形成的粤东会馆与江西会馆、湖南会馆一直延续至民国，其经商区域延伸到百色等地。湖南人迁移广西沿桂东北而入，清代移民因为湖南地少人多，资源缺乏及天灾，民初移民因为资本主义工业进驻长沙导致大量手工艺人失业，这批人士进入广西，为广西手工产品生产带来活力。

根据以上分析，广西传统村落景观特征基本界定为两种构建村落形式，即干栏式建筑民居及中原文化影响形成的汉族村落。

本章小结

本章主要阐述了广西村落景观中地理环境、人文、历史、文化融合四个因素，研究结果表明：第一，广西地理环境具有良好人居适宜性，人类文明发端较早，河流与山地成为早期人类居住首选，而山河之间的平地成为早期人类进行稻作文化实践的场所，众多河流及湿热气候使广西人居呈现"傍河而居"的分布特征，人居选址呈现高地选址并注重周边自然资源，注重人地相生的生态性。第二，人文分析主要从三个方面展开，即稻作文化、干栏建筑、包容思想，主要表现为古百越族群稻作文明发端较早，稻作文明寻求人居与田地互动便捷性。而干栏式民居则得益于气候及自然环境馈赠及人的智慧，有适地宜人性。其人居思想主要表现为关注自然生态承载力，不强调对自然过度改造，强化人与自然合一，由此出现"天人合一"的整一规划概念，其内部空间划分呈现出以"场"意念进行划分的模糊性。第三，通过对相关历史阶段及节点分析，广西村落景观呈两条主线进行，分别为广西古百越传统的干栏建筑民居景观及汉族村落景观文化，两者保持文化独立性，在交接地带逐渐进行融合。随着历史阶段推进，汉族文化影响力逐渐增强，二者出现较强融合性。第四，通过对文化融合性分析，广西苗族、瑶族、侗族等村落呈现出景观相似性，而汉族文化呈现出内部细化，建筑风格分别有客家、湘赣、中原官邸等不同形式，而根据村落景观差异性可知汉族村落及客家村落有显著差异。根据以上四点进行综合，广西传统村落景观基本呈现出干栏民居景观、汉族村落景观及客家村落景观三种样式。

第三章

广西传统村落生长机制及景观空间关系

传统村落如自然生物体一样，有一个产生、发展、消亡的客观过程。其生长机制体现出人对自然、人与人的关系理解，当村落形成后，其景观空间关系也基本确定。

第一节　传统村落生长机制

传统村落生长从选址之后便已经开始，村落生长注重对自然环境的理解，以人自身情感体验赋予自然的人性化，渴求人与自然互动、感应。通过赋予自然物象一定象征意义，寻求人造物与自然的某种对应关系，因此，村落内建筑、树木、道路、小桥等物质形式在文化蕴含上寻求与自然相统一，追求传统村落整体环境生态的和谐统一性。在和谐背景下，村落内的居住者更看重族群繁衍强大，因自然对人的态度不可描述，人们认为某种神秘力量在左右着村落发展，因此，从族群生活经验体验中，他们总结了村落选址及生长秩序的规律。

广西传统村落选址形式不一，这是由每个族群的生活观、习俗、时代背景等多个因素决定的，并表现出对自然山水环境要求的差异。根据人居对自然需求，各个族群对选址也有自己的喜好，如"汉族住街头、壮族住田头、苗族住山头、瑶族住箐头"等说法。在确定村落选址基础上，每个族群村落的生长机制也有差别。

一、广西传统村落生长秩序

传统村落生长环节包括选址、中心点定位、生发、边界确立，在这几个环节中，中心点与边界确立的界止线之间的区域是村落空间，村落生长在本空间内完成。若以中心点为空间中心，村落生长秩序分为两种，逆中心序列空间与顺中心空间序列，两种空间序列与空间边界有密切关系。广西传统村落边界围

55

合形式有四类：四面围合、三面围合、一面围合、两点围合。围合方式可以用实体围合，也可简化为景观节点进行文化意义上的围合。围合的价值有两点，一是防御，二是确立边界。

村落生长机制是由居住其间的族群生命观所导引的。人群对天、地、人关系思考结果反映出三者之间的关系，以"人"为视角，人将天、地神化并以"人间使者"进行沟通，逝去的先人"入地"而"升仙"，成为神的一部分，将天之神、地之神、先人之神作为神的集合体加以崇拜；除却神性思维外，人与人的关系有较强务实性，主要反映在个人与群体、人与人的秩序；人与地的关系既有神性尊崇也有务实性改造；对于神灵崇拜、人与人关系处理形式、人对自然理解形成族群生命观，族群生命观可以物质形式表现出来，如鼓楼、宗祠、土地庙等，并形成村落精神内核。村落精神内核对村落人群关系进行指导，并引发村落形式、构成形制，进而影响到村落发展演绎程序。

从广西现存传统村落分析，人群精神内核在村落位置有四种，即居于中心、从中心移至一侧、移至外围、消失，这四种类型不仅说明村落精神内核具有变迁性、聚散性，也能暗合其中的指示性与互动性。若村落精神内核明确则对村落成长起统领作用，即精神内核明确则居于中心位置，村落生长呈现出与群族精神中心反方向发展的逆中心空间序列；当精神内核模糊则对村落成长不能起到统领作用时且移至一侧，村落发展在有边界前提下，向开放的三面边界逆向发展；当精神内核进一步模糊，其精神成为村落族群的文化象征并对村落实体影响不大时，精神内核移至外围，村落则形成较好围合，按照村落原生模式有序向周边发展，精神内核只能起到文化辐射性，村落生长呈现出与群族精神中心方向一致发展的顺中心空间序列；若精神内核消失，村落则在原生状态下，向周边做无序发展。广西传统村落精神内核与村落位置存在四种形式（如图3－1所示）。

图3－1　广西传统村落精神内核在村落中的位置

村落起始的精神内核为村落中心，村落生长呈现出逆群族精神反方向发展的逆中心空间序列，这是广西以血缘为纽带的传统农业型村落典型样式，三江侗寨正是这种类型的范例。

　　侗寨整体布局以团聚式为主，其精神内核为鼓楼，鼓楼为仿生建筑，其精神价值则指向以父系血缘为纽带的家族意识，一个鼓楼代表一个"斗"，一"斗"指一父系血缘。鼓楼不仅代表族群意志，其文化象征又延伸到族群生命意识，如鼓楼平面形制的"圆形"暗合完整、圆满之意，鼓楼立面平面形制来自杉树仿生，在观天察地过程中，侗族先民认为杉树生命力旺盛，从杉树生命力联想到人的生命力，又因杉树形如伞状，可起到遮阴避阳的作用，因此，按照杉树外形建造鼓楼，以形制仿生与自然感应表现为强化仿生效果及趋吉意向，鼓楼采用密檐、多样化装饰达到象征目的。侗寨景观作为生态有机统一体，包括生产空间与生活空间两大部分。生活空间被生产空间环形包围，生产空间要素包括稻田、山林、河流、池塘；生活空间指房屋建筑及聚落公共空间，因生活空间到生产空间需要距离的便捷、均匀，所以环形围绕是最佳模式。同时圆形聚落不仅能使精神内核均匀放射，也具备实用功能，如侗族因议事、防御击鼓为号时村民能向鼓楼迅速聚集，因此，圆形聚落以鼓楼为核心可放可收，有较强向心力。因此，鼓楼精神内向中心性决定了聚落构建以鼓楼为中心，而村寨生长则出现逆精神中心外向发展模式。

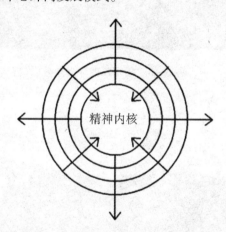

图 3-2　侗寨以鼓楼为精神内核的逆中心空间生长模式

　　但不是所有侗寨都有较理想的地形可供选择，在逆中心空间生长模式导引下，侗寨聚落生长的理想模式受地形、单体建筑坐向、生产环境影响会发生改变，如单体建筑因坐北朝南获取阳光，建筑之间连接呈现块状，并不追求圆形弧度，因此，其环形围绕状态只是概念上的近似。程阳八寨布局（见图3-3），因以鼓楼为精神中心点为缓坡高地，聚落有明显环形。但环形理想模式若发展较快并受山体及水流影响，则呈现长条状，如图3-4所示的高定侗寨，因侗寨喜欢在缓坡选址，近水但不临水，居山但不占满山，聚落最高点一般在山体高度三分之一处即可，又因聚落需离山脚下河流有一定距离，所以，受此二者影响，聚落呈左右生长趋势，则出现条形，若山体因水流出现凹沟，则越过凹沟生长，呈一定破碎状。而当该环境生态难以承载人口增长带来的压力，则新增人口需另行选址。从侗寨生成来说，一般以鼓楼作为位置中心，但其生长过程中，受环境影响，其形状可出现椭圆、长方形、破碎化等几种状态，而鼓楼在聚落发展中，也极有可能并不位于正中间位置（见图3-5）。

图3-3　程阳八寨环形聚落

图3-4　横向生长的高定侗寨

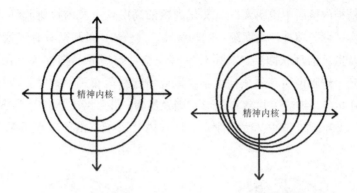

图 3 - 5 受自然环境影响而迫使鼓楼改变精神中心

以鼓楼为精神中心的侗寨生长机制呈现逆中心空间发展,这种形式是广西以血缘为纽带的原始聚落形式典范。而不同民族因其文化背景不同,其村落文化内核也有所不同,村落文化内核体现了本民族、族群文化信仰及生活方式,并以多种方式表现,如宗祠、土地庙、广场等,且相互影响,如瑶族受侗族影响也有鼓楼,图 3 - 6 为富川凤溪村鼓楼,但其文化内涵有一定差异。

图 3 - 6 富川凤溪村瑶族鼓楼

村落精神内核由中心向外围转移说明精神内核对村落形式控制由强到弱、从有形到无形,并引起村落景观形式(包括村落生长程序)的改变,村落生长呈现出与群族精神中心方向一致发展的顺中心空间序列。只要区域内人群具有相似精神内核,其村落则具有相似景观特征,而在不同文化精神内核指导下所构建的村落则有景观差异。

村落精神内核居中说明人群对文化内核的高度认可及内核所起到的统领作用，具有实用性与精神性高度统一的凝练性。内核居中的村落具有"宏观思维"的整体性及生长的环状圈层，其生长具有完整性与边界模糊性（见图3-7）。内核转移到一侧则说明其象征性增强，以此引起村落布局形式发生改变，而村落生长程序也发生改变。村落布局形式则发展为"山"字形及"一"字形（见图3-8），两者形制简洁、秩序性强，精神内核居于"山"字形下部及"一"字形两侧。

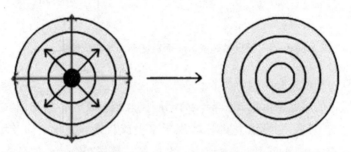

图3-7　精神内核位于正中心

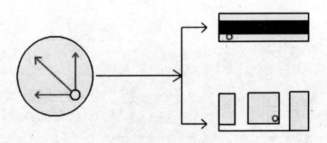

图3-8　精神内核转移至一侧

"山"字形布局具有明显受道家思想影响下的选址模式及对儒家"中庸"思想下的秩序性体现，村落模糊发展空间为"山"字形上部未闭合空间及横向两侧，这类村落规划思想明显，界限性强，因此，这样的村落生长在秩序性前提下具有饱和性，即纵向性发展至"山"上部而止，强化横向发展。

"一"字形村落尽管可横向无限发展，但村落构建之初，同样也强化界限性，即"一"字形为有端点的线段而非直线。当村落精神内核移至村外，则内核具有村落精神的象征性提升，村落发展则具有较强实用性，其发展演绎则以实用性为原则，形制出现"一"字形、"山"字形的变体。"一"字形村落发展有两种方式以两端巷口为端点，以中间街道为对称轴线，两侧由单体院落平行排列，其实用性意义表现在：第一，以端点为界止划定聚落空间体现了对空间的占据；第二，有一定防御性；第三，交通畅达度高。村落生长以实用性为前提横向或纵向两个方向发展。纵向发展以农业传统村落居多，即在主干道两侧单体院落向纵深发展，形成的巷道与主干道呈90度垂直状态，若地形有高地落差，巷道则向一侧倾斜，由此整体布局由"树叶"形变为倒鱼刺状；横向生长村落若商业潜质良好，则出现向两侧横向发展，村落布局出现对"一"字形强化，注重商业交通通达度。当村落生长遇到复杂地形时，其生长方向在精神内核引领下，呈"一"字形变体（见图3-9）。

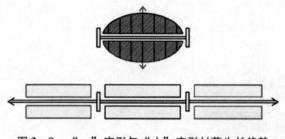

图3-9　"一"字形与"山"字形村落生长趋势

　　如恭城巨塘村为一瑶族古村落，由于瑶族对山体依赖，村落发端于山中段，并由山中端向山下发展。村落选址在山体中间，由上至下、向左向右三个方向发展，村落界限为"一"字形墙体，墙体两个端点为村口（见图3-10）。由于巨塘村为传统农业型村落，山下平地为农业生产区，因此，右边村口一直延伸到山脚下，呈一定弧度，由此，山上部分村落拓展及沿右侧道路两边建房，形成山上部分圆形发展，再接右边道路两边的弧度部分，整个村落呈"口袋"状，村落精神核心位于村外。本村落如此布局原因在于：第一，瑶族对山体审美意向决定了其山地选址；第二，"一"字形村落有良好的交通通达度，划定村落界限并有明确入村村口，具有防御性意义；第三，在山上建造村落，可以登高望远，易守难攻，在具备防御性的同时，也有节约可耕田地的实际意义；第四，瑶族"沿地取风"的惯性思维使得他们善于学习本区域村落布局但也保留本民族的文化特征，即高山选址的山体意向（见图3-11、图3-12、图3-13）。

　　同样对"一"字形变体的还有恭城朗山村，朗山村因背靠郎山而得名，为瑶族、汉族共处的传统村落，村内有周、陈、赵、唐四姓，"光宗要体金滕意，耀祖惟参太极图"的文字尚在周氏宗祠中保留，以此，郎山古村落建造具有汉族风格。其选址择山麓而建，院落自东向西依次排列，院落坐北朝南，地势自东至西逐级上升，整体布局呈扇形。

　　朗山村在山麓中端建村，山半腰有泉水流出，泉水从高处流下，经过第一

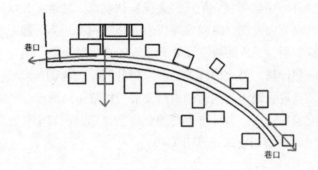

图 3 – 10　恭城巨塘村村落生长秩序

图 3 – 11　恭城巨塘村村口

户人家厨房后檐，并在院落西侧打开一缺口，让水沿墙外侧流出，这些水用来洗菜，流过厨房与侧墙的水在院落前汇合可用来洗衣，这样，这个村落的水不仅有功能区分，还能形成有机体系；单体院落自成一体，同时，相连院落间有巷道分割，每个院落侧墙有侧门，院落墙体二层有通道相连，不仅增强了邻里间日常交流，也有利于防御；村寨有碉楼，村口及寨尾有门楼，以利于瞭望与御敌。而村寨能在生活、防御、交流等各方面做到面面俱到，也得益于其整体布局，整体布局以附近青石方料构建的寨墙呈"一"字形向两边依次转折，最终布局呈扇形（见图 3 – 14）。

　　尽管郎山古村为瑶、汉融合村落，但民族文化已高度融合，体现在对儒家、道家、瑶族传统文化借鉴、吸收及融合等方面，并在其精神内核方面有所改变，精神内核体现在农耕文化的内敛、精神趋吉及民族信仰三个方面。由于多种文

图3－12 巨塘村村口通向村庄的道路

图3－13 巨塘村从山上向下看（其生长顺序从山顶开始向下生长）

化融合的精神内核在村落建造中有分散化表现，以物质文化呈现的有对儒家文化强化的"惜字炉""宗祠"等；对瑶族文化继承的有对"山"体意向的选址位置；对道家文化继承的有对山、水体系的构建。而文化融合中高势能文化体现出精神内核中多元化的儒家文化经典传承，如街道的秩序、院落中轴线对称及套院中上中下秩序。郎山古村落还体现了一定的民主性及人文关怀，如不同种姓和睦相处、各家各户有机联系、公共资源的有序利用等。

　　同样为"一"字形布局，与朗山村相似的还有恭城常家村、平乐津榕村。由于广西是外来移民不断进入且多个民族文化不断融合的地区，因此，多民族

图 3-14　朗山村街道与巷口

文化共存及多个民族相处的村落较多，这些村落出现多元精神内核，多元精神内核或融为一体，或保留各自独立性，且交相呼应、井然有序，这些也影响着村落布局及生长方式。

　　津榕村在平乐张家镇，榕津河与沙江河在附近交汇，水上交通便利，自南宋嘉定年间建村至今有近 800 年历史。从南宋建村以来，津榕村便为南来北往必经之地，但真正成为圩市则为明代。尽管津榕村融合了不同民族、不同省籍商家在此经商，但由于其建成于南宋，宋代风水学在广西已广泛传播，因此，津榕村从选址至布局等各方面均有较强风水意义。

　　津榕村从南宋建村的风水学意义体现在对山、水、树等元素的空间经营位置，如五行中"水"具有财的含义，因此，商家看重津榕古镇的位置在九个池塘与两条河流交汇处，其实际意义体现在水运发达，同时，津榕古镇处于平地，利于客流及物资集聚与疏散，南北皆有山，符合道家在山水之间选址建村的风水理念，其精神内核在于风水学关于"聚财不散"，因此，风水树栽植在村口且离河流不远处。

　　由于津榕村建村更在意池塘的风水意义，因此，其建造布局按照北面 5 个池塘的自然位置形成弧度，这是商业型古镇"一"字形布局的地形适宜性。津

图 3 – 15 津榕村卫星地图看到的布局

榕村得天独厚的自然条件被概括成"一渡两河三上岸，十榕八桂九双塘"，而民间传说也为其风水学蒙上约定的趋吉意向。传说，津榕村对面的群山中有似虎的大山，其凶恶的样貌对津榕村不利，因此，津榕村将巷道修建成如"弓"的弧形，所有小巷道如箭般直指山的方向。附近寺庙里的和尚们按照八卦图阵在村口种下了 10 棵榕树，待榕树长大则枝繁叶茂且相互穿插，使得山上猛虎不敢下山，由此得津榕村一说。津榕村经过 800 年风雨，其形制变化不大，但其中居住的人群却在不断更换，在清末至民国年间，广东、江西、湖南商人云集于此，并修建青石板路、青砖灰瓦铺面、青石拱门等，形成近代商业型古镇，而其精神内核则为生意兴隆、合家安泰的商业含义。

津榕村对此文化的物质呈现由两部分组成，即祝融火神与天后宫。天后宫位于粤东会馆内地三进，而祝融火神则在村寨巷口的门楼上。天后宫有两个神灵，即妈祖与关公，意即广东潮汕一带信奉的妈祖，保佑商家水上生意平顺，而关公则以忠义和勇武的形象保佑他们。商家最忌讳失火，一旦失火，全部家当将付之一炬。所以，祝融火神也是他们尊崇的神灵。因此，津榕古镇精神内核有较强功利性，所以文化内核得到拓展并全方位保佑村落。因此，其文化内核的文化象征意向更强，而其生长方式则按照商业型村落模式演绎。

商业型古镇因以商业往来为目的，村镇精神内核在趋吉意向统领下分散到各个商户，村镇布局以交通通达度为首要选择。在陆路交通不发达的过去，水上运输是商品集散的重要手段，因此，实用性码头为村镇重要节点，并以此展开，村镇成长与码头距离呈等比关系。若码头较多，码头交错辐射能支撑村镇呈直线则为理想模式；若只有一个码头，村落成长则以码头为原点呈半圆形散开，如扬美古镇。沿河古镇两种成长模式见图3－16、图3－17。

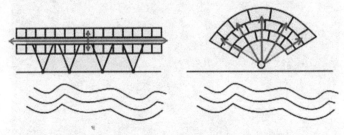

图3－16　滨水型村落受码头与村落生成关系

图3－17　扬美古镇村落布局

大圩古镇是广西最早的汉族居民点之一，大圩自汉代形成居民点后，至北宋形成集市，至明代成为广西四大名镇之一。大圩古镇陆路交通便捷、水路航运发达，水边码头多达13个，易于货物装运。因此，大圩古镇规划布局呈临江"一"字形布局，中间一条主路由青石板铺成，两侧商铺两两相对，形成易于交易的圩行，鸟瞰图呈现一把梳篦形。明代，大圩古镇交易空前繁荣，明代解缙游完大圩古镇后留诗"大圩江上芦田寺，百尺清潭万竹围，柳店积薪晨昏爨后，壮人荷叶裹盐归"。大圩古镇之所以长盛不衰与其地理位置及村镇规划模式有重要关系。扬美古镇始建于宋代，位于左江环形回流的顶点，加上古镇临江部分高出江面许多，地势落差大，码头只有一个，因此，古镇布局呈以码头为圆心的半圆形，尽管临江有交通优势，但其商业繁荣程度较大圩古镇差，村落生产模式为商业与农业结合，其精神内核为农业文明与商业文明合体，在商业与农业两个要素中商业所占比重较大，因此，呈现商业古镇的布局模式。（见图 3 - 18）

图 3 - 18 大圩古镇平面布局

尽管每一个村镇构建都有精神性与实用性，但商业型古镇构建的实用性比精神性有更强表现，尤其是整个村镇的精神内核难以有明确的物质形式。以广西沿河型古镇为例，大圩古镇布局呈现出沿漓江等距离均匀排列，而生长机制则出现向两端延续，控制古镇生长的内核为河流运输码头所提供的便利；扬美古镇由于码头较少且集中，因此，古镇布局为扇形，以码头为圆心呈弧状向其余方向生长。

"山"字形村落形成是因为建村之初即有明确形状（立方形或长方形）边界，精神内核位于村落内部一侧，围合边界说明人群对空间的占有及防御意识；当防御意识减弱而无须围墙时，村落依然保持基本型，精神内核可以置于村落之外，基本形制依赖景观节点进行限制。"山"字形村落三面围合，另一面为村落生长模糊空间，当人口继续增加，模糊边界已不能满足村落生长需求，村落则横向发展。如兴安水源头村，其规划布局较严谨，村落为三面围合的"山"字形，整个村内前后布局为前街、中院、后院三部分。进村为一东西走向的横向街道向两边分开，然后拐直角进入南北走向干道，两条干道内为中院，中院之后为后院，可将中院理解为人居中心，后院不仅为休闲空间，也为村落次生长的模糊空间。在"山"字形两侧的中间地带，有一条巷道通向村外，巷道两侧为面东向西的院落，此院落群也为村落次生长衍生。"山"字形村落布局严谨，受儒家文化影响，布局体现了尊卑秩序及"中心"思想，村落建造之初即有围合空间、生长空间，其规划思想在保持"中正"前提下，村落生长也有一定秩序性，其生长秩序呈现出"繁而不乱"的严谨性（见图3-19）。

图3-19　俯瞰水源头村局部

　　综上所述，传统村落产生及生长一直围绕着一定文化内核进行，文化内核包括纯粹精神性、实用性，两者可合而为一，具有较强文化涵化性，二者也可分开。当村落精神内核较明确时则出现村落文化中心点，村落以精神内核为中心向四周均匀发散，村落则出现逆精神内核中心生长的逆向性；当二者逐渐剥离，村落则出现"一"字形横向发展，村落生长出现"一"字形且向两边膨胀，出现"倒鱼刺"形街道及"树叶"形外观，若因山水地理形势制约，则会出现"口袋"形或"一"字形的折叠从而出现"扇形"。"一"字形村落的精神内核不明确，实用性占据主导地位，其生长受精神性宏观制约，并呈现出逆实用中心的反向发展；受儒家思想对"中庸""中正""尊卑长幼"等秩序影响，"一"字形可向"山"字形演进，"山"字形以空间布局、人群秩序观念为主导，在人居适宜性及整体性详解等方面较"一"字形更具有科学性，但其精神性的象征功能进一步提升。由此，广西传统村落在形式上具有较强演绎的脉络，即以精神"点"为中心发散的圆环状、以实用"点"发散的扇形、以实用性两点节制形成的"一"字线段形、"一"字形折合而成"山"字形具有较强实用性，精神性进一步提升并具有象征性。

二、村落生长机制中的模糊地带处理

传统村落选址注重人居空间与生产空间两部分，传统乡村生产空间以农田为主，居住空间一般四面被生产空间所包围，这种等距离布局有利于开展农业生产。由于村落人口增长或减少，居住空间会呈现扩大或减少的可能，因此，在农田与居住空间之间会有一个模糊地带。如图 3－20 所示，村落自内而外呈三个环组成的近圆，分别是民居、模糊地带、田地。一般来说，由于村落与村落之间的边界相对清晰，较少出现变化，因此，在常规村落单位面积内，村落的生长机制主要发生在村落与模糊边界之间，因此，以居住空间为中心点、以模糊边界为线，点在模糊边界之内的移动形式即是村落生长的状态。

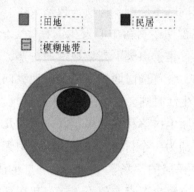

图 3－20　模糊地带在村落中的位置

根据广西壮族、汉族、瑶族、侗族等多个族群构建村落的习俗及当代表现来看，民居空间与模糊地带的关系分为四种：单点—虚线、多点—虚线、单点半虚线、单点两虚线（见图 3－21）。

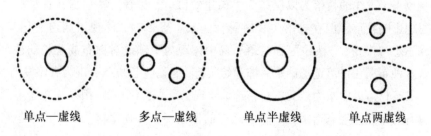

単点—虚线　　　多点—虚线　　　单点半虚线　　　单点两虚线

图 3－21　民居空间与模糊地带的关系

因模糊地带是村落发展的待衍生空间，因此线形分两种，一为实线，一为虚线，实线表明村落发生之初即有墙体围挡，指村落有明确边界，虚线为可发展空间，而一个村落民居的发生可为一个建筑群或几个建筑群。

单点—虚线是广西壮、侗村落基本形式，以一个血缘为纽带的族群在完成选址以后，即开始修建聚落建筑，建筑群没有明确衍生界限，村落防御性通过自然环境中的山、河、沟壑及建筑群的功能来实现。村落生长以中心建筑群为核心，向四周呈辐射状发展，为逆中心生长程序。以侗寨为例，侗寨构筑以鼓楼为精神内核，鼓楼一般建立在村落中心且相对较高的位置。鼓楼作为侗族公共建筑空间具有族群公共精神及文化表达的作用，如村民休息娱乐、击鼓送信、祭祖踩堂。

以此为核心，其余单体建筑围绕鼓楼做环形衍生。这种生长秩序体现了血缘关系的秩序性。由《古镇书》编辑部编著的《广西古镇书》则陈述了少数民族干栏式建筑村寨构筑的基本法则，场坝（包括鼓楼）建在村落中心，而长老或望族则建在高处，也说明了村落中心发生的秩序。侗寨生长不仅有秩序性，也有控制性。一般来说，建于山脚下高坡地带的村寨，在按照圆环形发展到一定规模后，受地势影响，会首选向两侧横向及山地纵向两个方向发展，当村寨物质产出不能满足村民生活时则会选择让后代另行迁址。

多点—虚线在壮族原生村落存在较多，以一个或几个单体建筑构成的建筑群为单点，互相不连接却为一个村落，这种构成看似无序，却含有民族生存智慧。松散的布局增加了民居的"场"空间，生产与生活空间加大，便于生活，并在其中蕴含防御措施，每个单点看似不连接，却在视线及互相保护的有效距离之内，起到无形的防御性。这种多点布局以外的村落生长模糊地带较大，当人口增加到一定数量时，多点逐渐连接形成一个聚居点，在这期间也会有部分村民迁出，从而保证村落的生态性。这种生长秩序在侗寨中也有，如程阳八寨原本为八个不连接的村落，随着村落生长而连接为一个寨子。

单点半虚线的村落为以汉族为主构建的村落，尽管这些村落在选址时受道家思想影响较重，但在村落生长时受到儒家思想影响，体现了儒道文化互补。儒家思想"中庸""秩序"在村落布局中体现为中轴线对称布局及长幼秩序排列，这种布局在村落选址确定后即开始实行，村落生长机制表现为有序发展。

汉族村落以山水为意向的村落选址体现了风水文化，"依山"思想中显示出山具有防御性、生态指示性、自然之神的保佑等，为强化村落防御体系与精神性，以大门、院墙对村落三面进行围合，只留有靠山一侧敞开。其生长方向为村落后面的山地、村落中后部向两侧展开，如水源头村这种表现较明显（见图3-22）。也有村落背后没有山体做依靠，如钟山龙道村，村落最后面的民居则有一排民居做封闭，向两侧生长。单点半虚线主要体现了汉族传统村落以血缘为纽带且强化宗族意旨，儒家秩序性较强。

图 3 – 22　水源头村直线边界

　　单点两虚线较单点半虚线的村落生长空间更大，主要为"一"字形布局，一侧靠山，首先界定村落两边边界，以巷门为界止点，中间为一近似直线（随山势调整弯度）街道，街道两侧为民居，生长趋势为两侧衍生，并形成树叶形布局。富川秀水村即是这个样式的典范。商业型古镇受功能影响，也会出现"一"字形布局，但受通达度影响，会出现巷道只有一个界止点，从而向另一个方向生长，不强化两侧延伸，如大圩古镇。扬美古镇则以码头为界止点，通向码头的一侧为生长方向，同时街道两侧也可作为延伸方向，从而形成扇形布局。

　　因构建人群文化差异，广西传统村落在生长机制上有所不同，但在维护生态上具有相似性，即较少改造地形地貌，保留自然原本肌理，顺应地势并合理利用地形，在生长机制上呈现出一定秩序性。生长不会无限制发展，尤其是对模糊地带的空间预期，体现了对自然生态环境的尊重。出现实线的村落在增强防御性的同时，还较好地体现了儒道互补的文化态势，而出现虚线的村落尽管模糊空间并不十分确定，但并不是无限制发展的，而是人地关系并不十分紧张所呈现出的自由状态。总之，从广西传统村落生长机制可以看出，不同族群文化所表现出的生态合理性出现一定共性。

三、传统村落生长机制影响因素

传统村落生长机制受自然环境、村落文化影响，出现不同形式。

（一）自然环境对村落生长机制的影响

自然环境是环绕生物周围的各种自然因素的总和，自然因素也是生物赖以生存的物质基础。靠山、依水、丘陵、平地是传统村落选址最基本的四种地理选择，而不同的地理自然环境对传统村落生长机制有一定影响。

首先是靠山选址，在有山的地方，靠山选址是较普遍的方法，这是由于山地可提供多样性生活物资及具有天然防御功能。广西北部多山，但山地的自然气候有差别，东部贺州以山、谷、平地交错为主，气候温润，四季气候相对广西南部来说较分明；中部桂林、柳州一带呈现山地与平地交错，即山从平地拔地而起，且雨热同季，耕地相对充足；西部百色及柳州西部一带山的海拔相对较高，且处于云贵高原边缘，有高原气候特征，显示出气候温差大、日积温相对小的特点。

这些自然环境在靠山选址的村落生长机制中的影响表现在：东部地带传统村落离山的距离较近或直接建在山上，村落生长呈依山脚横向发展，"一"字形布局较多，由于山形状的不规则性，村庄"一"字形生长则呈现出与山势变化平行的弧度，如钟山深坡村、秀山村、恭城朗山村。中部地带山势较小，同时气候湿热，因此，靠山选址的村落离山的距离相对加大，村庄在矩形框架内按一定方向有序生长，如水源头村。西部地势相对较高，且有些山与山连成片，因此村落直接建在山中部或山脚下，其生长则呈现纵向与横向两个方向发展，首先是横向，其次纵向。中部及南部地区山势逐渐低矮，山对族群只是一种文化意向，离山的距离进一步加大，可在相对较高的坡地或离山有一段距离的地方选址，村落生长则按照族群的意志呈规矩性生长。

水是村落重要的自然要素，水的形式分为泉水、池塘、河流、井水等。

一般来说，供饮水用的泉水在村落选址之前已经存在，传统村落在生长过程中一般不会向泉水一侧生长，主要是因为远离人群有利于保证泉水的洁净卫生。

池塘有人工与天然形成两种，村落内的池塘可分布在村落民居空间之内，也可在村前，其对村落生长有制约与留白的作用，如黄姚古镇，镇内的塘边有环塘道路，村落生长中池塘作为一个景观节点，民居可环塘而建，但往往留出一定空间，在村前的塘不管是人工还是自然形成的，其风水意义明显，可作为村前界限以限定村落向塘的方向生长。

河流也是村落存在的重要补给形式，当河流径流量较大或有汛期对村落存在形成危害时，河流则对村落生长方向有制约作用，可背离河流方向生长，如钟山常家村。河流径流量较大、岸边地势高、物资疏散快速的地方形成的商业型村落，村落生长则以码头为放射中心，呈扇状生长，如扬美古镇，若码头较多，扇形交叉密集则体现出均匀疏散物资的特性，村落则以河流为平行线呈"一"字形向两端生长；若河流径流量为中等，既不能行船又对出行有一定障碍，河流则以"水"的概念影响村落生长，在具有风水学观念的村落，风水意向以村庄之"财"不能破坏的文化传承警示村落生长应背向河流反方向生长。对以生态实用型的少数民族村落，河流依然对村落生长有限制性，因河流可将天然防御、灌溉甚至饮用各种功能集于一身，因此，出于生存及生态考量，村庄依然不向河流方向生长。

井水是人改变水体运用的一种重要形式，井水以供人类饮用为主。广西凿井技术的成熟是从唐代开始的。柳宗元在柳州任职时，指导当地民众凿井，改变从河流、泉水取水的习俗，并对村落选址、构成产生影响，拓展了人居范围。井水一般不会处于村落正中心，往往处于村落中心一侧或村落边缘，在村落生长过程中，因井水属于公共资源，在井边会有一定面积的公共空间，民居也会离开井水有一段距离，但因其对生活的便捷性，在小范围内民居围绕井空间呈放射状分布，但随着当今自来水供给的普及，井的功能越来越弱。

因此，水元素对传统村落的生长有一定限制作用，主要体现在对生长方向、生长尺度、生长控制等方面起到制约作用，这种作用既体现在人对自然的理解、适度利用、实用性，也体现在趋利避害、心理审美等方面的文化传承。

（二）村落文化对村落空间布局生长机制的意向分析

广西古村镇生长机制体现在空间序列组合的规律性，即空间形成与演化的序列特征，表现为：外部自然环境的存在—人为因素的"借"与"引"—生活空间形成—空间生长—虚空间的界定，体现了聚落选址、人地关系考量的适宜性。

村落文化景观是人与自然相互作用的结果，其结果表现为以村落民居为中心、以农业景观为基底，是一种文化景观类型。其形成要素有三个，即自然本底、人的精神世界、物质表现。三者关系体现为：自然本底为其余二者基础并对其起到一定限制作用；人类精神包括以自然本底为基础的客观认知及对生命本原思考的主观意向两方面，为二者融合体，具有一定客观性及主观性；人类精神对自然本底的主观能动性改造并产生造物活动及精神运行轨迹，即造物活动为精神运行结果，这一结果以物质文化及非物质文化嵌于自然本底之上，由此产生村落景观文化。

传统村落文化景观具有学科融合的特征，从聚落形成要素分析：自然、物质及蕴含其中的精神，自然本底为客观存在前提，人群进入自然本底进行物质活动，物质活动受人群思维方式控制，思维方式指导人群在自然本底上进行造物活动，而人的思维到造物过程中人群对天、地、人关系思考结果是一个重要环节，这一环节也是精神世界的重要构成。因此，在整个村落形成过程中，人群的精神世界是第一位的，并对村落构建起到决定性作用（当然，自然本底也反过来对人群精神起到限制与启示作用），是构建村落的文化精神内核。受风水学影响，传统村落选址往往注重察山观水、品评土质、了解周边风土人情及动植物概况，确定生态承载力，因此，村落的确立包含两种属性：第一，满足物质生产及生活空间需求，属人居物质本原性；第二，趋吉精神，在物质基础之上呈现出人与天地神灵沟通的正向性，属精神层面的非物质性。

关于自然与人的关系，从哲学角度解释有人类中心论及非人类中心论两种观点，两种理论重合点在于：世界"大我"为整体，将人与自然、意识与被意识三者统一为一个整体，其价值取向为整个世界本身就是自己的目的，即人与环境交互作用的共同体。俗语说"一方水土养一方人"，水土不仅哺育人，对人的认知也起到启示及限制作用，因此，自然不仅是人类认知世界的导师，也是人类生存的保障。

人造物是人和自然调和的中介，因其不仅反映了人的认知与技艺，也是对自然馈赠的反映。人与自然的依存关系演绎可分三种：人对自然的完全依赖—人对自然的适宜改造—人对自然的过度开发。村落构建即是人与自然调和的一种，因此，也具备三种关系的可能，从传统村落构建来说，广西传统村落基本界定在第二种关系，即人对自然的适宜改造，其表现主要体现在对自然环境的依赖及适宜开发、人造物的地域特色及与自然适宜，从村落构建的适宜选址、开发及技艺中的"借"与"引"都可得到印证。

村落外部自然环境的客观存在及不可逆转是早期人群对环境的认知及尊重，因此，传统村落注重自然选址，选址除风水学意义外，实用性更是传统村落建构的必备基础。

由于传统村落以农耕为第一物质产出，因此，土地、水是重要元素，土地分为山地、丘陵、平地三种地形，水分为泉水、池塘、河水、井水等形态，在水体几种形态中，泉水对村落来说是最理想的形态，既可以做生活用水也可做生产用水，因此，有泉水的土地是构建传统村落最基础的形式。由于泉眼位置过于狭窄或不利于生产、保护等，泉水置于村外的可能性也较大，在桂东北山地与谷底交错地带，村落选址往往在泉水一侧，并对泉水进行开发利用（见图3-23）。

传统村落形成具备的基本要素为土地与水源，并对周边山体、水体分别采

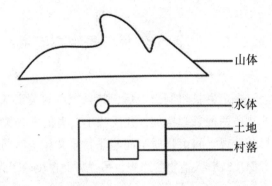

图 3 - 23　村落形成要素位置关系

取"借"与"引"的手法使其成为村落景观的一部分。山体对村落的形成不仅具有风水意义，也具有安全保障、借景、物质来源三重含义，如广西恭城红岩村（又称石头村）（见图 3 - 24）。

图 3 - 24　广西红岩村与后龙山

通过以上分析可知，村落的生长机制对我们的提示有两个：第一，作为有悠久文化传统的村落生长机制蕴含了丰富的村落文化，对当代景观规划有一定启示性，主要显示在景观规划所需要遵循的空间秩序性、边界界定性及整体生态性；第二，对于村落的整体性保护有利于对原生文化的传承，若片段性保护则使得村落失去完整性文化意义，从而不能正确理解村落文化。

第二节　广西传统村落景观空间关系

当传统村落经过一定生长机制形成后，其景观空间关系基本确定。村落景观空间由物质与非物质两种景观构成，并反映出二者的互动关系及居住者的审美态度，因此，村落景观空间由物质空间与非物质文化空间两部分组成。传统村落景观空间一方面反映着人造物的思想，另一方面也反映了人与自然的关系。

一、传统村落中物质与非物质文化空间关系

传统村落空间的物质文化以物质要素体现，由山水、民居、道路、田地、树木等自然元素与人造物共同构成，具有明确视觉感知的基本特征；非物质文化一般以遗产的概念被界定，难以被视觉明确认知，甚至需要通过"通感"的艺术感悟去把控，如对江南水乡的描述为"小桥流水"，对丽江古城描述为"充满文艺气息的日光城"，对阳朔的描述为"阳朔山水甲桂林"等，这些诗意描述拓展了意境空间，带给人美好想象。

"非物质文化遗产"指被群体、团体，有时为个人视为其文化遗产的各种实践、表演、表现形式、知识和技能及其相关的工具、实物、工艺品和文化场所。各个群体和团队随着其所处环境、与自然界的相互关系和历史条件的变化不断使这种代代相传的非物质文化遗产得到创新，同时使他们自己具有一种认同感和历史感，从而促进了文化多样性和人类的创造力。非物质文化是在一定区域内被特定人群所创造、认可、约定俗成并流传的生活文化，依附于人们的生活习俗及情感、信仰所产生，其功能体现在"沟通民众物质生活和精神生活、反映社区的和集体的人群意愿、并主要通过人作为载体进行世代相沿和传承的生生不息的文化现象"。① 传统村落作为族群代代生存的居住空间，蕴含着族群意志所产生的非物质文化，并将物质文化与非物质文化共同反映在村落空间中。

由于传承方式多样性及载体的不稳定性，非物质文化呈现出变量特征，也就是说，非物质文化可以萎缩或增强，这个特征也为我们对乡村景观中非物质文化保护与传承提供根据，即在村落精神内核稳定状态下，强化非物质文化就必须加强传承及传播环节，这是对其保护传承的重要步骤。由此，关于乡村景观中物质文化、非物质文化之间的关系解读如下图 3 - 25。

---

① 仲富兰. 中国民俗学文化导论［M］. 杭州：浙江人民出版社，1998：30 - 31.

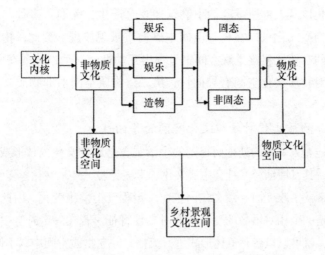

图 3 – 25　乡村景观中物质文化、非物质文化之间的关系

如图 3 – 25 所示，乡村景观由物质文化与非物质文化共同构成，并在村落精神内核的导引下形成具有一定地域或群体文化审美特质，在乡村景观表达中起到重要作用，也是乡村景观文化发展的动力源泉，而这一点，也为我们对乡村景观进行保护传承找到根本理论基础。

二、物质空间与非物质空间的互动性

广西乡村景观中物质与非物质文化的空间关系可解读为：二者是在人群文化精神内核导引下形成的，精神内核指一定人群的思想信仰，包括生命观及自然与人关系的处理手法，在哲学体系中则反映在对道家、儒家、原始宗教等不同文化信仰的核心价值体系。

这种精神内核在广西汉族与各民族杂居的地区呈现多元化，儒道互补是本地域汉族主体人群思想内核，而在汉族居多、瑶族较少的地区，瑶族对汉文化借鉴性较强，但保留瑶族文化信仰的核心价值；以壮族、侗族等少数民族占据多数的地区，其文化以原始宗教、多神崇拜为主体，并融入汉族文化信仰，但在接受儒道文化秩序中，他们更容易接受道家文化，也就是说在儒道之间，道家文化体现得更明显。

广西传统村落在物质景观上呈现出多元化，最直观的差别在于材质不同形成的视觉差异，其次在于立体空间的边缘差异，如三江干栏建筑、贺州围屋、桂林合院，材质视觉分别体现出木、土等多种材质构筑物的差异，其构造也存在差异。这些差异尽管以物质形式体现，但最根本的差别在于精神内核不同，是由人群文化以及人群所承载的事物认知观念产生，并通过多种非物质文化进行表现，非物质文化可以在村落空间中以物质景观体现。因此，物质空间与非物质文化空间在传统村落景观空间中呈现出互动性，互动性体现在两点：第一，非物质文化对物质文化空间有导向性；第二，物质空间对非物质文化有一定承载性。

（一）非物质文化对物质文化空间的导向性

对天、地、人关系的处理而得到的生活观念是族群文化内核形成的根源。文化内核形成后其发展演绎受社会主流文化、审美经验、外来文化等多种因素影响，由于影响因素发生改变而导致文化内核在一定程度上发生变化，因此说村落的人群文化内核是一个相对恒稳的变量并有时空性特征。若在一定时空中人群文化内核相对稳定，就可以以各种载体形式进行流播，并在物质空间中以不同形式展现，从而形成物质文化空间。因此，非物质文化对物质文化空间有导向性。

在文化内核形成后，以族群集体意志形成集体无意识状态，并呈现出文化的强大生命力，这种文化以非物质呈现，也就是说"思想空间是一种幻象空间，不能呈现真实物质空间现象与形式美，但是它也是客观存在的，其生发于文学与艺术范畴中，无形胜似有形，展现出来的美具有抽象性和艺术性，所以，这种'象外之象'或'景外之景'的思想空间环境形态也是非物质文化景观的一种特殊空间"①。

人群文化通过分类并发散的方式，呈现出非物质文化种类的多样性，包括传说、口头文学、造物思想、技艺形式、民俗、仪式、民间艺术等。作为传统村落的非物质文化，其内容主要包括：第一，口头传达与文化表述；第二，节庆礼仪及社会风俗；第三，对于自然的认知和实践；第四，手工艺技能。这些内容以非物质文化形式进行传承，是村落文化的重要组成部分，其精神内核深嵌在族群生活之中。需要指出的是，有一部分非物质文化在传承中不断流失，也有一部分由于约定俗成的观念通过载体传承至今。人是非物质文化的主要载体，也就是说，非物质文化是通过人与人的交流、感知、认同而传播，并以物质形式所体现，当然，也可以隐藏。

在乡村景观中，非物质文化根据其功能可概括为娱乐与教化、仪式、造物三类，分解类型如表3-1所示。

---

① 王寅寅，李若愚. 关于非物质文化景观的研究——以高淳县为视点［J］. 安徽工程大学学报，2016，31（3）：48-52.

表 3 – 1　乡村景观中非物质文化分类形式

	民间舞蹈	侗族多耶舞
娱乐与教化	民间音乐	侗族大歌
	民间曲剧	桂剧彩调
	民间文学	宝葫芦、百鸟衣等
	民间美术	三江农民画、剪纸等
仪式	婚丧嫁娶	婚礼
	节庆仪式	花炮节
	岁时节令	壮族三月三
造物	建筑	干栏式建筑、风雨桥等
	服饰	民族服饰如背带、头饰等
	民间工艺	竹编、土陶、金属、雕刻等

非物质文化通过多种形式进行传承与传播，呈现方式包括以物质"固化"及声音、视觉等快速消失的非物质形式。有些非物质文化虽然不能以物质形式进行"固化"，却可活态传承，以间接的方式嫁接到物质中来，如壮族关于"蚂拐"的口头文学，在民间美术及工艺作品中也能反映出来。类似的非物质文化或许是不经意间被"固化"，从而给乡村景观物质文化增添文化符号而形成文化特质，并反映该人群的审美心理。

根据乡村景观构成要素及时空顺序研究，关于非物质文化与物质文化关系可以解读为：人群文化内核—以非物质形式传承—物质文化呈现。其关系分解如图 3 – 26 所示。

尽管针对传统村落非物质文化的研究至今没有形成体系，但许多研究者对此研究领域已展开并对这一观点进行支持，如李仁杰、傅学庆、张军海等在《非物质文化景观研究：载体、空间化与时空尺度》一文中试图构建其评价体系，从非物质文化景观载体形式出发，分析包括艺人、作坊、作品、文化团体、受众、店铺与市场等实体载体和互联网等信息空间中的虚拟载体两部分，认为非物质文化景观载体类型与空间属性有对应关系。乡村景观非物质文化在乡村物质空间呈现则出现一定对应关系，并出现相对稳定的秩序性。其内容如表3 – 2。

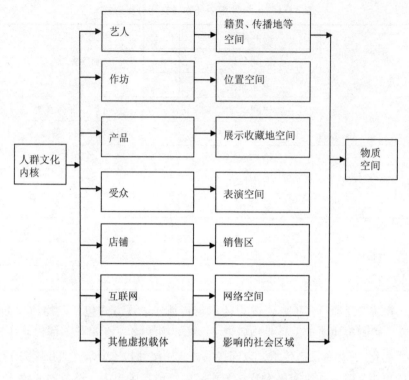

图 3 - 26　从文化内核至物质空间流程

表 3 - 2　非物质文化景观载体及其对应空间

文化载体	对应空间
代表性传承人和普通艺人	籍贯、出生地、生长地、居住地、艺术创作地、艺术传播地等
生产加工艺术品的作坊、铺子，或文化交流场所等历史遗留珍品、代表性作品和普通作品；另外还包括与其他文化产品捆绑的作品，例如邮票、书签等	坐落位置、诞生地、收藏地、展示地等
群体表演、加工的艺人团体，或以文化交流、文化发展为目的的各类文化组织（协会、社团、联盟等）	文化团体的坐落地、表演活动空间等
文化区内以地方居民为主的核心文化受众，其他文化爱好者、使用者、收藏者	各类文化受众的居住地、工作地

文化载体	对应空间
店铺（批发或精品销售）、市场（包括集市，农村中许多民俗文化用品主要通过集市销售）	店铺、农村集市位置，店铺和集市销售区
网站、电子社区、个人博客、网络店铺等	载体的社会影响地域，网络店铺所在区域、销售区域
报纸、电视、广播等虚拟空间中报道文化现象的板块、文化专栏、文化产品销售广告等	载体的社会影响地域

另外，姚华松等在《人文地理学研究中对空间的再认识》一文中认为，对于"空间"传统认知转向四个方面：第一，人性空间；第二，非物质空间；第三，复杂空间；第四，空间里面的空间。尤其第四点指出应关注空间里面的空间，即从表象空间到深层次文化空间，构建从外部表现到内部意义的文化表征。而苏贾（Edward W. Soja）关于"第三空间"的概念在《第三空间：去往洛杉矶和其他真实和想象地方的旅程》中有所表述，认为第一空间为物质性实体空间；第二空间为社会、文化、日常生活政治等空间；第三空间则为两种空间的超越，是对两种的解构与重构。以上是国内外对于地理景观空间的解读，其研究终极结果则明确指向景观空间中的非物质文化内核应是物质景观空间的归属，也可以说，物质文化是非物质文化的表现形式。

下面以桂北北纬25度至26度区间为例说明广西传统村落非物质文化对物质文化的导向性。

桂北在这个区间地势上从东至西逐渐升高，且人群来源不同，地理差异性及人群文化内核不同发散的非物质文化差异导致在这条位置线上不同村落景观呈现多样性。从东至西的人群来源可概括为三类，最东面的贺州人群构成有客家、瑶族、汉族等；中部的桂林地区以历代迁移至此的汉族居多；西部以侗族、毛南族、壮族、苗族、瑶族等多个少数民族杂居为主。

在这三个区域中，汉族聚居区人群来源秉承中原汉族文化及客家文化传统，其文化内核显示出以儒道互补为主，体现出对天地及自然顺应、对自然适度改造及儒家对人与人之间的秩序化界定为主；东部区域人群来源可分为三类，即客家、汉族、瑶族，客家在遵循中国传统文化基础上更强调"大公小私"的公共精神，如贺州围屋在强化团聚式空间的同时，其内部空间也呈现出秩序性及风水观。瑶族较早接受中国传统道家文化并将道家文化与瑶族原始宗教内化融合，形成瑶族文化重要的组成部分，其特点为注重尊重自然并较少改造自然。

桂东北瑶族在借鉴其他民族文化的同时也保留了本民族文化特质,如保留山地选址及对自然泉水的运用等;桂西北少数民族文化核心则体现出族群意志及对天地自然崇敬的地域文化,在造物上出现以自然为先导,由"一"而解,出现"同质不同样"的思维模式,由此出现具有民族及地域的审美特色。

西北部少数民族尽管有相似的文化核心,但由于受社会主流文化、审美经验、外来文化等因素影响,其非物质文化表现也存在差异性,龙胜红瑶的长发、服饰与侗族靛蓝、头饰、服饰及苗族的五彩衣等都有本民族的表达方式,这些民族特质文化穿插于村落物质景观之中,从而形成区别于其他人群的景观特征。

(二) 物质空间对非物质文化的承载性

传统村落景观物质空间主要包括生产与生活两个基本空间。生产空间要素包括自然山体、植被林木、耕地、水利设施等;生活空间要素包括庙、宗祠、院落、井、桥、戏台、风水树、公共场地、墓地等。物质空间内各个要素尽管以物质形式体现,在视觉、听觉、触觉上具有可感知性,但这些空间物质要素的形成不是空穴来风,而是非物质文化最终的物化形式。所以说传统村落的文化景观尽管包含物质文化景观与非物质文化景观两种,但二者并不是并列关系,而是源、流关系,非物质文化对物质文化具有导向性,而物质文化空间则对非物质文化具有承载性。

物质空间体现了人对自然、人、物的态度,这种态度具有公众性,并通过集体意志约定俗成,而其传承方式有两种,"一种是通过具有生命特征的媒介或其行为的催生使现象发生","这类媒介范畴的一般范围为群体、团体或个人的存在,表达方式是'活体'物质媒介的动态表达,也是活态性体现","另一部分是通过上述动态的外在物质形态来表达非物质文化现象,所产生的'是固化的物质'","非物质文化景观的概念中或可将这种'固化物'视作景观场景的重要组成部分",使之成为组成场景中的重要承载。①

以三江程阳八寨与黄姚古镇为例,分析侗寨物质空间对非物质文化的承载分三部分:文化内核及非物质文化发散表现、物质景观意象、物质景观对非物质文化的承载。

1. 文化内核及非物质文化发散表现

侗族文化内核为原始宗教信仰,并形成天、地、人、神和谐共处的思想,在思维上具有完整统一的特征。另外,由于侗族为迁徙民族(主要观点认为侗

① 王寅寅,李若愚. 关于非物质文化景观的研究——以高淳县为视点 [J]. 安徽工程大学学报,2016,31 (3):48–52.

族从广西浔江一带迁移到湘、桂、黔交接处），在迁徙过程中，向其他民族学习先进文化，由此，侗族核心文化所引发的非物质文化基本特征具有本民族文化特质并含有多民族文化融合意象，其核心文化所含有的生态性、朴素性、统一性在非物质文化上体现得较为清晰，如侗族多耶舞、侗族大歌、百家宴、婚俗等。由于这些文化被视觉、听觉、触觉感知到的时间较短，这些"非固态"文化形式在村落景观中间断性呈现，但由于族群文化核心存在，所以即使这些非物质文化不被呈现，却隐含在族群文化之中，并以其他方式在传承，由此构成村落景观中特殊的非物质文化符号；非物质文化也可以以"固态"形式体现。

侗寨人群的团聚精神、吉祥趋向、造物智慧、人文精神等都以非物质文化在村落中体现出来。村寨之内，建好房子的房梁上悬挂吉祥花，意为保佑居住在其中的人健康、吉祥。在盛大节日的中午或晚上举行百家宴，由寨子里面的人自愿参加。举行百家宴的当天，热情好客的侗族妇女们会带上自家做好的糯米饭、米酒等当地食物，相聚在鼓楼下。如果百家宴在晚上举行，结束之后还会有篝火晚会。村落内有戏台，表演侗戏的都是侗族女性，侗戏中的男性角色也是由女性扮演的，侗族篝火晚会的地点一般在每个寨子的鼓楼前。除了能感知到的民俗文化外，其非物质文化还有木作技艺，如干栏式建筑建造技艺以"香杆"为尺，以符号为刻度，通过师傅带徒弟且口口相传进行技艺传承，并以建筑形式对这些非遗文化进行"固化"，从而形成物质文化。

在物质文化空间内，该民族的思想也通过一些微妙形式进行贯穿，如风雨桥的火塘、井水边的水瓢等则体现了文化内核中族群意识的人文关怀，而民族服饰、竹编、农民画、土陶等造物形式也呈物质化，由此这些侗族乡村景观非物质文化充斥于物质空间之内，非物质文化与物质文化共同构成侗族村寨审美意象。

下面是侗寨一些非物质文化在村落景观中的呈现：

（1）侗族织布技艺（见图 3-27）。

（2）侗族靛染锤布工艺（见图 3-28）。侗族男女老少都有自己的民族服装，且都为自家制作。先将棉花抽成线，再将线织成布，经染色之后将布锤实。年轻女性颜色偏蓝色，年老女性偏黑色。

（3）制茶技艺（见图 3-29）。茶叶也是当地的经济作物，当地周边的山上都是茶树，程阳八寨种植的为绿茶，经发酵之后可以得到红茶。目前程阳八寨的茶产业为家庭作坊式，可以把茶叶的采摘与爬山结合起来，以及展示茶叶的制作工艺来吸引更多的游客。

（4）侗族吉祥花（见图 3-30）。吉祥花是侗族特有的手工艺品，挂在房屋的房梁上以祈求平安。

图 3 - 27　侗族织布工艺

图 3 - 28　侗族靛染锤布工艺

图 3 - 29　侗族茶叶

图 3 - 30　侗族吉祥花

（5）侗寨百家宴（见图 3 - 31）。侗族在节假日会举行百家宴，一家一张桌子，每桌坐自家人，每家做好的饭菜，放在自家的桌上，开席时随意走动品尝其他家的佳肴。

图 3 - 31　侗寨百家宴

（6）侗戏。侗族丰富的民族节日大大增加了对游客的吸引力，侗戏已经成为国家非物质文化遗产。

2. 村落物质景观意象

程阳八寨是一个侗族村寨，其景观形式有干栏式建筑民居、鼓楼、风雨桥等，周边自然环境有山有水，谷底平地及山地缓坡有稻田，村落内有较多公共空间，如鼓楼、风雨桥等，民居色彩简单和谐，整个村寨呈现出祥和的田园风光。

3. 物质景观对非物质文化的承载

侗寨物质景观空间为非物质文化表达提供空间，如表演侗戏的戏台展演空间、染织空间、百家宴空间等，但有些非物质文化只是瞬间存在，其存在形式呈周期性再现或不规律性再现，但只要这个族群的文化内核没有发生改变，非物质文化就有可能在村落中进行表达，并占据物质景观的一定空间，所以说村落景观对非物质文化有承载性。

黄姚古镇在文化内核及非物质文化发散表现、物质景观意象、物质景观对非物质文化的承载三方面与侗寨具有相似性，但其具体内容则有差异。黄姚古镇是自广东而来的汉族人群所建立的古镇，人群文化核心以汉文化儒道互补为主，其民俗、技艺、礼仪等传承了汉文化传统，并在景观空间中传达出儒家文化的秩序性及道家文化的"道法自然"。由其文化内核发散的非物质文化主要体现在祖先崇拜、趋吉纳祥、风水意象等。（图3-32）

黄姚古镇的祖先崇拜表现为宗祠的设立，黄姚古镇现有八大姓氏，九个宗祠，两个家祠。古镇同姓民居建筑多以祠堂为中心修建并向外辐射，表现为同一姓氏围绕祠堂周围居住，其民俗、美食等也有自己的特色。

道法自然的处理手法在黄姚村落景观中表现得淋漓尽致。黄姚古镇水体景观，水体边的驳岸石材保留了自然原貌，如刀削斧劈般的石材肌理表现出喀斯特地貌的基本特征，甚至一些石材可以独立成景，石材边的植物顺其生长，从地被苔藓到高大乔木，在自然成长中显示出勃勃生机。河流上的桥体构建，在造型上采用弧线，不仅形式美观，也有利于防洪。在这一组景观空间中，其元素可被分解为土地庙、桥、风水树、自然石材，这些元素在对汉族传统非物质文化中表达了水口文化处理手法及自然景观保留，即顺势而为却以物质文化呈现出浓郁的汉族文化传统。

汉族传统核心文化中"道法自然"在黄姚美食中也有体现，即适宜自然，不以化学方式改变其本质内容，而是寻求多样性物理变化并出现多种形式，如在美食中依靠气候、材质本身特点，通过发酵、混合等方式将食物进行变化。

图 3 – 32　黄姚古镇水体景观

因此，黄姚美食形式多样，并形成独特味道，如黄姚豆豉、黄精及黄精酒、果酒、辣椒酱等，特色小吃有米粉、瓜花酿、豆腐酿、黄姚扣肉等（图 3 – 33）。

　　道法自然的法则在水体的利用中也有所体现，高度重视水体中泉水的功能，对泉水进行保护，并全方位开发泉水的功能，如黄姚的仙人古井有五个水池，分为饮用、洗菜和洗衣三个功能，并形成黄姚景观中重要节点（图 3 – 34）。

图 3 – 33　黄姚美食

图 3 – 34 黄姚古镇泉水处理形式

　　儒道互补是黄姚村落景观文化的表达，主要体现在整体性及秩序性、自然性，如黄姚在整体布局上体现了道家思想中的风水观念，并按照其文化性选择景观节点的位置，但在细部处理上体现出对儒家文化的继承，如单体建筑的秩序性、装饰的文化性，由此，黄姚村落景观中体现的物质文化符号就包含有门楼、古戏台、古街、古井、民居、宗祠、庙宇、桥、亭、匾等遗产，并有保存完整的 8 条青石板街道。这些符号是汉族文化核心对非物质文化的表达，继而表现出山、水、桥、亭、联、匾相互映衬，构成独特的风景，而这些古树、亭台、楼阁、溪水岩洞、匾、祠堂等，构成独特的岭南乡村景观特征。

黄姚古镇的非物质文化主要通过人造物、空间秩序、文字及装饰等来表达，含有较强的道家、儒家文化和民俗文化，从宏观的布局至微观的建筑细节装饰均有表现，非物质文化不仅以物质形式的"固化性"强，而且非固化的文化有较强含蓄性。

从三江程阳八寨与黄姚古镇景观案例对比中可以得知，二者在物质方面都具备物质景观对非物质文化景观的承载性，但由于文化内核不同及所发散的非物质文化存在差异，两个村落出现村落景观的差异。由此而知，一定人群的文化表现了其生命观及审美情趣，最终以物质形式表现出来，在乡村景观中，这些形式以显性或非显性方式在物质空间中呈现，形成非物质文化空间，而二者的结合最终形成景观空间的完整性。

三、非物质文化与物质空间的双向映射

乡村景观中物质文化、非物质文化、物质文化空间、非物质文化空间四者关系呈现出复杂性。而这四者关系的紧密性体现了乡村景观的完整性。即使是单个乡村的景观依然能体现出完整的文化体系，从这一点上来说，当今学术界对个体村落研究有现实意义，如对浙江乌镇、云南和顺与丽江、广西黄姚、山西王家大院等传统村镇的研究，同时也可以说，当今社会提出特色小镇的构建与开发是合理的。

文化内核决定了思维模式、审美意识及造物手法，并以多种形式体现出来，由文化内核至物质文化流程出现单向映射性。但乡村景观空间是多方位表达的融合，由多个单向映射的物质性组成，而多种物质形式在一起体现出具有特定文化特色的景观空间，也就是说，乡村景观空间中充斥着的物质性是非物质文化的多元表达融合。

广西乡村景观空间由于文化内核的差异性出现不同形式的空间，本节以灵山大卢村与龙胜瑶族龙脊村为例进行比较。

大卢村以"古宅、古树、古楹联"而享誉国内外，有"广西楹联第一村"的美誉。大卢村劳氏古宅共有9个群落，建筑占地面积22万平方米，分别建于明清两代，古宅依山傍水，古静幽深，藏有文天祥手迹等大量的文物珍品，见证着历史的辉煌。最宝贵的是古宅内保存至今的300多副明清时期楹联，有着珍贵的人文历史研究价值和欣赏价值，其文化内核体现出儒道互补的汉族文化核心，对物质文化的单向映射体现在村落布局、建造形式及空间装饰中。其整体布局呈现出整体性与秩序性，单体院落以套院形式为主，每个套院由上中下

三个小院落构成，在地势上从后至前逐渐降低，这种排列不仅体现了儒家文化的秩序，也有利于排水。而景观节点则体现出道家文化的特征，以看似毫无联系的水体、树木、庙、宗祠等形式将村落有机组合并充斥在非物质文化空间中。大卢村非物质文化空间所体现出的诗书传家、人伦规范在物质性上有所体现，从大卢村单体院落来看，以楹联、装饰、雕刻、书画等物质文化营造出诗书意境体现了儒家文化的审美需求。从整体布局来看，村后的榉树、村前的荔枝、星状池塘等都以物质性充斥整个文化空间，从而体现出"七星伴月""鸿运当头"等非物质文化意象。

龙胜龙脊村是一个瑶族村落，以山体为生存及审美意象，尊重自然且顺应自然并适度改造以利人居的文化内核，在村落整体物质景观上呈现出散点式布局、多点支撑的格局，在选址上并不强化改造地势，而是随山势走向合理选择并在局部稍加改造。建筑装饰较少并注重建筑本身结构，体现了注重实用及朴素审美的内在需求，因此，龙脊村景观呈现出山体梯田、干栏式建筑等物质视觉，在文化意象上呈现出以稻作为主的民族风情。

从村落人群思想文化内核至物质文化空间呈现的一系列流程中，文化内核是村落景观形成的基础，并通过物质形式进行体现，因此，这个流程关系是严密且不可分割的。反观当今社会对村落传承保护、旅游开发及创建特色小镇等案例，成功与不尽如人意都是存在的。有些不成功的案例也说明了剥去文化内核而进行的物质文化文创是无源之水，如百色田阳县对田州古城的打造，作为壮族聚居地，对壮族文化内核解读出现偏差，导致在古城的物质空间形式上难以体现地方民族文化，主要体现在整体布局呈现出轴线对称，建筑样式以汉族翘脊及大屋顶等特征营造，所以，进入田州古镇的文化识别性较弱。当然也不乏许多成功案例。这些也可以说从文化到物质空间的呈现具有一定程序性，这些程序中有一点是需要解读的，即非物质文化景观与物质文化景观空间的双向关系。

四、广西乡村景观文化空间意向审美

在村落景观中，以文化内核为中心单向映射为景观的物质性（或部分消失），从而形成物质文化与非物质文化，物质性文化以多样式充斥非物质文化空间。乡村景观文化属性在视觉上呈现出融合性，在根本上则体现出源流的程序性。而乡村景观中二者的空间融合所体现的不仅是视觉意象，更重要的在于文化意象审美，从而达到"诗意栖居"的审美目的。

意象是客观物象经过创作主体独特的情感活动而创造出来的一种艺术形象，

多用于艺术通象，古人以为意是内在的抽象的心意，象是外在的具体的物象；意源于内心并借助于象来表达，象其实是意的寄托物，乡村景观意象是在"人与物体环境的交流基础上，公众对于所经历环境体验所形成的清晰的、形象鲜明的心理图像"①。

美国文化学者凯文认为空间意象是指观察者的习惯、偶然或潜在的移动通道所存在的空间记忆，这种记忆可以是片段、标识物带给人的想象，而这些容易被记忆的物质并不是单纯的一些物质形象，而是将物质文化和非物质文化融合形成的符号，符号是具有共性形象的物象的抽象、概括、归纳，所以具有视觉强烈的被记忆性，并引起具有共性形象的通感想象。在乡村景观空间中，观察者对形象的记忆一般出现由远及近、由宏观至微观的秩序性，而当身临其境观察微观时，一些细节则被记忆。由于村落更多的是为居住于村内的居民所使用，所以内部空间显示出细致入微的局部刻画。由此，乡村景观空间具有物质与非物质两种文化属性，而受众则通过两种文化属性构成的空间特征进行识别并进行意象提升，从而形成对空间意象的判断。

广西传统村落具有地域或民族文化意象审美，意象审美构成符号包括边界、区域、节点或标识物、装饰、整体人居环境等。边界属于线性要素，但并不是指纯粹的直线或线段，而是根据视觉需求所呈现的连续或间断性线性判断，包括有纵向审视的天际线与平面审视的地面边缘两个基本线性，所以，从天际线构成形式及丰富性来说，山地村落地面较平对村落在天际线判断上更具有识别性。

（一）天际线营造

天际线一般是指天地相连的交界线，村落景观中指其规模庞大和连成一片的意思，最适当的描述可能是，由村落的民居、树木、山体等的整体结构，或由建筑群落构成的局部景观。从意境审美上来说，天际线转折的复杂性及对比更能体现村落的审美个性。

针对天际线审美特性分析，采用现场调研通过图片拍摄获取资料，并用计算机辅助设计抽取天空与地面交接线，通过线的连接分析。

程阳八寨天际线抽取：选取程阳八寨一组高地选址的建筑组合进行分析，以建筑组群为主的中心部位显示出直线转折，两边树木及山体较多曲折及弧线特征明显。由于房屋所建的地势较高，且建筑物、林木等高低起伏，与环境融为一体，所以出现视觉点较高且曲折的天际线，高峭的天际线给受众以奇特、

---

① 雷翔．广西民居［M］．北京：中国建筑工业出版社，2009：149.

险峻的审美感受（见图 3 - 35）。

图 3 - 35　程阳八寨一组建筑群天际线抽取

图 3 - 36　龙脊大寨天际线抽取

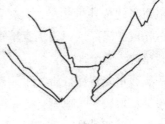

图 3 - 37　黄姚古镇天际线抽取

　　龙脊大寨（见图 3 - 36）与黄姚古镇（见图 3 - 37）天际线比较：站在村落内部街道中间，由屋檐与远处山体结合形成天际线，并抽取为直线与曲线组合，线形平直给人以舒缓的心理感受，由于大寨村远处的山体较黄姚古镇建筑形成的天际线要曲折复杂，所以即使同样是站在村落内部，两者的天际线则出现奇特与舒缓的差异性。

（二）边界线处理

地面边界主要体现在高耸的建筑群与地面交接，河流、山体对地面空间隔断所呈现出的线性。广西山地村落地面边界较平，地形村落边界感弱，以三江侗寨与水源头村相比较，侗寨构成尽管呈中心发散式布局，但受地势影响，村落外围建筑布局显得松散，而水源头村地势较平，且轴线对称感明显。因此显示出二者地面边界清晰感有差异。从审美上分析，地面边界不清晰则显示出自然环境融合性强，反之则弱。因此，在村落规划时，强化与自然融合的村落需弱化边界，而强化边界则可突出村落形象。

（三）其他因素

除天际线与边界线外，形成村落空间意境的元素还包括道路、区域环境、节点、标志物等。

道路是观察者移动的通道，许多空间意象是在道路行走中获取的，如道路通达度高给人以规整感，同样也带给人有趣味的空间片段或形象的显明性记忆；区域环境则以整体的外观给人以整体印象，同时区域环境中有较明显特征的物象也能引起人审美情感的应和，如山村、水乡中的山势、小桥等；节点是指有明显标识的空间文化意象，为人们提供指示、休闲、文化想象等功能；标志物不仅可借助自然物象，也可采用人造物形式，在空间上起到统领作用，如碉楼、风雨桥、鼓楼、牌坊、塔刹等，广西的许多村落在村口有拴马桩、功德碑等，以此标志该村落的文化及政治地位。

通过对广西传统村落空间关系分析，广西人群大致有三种文化内核，即以壮侗为代表的少数民族文化、传统汉族文化及客家文化，三种文化内核通过非物质文化发散为各种形式，在村落空间中以物质景观表现或隐藏，并通过环境与人文共同营造出不同空间意象，形成丰富多彩的村落物质景观。

人群文化内核及环境关系不仅决定了村落景观特征，同时也控制着村落的生长机制。

本章小结

综上所述，广西传统村落在生长机制及景观空间关系上呈现出以下三个特征：

第一，由族群文化内核控制的村落生长机制在村落布局上呈现空间逆生长与顺生长两种方式，即由内而外或由外而内。

第二，文化内核在村落中的位置呈现移动状态，从中心移至村外，并说明文化内核对村落空间构成控制力出现由强至弱的顺序性。

第三，广西传统村落景观空间中呈现出物质文化与非物质文化二者的互动性。族群文化内核是决定村落形式的重要原因，文化内核通过非物质文化发散存在（或隐藏）于物质空间中，甚至会通过物质景观进行呈现。

第四章

广西传统村落景观空间构成

传统村落按生产方式分为三种形式：以农业生产为主、以商业交流为目的、农商结合型。一个完整的农业型及农商结合型村落包括周边山体、水体、建筑、道路、公共空间等，而商业型村落除了建筑、道路及公共空间外，更注重周边是否利于物流及信息流的畅通。由此，从空间构成上分，村落景观可解析为村落选址、整体构成布局、点线及骨架、单体建筑、建筑组群等几个部分。

广西传统村落景观整体布局呈现出一定的序列关系；骨架形式分为圆环形、"一"字形、"山"字形以及由此拓展的"树叶形""倒鱼刺骨形"等；建筑单体呈现"三间房"、"五间房"、"七间房"（较少）、"套院"等平面布局，居住形式分为干栏居及地居两种；空间族群出现院落纵横排列、错位排列两种形式。

第一节　广西传统村落选址

村落选址需具备的基本要素为水源、田、地、山林等，这四个要素中，山、水要素是最重要的。如何理解人、地关系是村落选址的首要前提，从广西人居选址史中可以得知高处选址及近水选址是由地理环境所决定的人居思考。随着北方中原文化、周边省份人群迁入，广西人居注重风水选址，结合本区域原生农耕选址模式、商业村镇选址，在广西形成三种村落选址方式。

一、广西人居选址史述

伴随着人对自然改造能力的提高，广西人居选址经历了五个类型，即洞穴类型、贝丘类型、坡地类型、山地类型、平地类型，这五种类型的出现有先后关系。甑皮岩遗址位于广西桂林独山西南麓，距今9000多年。寻找山中洞穴作为居住空间说明当时人类改造自然的能力较低，自然提供的山洞仅仅能满足人类生存的基本条件之一。甑皮岩遗址二期提供了可以建造干栏式民居的证据，当人可以建造房屋时，居住空间就有了可迁移的可能。

早期人类离开山洞并建造房屋，河流显得尤为重要，因为河流不仅可提供日常饮水，也能提供鱼虾等物质资源。如顶蛳山遗址显示，人类生活资料更多来源于河流中的螺蛳，食用过的大量螺蛳壳堆积而形成贝丘遗址。聚落选址在比周边地势稍高的台地，聚落内部已有分工，从遗址发现的圆形、椭圆形柱洞及柱底部放置的石块可以说明当时已经筑房而居，整个聚落由垃圾区、墓葬区及居住区构成。晓锦遗址则显示了坡地聚落人居文化，以干栏式建筑为部落聚居的建筑形式，聚落周边有壕沟，以防止凶猛野兽侵入，饮用水水源离聚落有一定距离。

随着农耕文明推进，广西开始出现农耕文化。聚落不仅给人类提供生产、生活空间，防御功能也是从形成之始就必须具备的。因此，由于山地地势复杂、地势高便于瞭望、逃生线路多及山地天然屏障作用，使得山地成为比较适宜的选址地形。广西山高水长的地理优势，使得广西山地选址较为普遍。当农耕成为生产方式中最重要的组成部分且族群力量足够强大，平地选址就成为聚落的主要形式。广西传统聚落选址体现了集生活、生产、防御、生态为一体的朴素生活观。

由于"天人感应"思维模式导向，在处理天人关系时，原始宗教崇拜因素也对古百越聚落选址起到一定影响作用，秦汉以前的百越文化为村落选址奠定了朴素生态观。自秦以后，历代中央集权政府开始对广西实行不同政策，大量外来移民不断进入广西，人群带来不同的族群文化对广西文化产生了深刻影响。对村落选址影响最深的则是道家文化。以"道"为思想核心的道家思想认为"道"是认知世界的法则，如《老子》开篇则讲："有物混成，先天地生。寂兮寥兮，独立而不改，周行而不殆，可以为天地母。吾不知其名，强字之曰道，强为之名曰大。"① 道家思想崇尚自由、尊崇自然，在这一点上，道家思想与广西传统的朴素自然观有相通之处。当中原文化借助中央集权的统治进入广西后，道家文化、儒家文化在广西传播开来，同时，作为中国传统文化的"风水"术数也跟随而来。

风水又称"堪舆"，是中国由来已久的传统文化，主要关注建筑与环境和谐统一的传统文化，其"形法"主要为择址选形之用。在"趋吉避凶"的生存理念导引下，对自然生态的切入利用，因聚落、建筑选址而产生，对自然的态度表现为：利用—治理—敬畏，即顺、用、变的过程。在人与自然关系中利用宏

---

① 《老子》第25章。

观思维模式，力图把握"风水无形，动流有律"的规律，从而找到更改风与水流向的策略。而顺应自然的第一步即利用自然"藏风得水"的好气场，所以山、水的考量为选址的首要要素。理想自然人居空间包括龙脉、砂、穴位、四灵兽、案山和水。

汉族移民在明清时期进入广西的人群上占比较大，除政府派兵戍边垦荒、委派官员外，商人及从外省迁入的农民也占了大量比例，汉族主要从事农耕及经商、教育。在汉族居住区，风水选址变得较为普遍，并影响到瑶族。而其他少数民族因族群文化内核没有发生改变，所以风水选址没有对其发生根本影响。另外，族群居住喜好也是影响选址的重要因素。如占据"街头"说明与汉族的生活习惯有一定关系；壮族是传统稻作民族，有水才能种植水稻，种水稻的土地称为"田"，所以壮族喜欢住在有水的地方。俗语说"苗、瑶不分家"，这个说法说明两个民族有相似之处，瑶民喜好"山高林密"之处，以游猎、农耕为生，所谓"箐头"是指树木丛生的山谷，说明苗族与瑶族的生活习性与山地有密切关系。随着文化融合与生活方式的改变，每个族群尽管接受了其他人群选址的合理部分，但依然保持本族群的文化特质。在村落选址上，广西基本出现以下几个方式：第一，以山水为意向的"风水"选址；第二，以山水为实用的生态选址；第三，以物流为主的商业选址。

二、具有明确风水意向的村落选址

以山水为意向的"风水"选址在广西是较普及的，特征尤为明显的主要集中在桂东北至南流江一带。

贺州、桂林属于桂东北地区，桂林为中原文化南下较为便捷的通道，通过战后士兵戍边及大规模移民等形式，其已成为历代汉族进入广西的重要目的地；贺州由于地势原因，是汉族、瑶族自然移民进入广西的重要地点，贺州地势有山、谷地、台地、河流，且山与山之间狭窄的通道有利于人群进入，河流与台地提供的自然环境有利于人群进行物质生产，江西、湖南、广东等临近广西的省份在清代以后移民较多。瑶族迁徙至此是自唐代以后，占据山地的瑶族与占据平地的汉族是构成这个区域的主要族群。因瑶族有"沿地取风"的习俗，在汉族瑶族两种文化交融时，汉族的高势能文化对瑶族文化冲击较大，因此，这个区域的村落选址有较强的中原文化痕迹，在村落选址上体现出明显的道家思想及传统风水观念。

风水观念包含着多代中国人长期对自然的细致观察、思考而得出的认知规律，这个认知所产生的结果是对住宅、村落及其他人居环境聚落选址及空间设计所提供的理论依据。其传统文化本质蕴含着人居的生态性、可持续发展性及宜居性。当风水观念深入人心后，尽管有些自然环境并不完全具备风水观念的理想选址需求，但在观念指导下，可以通过人为改造、变化等多种方法达到该目的，从而使这些村落具备以山水为意向的"风水"选址。

风水选址除了追求山、水"物境"外，也追求"意境"表达。受道家思想影响，人居意境主要体现在山、水形态，林木景致的空灵飘逸，因此，能"借景"也是选址考虑的一个因素，利用风水理论中来龙、朱雀、玄武、案山、朝山等呈现出远、中、近的层次变化，在审美中出现远借、邻借、俯借、仰借等几种借景形式。以山水为骨架，以林木丰腴骨架，因此，"风水林"也是选址重要的考虑因素。风水林是受风水思想影响而形成林木审美，有天然林与人工林两种，以林木生长态势暗合人的生命观，文化隐喻为象征平安、多子、长寿、升官发财等多种意向；表层意义为藏风聚气、得水为上的风水观念；实践意义为保持水土、调节小气候、视觉审美。构成村落风水林的类型有四种，即水口林、龙座林、垫脚林、宅基林。龙座林是指村落后面的树林，垫脚林是指村落前面坐落在水流边的林木，宅基林是宅院周边或庭院内的林木，水口林是村落前在水口处植栽的林木。风水林不仅仅是一种树木，往往形成一个植物群落，包括乔木、灌木及地面植被，一般来说，植物群落中三个系列所占比例从高到低顺序分别为乔木、灌木、植被。这几种风水林在广西传统村落中都有分布，且呈现出不同组合与形式。由于风水林对聚落的意义较重要，所以，在村落选址时，也较注重周边环境中原有的自然树木。

桂东北山水生态环境利于传统村落选址，尤其是山体相对较小，山、平地交错分布的状态更适宜传统村落选址。从调研过的村落来看，靠山、坡地、高地是对地势的基本判断，靠近较大河流的村落不多，一般在径流量较小的河流边村落较多。本研究在桂东北所调研的村落有贺州昭平黄姚古镇、富川深坡村、秀水村、秀山村、大莲塘、东山村、凤溪村、红岩村、虎马岭村、恭城瑶族自治县矮寨村、常家村、大合村、大田村、巨塘村、朗山村、六岭村、龙道村、石头村、松桂村、杨溪村、土龙村、桂林的水源头村、太平村、大圩古镇、江头村、上桥村、津榕村、三街村、雄村等。在调查过的村落中，自然要素配置较好的有水源头村、黄姚古镇、秀山村、郎山古村等。根据调研结果，选取以下村落进行分析。

1. 黄姚古镇

黄姚古镇位于广西昭平县，占地 3.6 平方千米，属典型的喀斯特地貌，周边山形奇特俊美，村镇的选址深受传统"风水"文化影响，山水关系符合"环水""面屏""枕山"要求（见图4－1）。周边有公山、真武山、螺山、隔江山、天堂山、天马山、关刀山、牛岩山等九座山峰环绕周边，村落位于山峰相间的凹地中，选址的意向为"九龙聚穴"。黄姚古镇的自然之水有三种形态，分别是河水、泉水、水塘；河流有三条，即东面的姚江、西面的小珠江、北面的兴宁河从村落内蜿蜒穿过。古镇内有水塘，由于季风性气候每年都有丰水期与枯水期，水塘与河流对汛期雨水有调节作用，除此功能外，水塘还可以植藕、养鱼；泉水主要供饮用、洗菜、洗衣之用。因人地关系中"天人感应"的惯性思维，将村落周边及内部的山水、树木与人美好意向建立文化连接，以象征通道达到人意向中的吉祥语境。如黄姚八景中"游岩仙迹""盘道石鱼""螺灿秋云"等将山、石元素通过外形抽象概括赋予螺、鱼、仙等形象，将村落选址要素通过文化提升、象征等手段使其具备人的情感色彩。

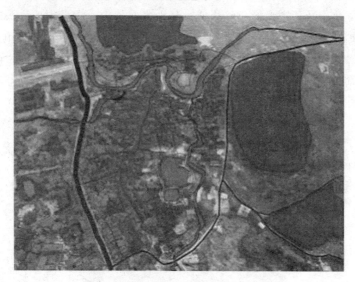

图4－1　黄姚古镇周边环境平面图

同样，黄姚古镇也注重风水林营造空间，如榕树、樟树等主要栽植在村落重要节点处，这些树木在风水学上有藏风聚气的意义，在生态上则可调节小气候，在审美上能丰富村落色彩层次，当这些树木被赋予睡仙榕、龙门榕、龙爪榕这些具有形象的象征文化后，非物质文化也伴随村落选址的文化内涵而产生，通过具有风水意义的选址，村落文化被赋予较强人文色彩，并达到宜居的要求。

2. 水源头村

水源头村选址独特，村落四周皆山，可谓被群山包围，由进村口西北方向顺时针排列，依次是宝塔山、太子山、麒麟山、乌龟山、青龙山。从山的名字表达可以看出其吉祥寓意是皇恩庇护、后代繁荣、健康长寿。在调研中，有村民认为这个村落是自唐代秦琼后人自山东迁移至此。自唐至今，共迁址三次，第一次是在现在村南乌龟山靠近泉水的地方，后迁至东面宝塔山山脚下，因人丁一直不是很兴旺，所以迁到现在这个位置，因这个位置两水交汇，并有后面的太子山保护，周边的麒麟、宝塔、乌龟护驾，所以这个村子很快兴旺发达了。这个说法说明村落居民对现在村落选址的认同，并因选址在内心产生对福祉的期望。

3. 秀山村

因桂东北瑶族与汉族融合较早，因此，桂东北瑶族在村落选址上也呈现风水意向。位于富川瑶族自治县古城镇的秀山村是瑶族古村，村中居民皆姓周，1000年以前从湖南江永迁徙至此。村庄因山清水秀而得名秀山。山势呈环形，由四座独立小山及一道弧形小岭组成，分别为面前山、大弓山、后头山、古山庙大山、塘祠面大岭及大牧园岭。（见图4-2）从山的名字"后头山""面前山"等名字可以看出，这些名字是根据人的视野触及与感官理解而定的，说明这些山在他们的心目中已是他们生活中不可或缺的部分，达到人与自然极致和谐。

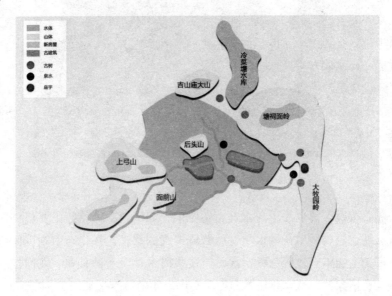

图4-2　秀山村自然环境分析

尽管周边无较大河流穿过，但在塘祠面大岭左右两侧分别有泉水出，左侧泉水水势较大，故村人于旁边立水川庙；另一泉水流经后头山前，泉水以前是供全村人饮水之用，现在有自来水后不再饮用，但流经村前的左侧泉水在村头分为两条。一条从村中穿过，民居沿河两边形成"一"字形布局，河水靠近路的一侧，路面以"三石"铺地，俗称"三石街"，河流经民居一侧。为方便出行，靠河的民居会开后门，河流上面铺大石块，石块与道路铺成一片，从街面上看不出下面有河水，隔一段距离石块断开才能看到河水，也有民居建于河水之上，河流从民居地下穿流而过。另一条则流向田间，供灌溉之用。

秀山村中风水树以枫树、乌桕、黄皮、橘子树居多，间或有一些灌木或植被。村民习惯所称的"后头山"在他们的理解里是"后龙山"，古山庙大山上花木葱茏，植被保存完好。较有特色的是从大牧园岭至塘祠面大岭一段，乔木以苦楝树为主，等苦楝树开花时，漫山遍野都是粉红。这两个山的风水林属于龙座林，这个村落的垫脚林也是很明显的，主要集中在大牧园岭脚下的泉眼至村口处一段，以枫树、榕树、苦楝树居多。水口林位于河流分叉处，以石桥沟通，石桥边植有古老的榕树，树下有石材围合，可供休息、交流。

4. 大卢村

在没有山的平原地带，村落选址则按风水学意义进行人为改造，使其符合风水学原理，如灵山大卢村。大卢村建在广西南部缓坡的丘陵地貌上，先天性自然风水不足。因听信"风水先生"指点，此地形为"匍匐前行的河中牛"，面相属牛，只要勤俭劳作，必定大吉大利。因此，山、水、地势等需求都需要人工营造。在地形方面，如为追求"负阴抱阳"的自然地势需求，建造者要求后面每一进房屋的屋基要高出前面的屋基，这样就形成了"抱阳"的格局。在现实生活中，这样布局也有利于排除污水、获取阳光、通风等。

在"山"的需求方面，在村后种植了象征北斗七星的七棵槠树，因"一树顶三山"的说法，以二十一山象征后龙山，"槠树"的"槠"原意味古代官府门前阻拦人马通行的木架，不仅寓意后龙山有防御意义，也意味着官府门第，且音通"笔"，以此象征村内文化人才辈出。

水的改造处理对于大卢村选址也是很重要的，大卢村选址靠近东边象岭山，将象岭山溪流通过人工挖泥取土引到村前，如黄姚古镇一样，水塘可蓄水、洗濯、养鱼，称为"三水归塘"。水塘呈半圆形，又称"伴月池"。"伴月池"与象征北斗七星的七棵槠树又称"七星伴月"。对于风水林的营造除村前有古榕外，在水塘边堤坝上种植了龙眼、柚子、荔枝、扁柑，荔枝是灵山特产，不仅口味甘甜，其红艳的色彩及形同官帽的外形也被赋予"红顶当头、文章显势"的仕途寓意。在完成村落选址及营造后，整个村落以完整的象征寓意给予贯通，如以塘边条石象征墨、以水塘象征砚、以槠树象征笔、以香樟树象征文章、以晒谷平地象征纸，从而营造出文房四宝、文章飘香的族群诉求。

5. 秀水村

富川秀水村的龙脉为都庞岭，有秀水河从村边环绕通过，四面山峰林立，四象俱全，且有平坦田地，自然山水布局完全符合风水学意义的村落选址。秀水村周边山水具备村落选址条件，但究竟在哪个具体方位颇费周折，最终，为了符合风水原则，尽管南向选址有利于通风采光却选择了北向。因为虽然秀峰山是风水上的上佳之地，其南侧却是村落的龙脉所在，三条小河也是在秀峰山南侧200米处汇集成秀水河后向北流去（见图4-3）。

显然，如果村子布局在秀峰山南侧，坐北朝南，虽然采光和通风条件要好，却是逆向都庞岭龙脉，且没有水系环绕，发源于都庞岭的小河源头也隐约可见，还有流水直去无收的弊端，这些都是风水上最忌讳的。因此，村子就不能布局在秀峰山的南侧，只能布局在其北侧。秀水河向北流经村子约200米后，在牛眼山折向西去，对村子形成环绕，而且出水口有水口砂（小山）镇守，根本就看不到河流流向什么地方，非常符合"出水不见去向"的水口要求。从村口看，来水也不见源头。

最早建立的村子并没有紧靠河边，而是位于河流西侧约100米处，这里近处是低矮俊秀的案山，远处是较高的朝山，视觉效果良好。由于秀水河流经村边的一段是直河道，古人们在村子前方的河道上建设了一座风雨桥，以进一步改善村子的风水。

从以上案例可以看出，尽管受传统文化影响，风水观念在村落选址中有明显导向作用，但在选址过程中，实用性依然是最重要的。山、水、林木、田地四个要素中，田地、水源也是重要的因素，因人们对田地的物质产出与生活、生产对水的强烈依赖不可缺少，而山可通过象征取代，林木可以人工栽植，说明广西传统村落农耕文化中的务实性。在水、田地二者选择中，田地离人居空间需短距离，而水源则可离开村落一段距离，这说明生活中人们最看重的还是田地，河水因汛期原因，距离太近也许会对生活造成破坏，而泉水作为饮用水距离远的原因在于保持卫生及疏散便捷。在山、水、林木、田地四者皆具的前提下，通过文化象征手段，使物质文化与非物质文化达到高度统一，从而符合民众祈福纳祥的内心审美需求。

三、以山水为实用的生态选址

注重物质产出与防御是广西壮、侗等少数传统村落选址考量的重要因素。广西侗族主要集中在广西北部柳州地区的三江县境内，侗族重视血缘与地缘文

图4－3　秀水村自然环境布局

化，民族文化厚重。因侗族性情温和、从众、包容性强，所以在侗族村寨中可以学习其他民族、地区文化，但对自身文化保留较多。从侗族造物方式来看，侗族造物以本民族文化为核心，吸收外来文化为本民族所用，将外来文化吸收、濡化，以此提高本民族文化势能的思维方法是当今社会所需要的，在村落选址中也体现出这样的思维方式。

尽管侗寨选址依然呈现背山面水的基本形式，但其文化内核却与中原传统的风水文化诠释有差异。侗族是一个稻作民族，对水的依赖性较高，在村落选址中，其注重的元素排序为水、田、地、林、山。水与田是密不可分的，在田与地的选择中首选为田，在侗族的概念中，田与地是两个概念，田是水田，地是土地，指可以种植旱作植物的土地。"水"文化在侗族是最重要的文化之一，如谚语中说道："苗家的祖先爱上高山高岭，世代在那里安居坐落。汉家的祖先喜欢平阳大坝，就在那里立城建阁。我们侗家祖先，不选那里，专选依山傍水的幸福窝。"

侗族村落的社会组织是"补拉"与"款"。"补拉"在侗语中是指父亲与儿子，代表血缘，"款"是指一种社会组织，主要针对军事防御，具有一定政治意义。所以一个侗寨代表具有相同血缘或血缘关系的族人生活在一起的聚落，在村落选址中，代表一个族群的生活意志。

侗族村落选址中注重水文化表现，如侗族学者余达忠教授所说："侗民族是一个生活在水乡泽国的民族，充满在它生命和生活中的都是水，只能崇拜水，膜拜水，把生命和水连在一起。"水在侗族是受到敬重的，如为表达对河的敬重而架起风雨桥；水井中可养鱼，鱼与井都作为神灵崇拜，在井上建造井亭，即使经济条件达不到，也要在水井上盖木板。

侗族村寨一般会选择山水之间，但对山的理解实用功能较强，山是提供生活物资的场所，主要提供茶油、杂木、杉木建材以及其他生活物资。因此，山林按照离寨子的远近依次为原生林、杂木林、茶油林，提供食用油、燃料、建材等生活不可缺少的东西。

另外，侗寨构建的防御性也是较重要的，因此，山、河流的天然防御性使得他们喜欢选择在山水之间，树木生长是一个地方土质、气候的标志。受"天人感应"的思维习惯，侗族认为树木生长旺盛的地方族群也会繁盛，因此，他们重视对树木的栽植，但在广西侗族村寨中，具有中原传统文化的风水林不是很明确，现存的古树较少。据侗寨的村民讲，在几十年以前，寨子后面山上的大树也很多，但后来被乱砍滥伐后所剩较少。这说明侗族对风水意义中的垫脚林、水口林等并没有上升到约定俗成的文化高度，尽管没有风水意义约束，但不能说侗族不重视生态，相反，侗族村寨周边植被生态保存较好，只是他们没有刻意按照风水学的意义去理解而已。这里需要说明的是，因为侗族以血缘而聚，实行"大公小私"的生存理念，整个寨子贫富差别较小，如司马迁在《史记》中所说："无千金之家，亦无冻饿之人。"因此，他们对生态的维护是集体性的，较少有人破坏。

程阳八寨是广西侗族传统村落保存较好且研究价值较高的村寨。从地形上看，程阳四面环山，寨前有河流流过，自然环境也符合中原风水学选址的基本条件，但是侗寨选址更倾向于生态选址的生活理念。生态是指一定区域内一切生物的生存状态所呈现出的生物与环境之间的关系。

侗寨选址注重人地关系及维护各个要素关系之间的恒稳。在山、平地都具备的环境中，侗寨较少选择在平地上构建，原因在于他们更注重保留水田，山不仅仅起到防御作用，还在于山林可提供各种物资供他们生活所用，所以根据距离村寨远近形成茶油林、杂木林、原生林的利用秩序，茶油为食用，杂木可做烧柴，山中大树可做干栏式建筑；河流中的水可借助水车汲水灌溉稻田、蔬菜，稻田中还可养鱼，井水不仅供饮用，也可养鱼，由于天气潮热，鱼经过腌制发酵后，制成酸鱼供食用。

因此山、水、林木给予侗族族群的意向更在于生活所用，并按照生物链的关系进行维护，但这也不是全部，受其他（尤其是汉族）民族影响，侗寨选址也会对物质与环境进行文化提升，如对桥的处理，侗族的桥称为"风雨桥"，体现了一定人文精神，说明桥不仅可做交通还可避风雨，而风雨桥的另一个称谓"回龙桥"，则体现了对"龙"图腾的崇拜，祈求神灵保佑村寨兴旺发达。而其中也蕴含了对水与财的关联，具有汉文化影响的痕迹。

除侗寨外，壮族、苗族、部分瑶族在选址上呈现相似的思想性，如龙脊。龙脊四面环山，只有一面有通向山外的路，山上有泉水流下，平地较少，瑶族有"居山"的习惯，所以瑶族村寨一般居住在山中部。龙脊由几个规模相似的寨子构成，采用干栏式建筑，泉水离居住地有一定距离，寨子后面有杂木林，其余为梯田，梯田顺应山势梯级而上，较少出现大块梯田，体现了适度改造的人地关系。

侗寨选址首先体现在生态性，较少主动改造地形地势与破坏自然生态，并在生态基础良好的情况下进行象征文化沟通，以此维护人、地关系的和谐平稳。尽管学习其他民族文化，却是在保留本民族文化特质的基础上形成的，反映了本民族的生命观。

四、以物资流为主的商业选址

以一个村落为单位的农耕文明有自给自足的特性，但这一习俗被物资交流的展开逐渐打破，以几个村为一个区域进行物资交流的场所为圩市。圩市往往设在一个交通便捷、易于集散的村落边缘或内部，中心村的概念慢慢出现。圩市是每隔几天进行一次交易，当圩市的规模足够大，逐渐形成圩镇，唐代柳宗元在《柳州峒氓》中描述了当时少数民族赶圩的状况："青箬裹盐归峒客，绿荷包饭趁圩人。鹅毛御腊缝山罽，鸡骨占年拜水神。"

广西历史较大的古镇在宋代已经出现，明代则形成四大圩镇，分别是桂林大圩、苍梧戎圩、贵县桥圩、宾阳芦圩。广西商业村落一般是在乡村基础上成长起来的，居民亦商亦农，因此，需要的条件是陆路交通好、水运便利、粮田肥沃。商业化程度较高的古镇人群来源复杂，有农、商、渔猎等多种经营形式的古镇商业化程度稍低，人群来源相对简单。人群来源复杂的古镇族群的精神性较弱，所以古镇选址对商业流通的便捷性要求较高，所呈现的风水性相对较弱。因为形成古镇的条件中自然环境是很重要的，所以传统古镇选址更注重自然生态性，顺应自然、适度改造的理念更强。

大圩古镇选址在漓江一侧，马江与漓江呈"丁"字形布置，马江靠近古镇一侧有泉水与井水，四周有磨盘山、景山、社公山，对面为毛州岛。从视觉上来说，山水相依、篁竹葳蕤的自然风景令人心旷神怡，但作为古镇历经多代而长盛不衰的选址缘由不在于纯粹视觉，更在于物流的通畅性。原本直线流淌的漓江在大圩突然拐了一个凸出的半圆形弧线，而后又变直线，大圩选址在弧线的外侧，以外侧弧线向周边辐射，且周边山脉与平地交错，有利于地理意义上的物资聚集，而漓江在靠近大圩的一侧河岸光滑，地面地势稍高，不仅可避免汛期洪水侵袭，也有利于筑建码头。大圩共有13个水路码头，有利于物资快速疏散，因此，大圩古镇呈并行于漓江的"一"字形布局。

类似的选址还有扬美古镇。扬美古镇始于宋代，建于邕江支流左江下游南岸，左江在此绕行呈近圆形，扬美建于近圆形外侧，原因也在于外侧水岸利于修建码头且视野开阔，有利于物资集聚与疏散。

由此可见，传统古镇选址首要因素在于水路与陆路交通的便捷性，其风水意向只能蕴含其中，外观呈现并不明显。即使是以物流为主要考虑因素的古镇，在确定选址后，对自然生态保护依然是必要的，如很少改造地形与地势，以"顺"为主旨确定村落节点，如大圩古镇顺应地势，古镇两侧建筑地基高度不一致，南侧要高于北侧，有利于排水。扬美建筑群从河岸至古街的地形逐渐升高，因此，道路以石质台阶铺贴，尽管高地坡度不利于出行，但保留了原生地貌，顺应自然，也做到了古镇内排水便捷的实用性。

第二节　广西传统村落景观空间整体性布局

广西传统村落景观在视觉感知上具有物质构成的整体性，在文化内涵上反映出地域文化特色。其空间构成在思想上体现出文化的多元性发生与一元化发展的多样性，其中涵盖原始文脉遗迹、道家文化切入及儒家文化贯穿三个文化源点，形成广西地域文化及儒道互补的地域特色，由此呈现出整体构成的完整性、单体排列的有机性。这些特征主要由显性的点、线、骨架与隐性的造物文化相互作用体现出来，并在视觉上表现出立面形态与平面布局的差异性。

村落是一定人群聚集并居住生活的场所，具有生产与生活的双重属性。因此，应能满足各类生产、生活要素所需的生态系统，在此体系下，人类的造物活动应与之相适应，而传统人居文化中完整性思维在村落空间构成中起到了主导性作用。在中国文明进程中，广西人类文明起源较早，但在发展过程中体现出较中原文化稍迟缓的状态。及至新中国成立，广西一些偏远地区的居民在造物思想上依然体现出较强原始思维的滞留。"原始思维是以孤立的状态、脱离原始人通常被卷入的那些关系而获得他的集体表象的，集体表象所固定的神秘性质必然包含着他们思维的各种对象之间的同样神秘的关系。我们可以先验地假定，那个支配着集体表象的形成的互渗律也支配着集体表象之间的关联。要证实这个观点，必须研究人和物之间的基本相互关系在原逻辑的思维中实际实现的方式。"① 原始思维中将人和物的关系在现实生活中的对照先验证明：人及物的完整性在生活及生产中有重要作用，因此，集体表象对造物活动的关照决定了完整性思维是其主旨。"要求完全彻底、细致周详地认知对象和把握对象。正是这种强烈的认知冲动，才促使原始人类去熟悉对象、观察对象、体验对象，把对象非常详细甚至非常烦琐地分类、比较、排列、组合并纳入秩序系统中去。"② "完整性思维在展现全景的造型语言中表现得最充分、最典型，通常会完全、彻底、毫无遗漏、真实地表现出客观对象的形态特征。"③ 在这一点上，整个中国的造物活动都具备完整性思维所出现的"圆满性"审美。而广西传统村落景观能找到关于完整性思维所体现出的"圆满"形态，三江侗寨以鼓楼为核心的圈层式构成即是最有说服力的明证。除了"圆形"之外，长方形、不规则形等不同形状都是完整性思维的结果。

广西传统村落景观的生产空间、生活空间呈现互相依赖、互相支撑的紧密关系。若将村落景观作为一个体系理解是完整的，将一个体系分解为两个体系，每个体系构成也是完整成系统的，因此，一个传统村落的完整性是由若干个小的完整体系所构成的。如生产空间基本构成可分解为农田、水、林木，生活空间则表现为建筑群落空间，建筑群落内可分解为民居、道路、生活用水等。基于环环相套的村落体系构成一个完整的生态空间，以满足自足的农业经济。

以人的完整性映射"人化自然"是在完整性思维导向下形成的。广西传统村落原生性体现在人对"人居自然"完整性的表现，即其空间构成元素由"一"而成，并由"一"而解，出现村落的完整性及元素的完整性。道家思想随中原文化进入广西后，"道法自然"思想依然以"一"为单位进行分解。广西少数民族村落对自然理解及中原"道家"文化在传统村落的表现有异曲同工之妙，二者差异性体现在对自然"神秘性"的文化解读，儒家文化对道家、广西少数民族传统村落景观空间起到补充作用，主要体现在对完整性进行分解时进行秩序性排列，并没有打破原有的形态完整性。

三个文化源点在村落景观空间布局中尽管起到不同作用，但对空间布局的

① [法] 列维 - 布留尔（Левц - Брюлъ）. 原始思维 [M]. 北京：商务印书馆，1981.
② 周易 [M]. 郭彧，译注. 北京：中华书局，2006：105.
③ 郑凌. 云南甲马造型中原始思维的物化特征 [J]. 装饰，1992 (6)：110 - 113.

完整性形成共识，这也使得广西传统村落景观空间出现完整性的基本特征。相比濒临的湖南、广东等地，以单个家庭为单位居于一处，不同家庭之间相隔较远，出现村落空间松散型布局。

广西传统村落景观空间布局的完整性优势体现在：有利于保持村落单元内生态系统的完整性；有利于族群传统文化传承；有利于群落组织空间审美态势保持及体现族群力量。在这一点上来说，传统村落景观完整性空间布局对当今社会的"城市病"及乡村"空心化"有启示作用，如当今城市发展较快，尽管其空间布局也呈现完整性，但当无序发展、过快发展时，生态承受力下降，对人居舒适性是一种损害；同时，村落"空心化"说明以"一"为单元的空间内出现缺失，从而导致生态链不完整，因此，应在完整性思维下对缺失点进行调整，以保证村落可持续发展。

第三节　广西传统村落点、线、骨架的显性构成与有机序列

在完整性思维下，传统村落呈现点、线、骨架的有机排列，以保证村落空间构成的完整性。

一、线形序列

线形是空间对边缘的概括，由于族群对生存空间有强烈占有欲，因此村落边界一般较清晰，受地形及历史、行政区划等多个因素影响，以线形概括边界，线形出现两个基本特征，即闭合性、不规则但近圆形。这两个特点说明村落为完整的近圆形块面状，圆形则说明生产空间是以人居为中心向四周辐射，体现了生产的便捷性。聚落建筑空间有两种形式，即圆形与方形（近似）。生产空间与生产空间的边缘线则出现"圆中见圆""圆中见方"两种形式（见图4-4），"圆中见圆"较"圆中见方"在生产与生活上更具便利性，"圆中见圆"较"圆中见方"更体现秩序性。

生产空间内的线形有两种，一为通向村外的主干道，二为耕作所需要的田间小道。主干道往往与圆形居住区相切、与方形居住区村前界限相平行。村落通向外界主要交通道路，与居住区内主干道呈90度交叉，出现这种线形的原因有两点：第一，对人群聚散方向有指示性，由于地处北半球，人居坐向一般为坐北朝南，向南出行（向光性）从心理上具有趋吉性，并能最大限度与村落接触，增强便捷性；第二，受风水学影响，"直来直去损人丁"的观念也决定了不

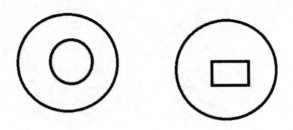

图 4 - 4　方形与圆形边界村落

采用一条直线，而是采取直线交叉的方式来解决出行问题（见图 4 - 5）。

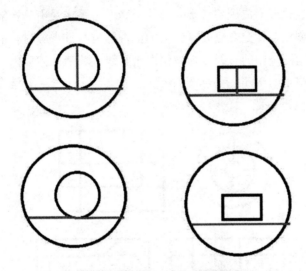

图 4 - 5　村落人居空间与主干道关系

　　作为生产空间内的线形也有梯度，其功能主要方便耕作，方向朝各个方向，往往采用分叉式，直线式分叉效果最好，但由于受地形地势影响，直线可能变为曲线或不规则曲线，最小的线形为田埂，所以直线只是一种理想状态。同时，在有河流经过的村落，河流也可呈线形，河流在村落一侧，按照风水学选址要求，位于右前侧较理想，因此，出现图 4 - 6 的样式。

　　居住区内线形主要由巷道构成，以圆形为主的村落，巷道呈环形，并通过直线联通，受地形影响，直线往往变为曲线，则会出现曲线与弧线相交；若村落选址在山坡，则会出现巷道随地势攀缘而上；在线与线交接处，则可能出现视觉消失点落在建筑墙体上。所以不论从下向上仰视还是从上而下俯视，都会出现视觉的丰富性。方形民居区巷道线形以直线垂直相交为主，多条线相交形成"井"字形布局，确保每条道路通达度达到最好，若居住区内只有一条贯穿

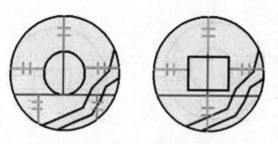

图 4-6　村落与田间道路、河流关系

道路，则会形成对称的方格，这三种线形是较理想的状态，桂林有些传统村落由于地势低平，也会形成理想线形。若地势高低不平或受山势影响，直线则可能变成曲线或斜线，如金秀瑶族自治县的上古陈村与下古陈村，由于村落选址坡度大，尽管道路采用的直线线形，但由于直线上坡消耗体力大，所以将直线折断，并将相交处的90度变小，从而形成"之"字形；"一"字形布局的村落也可能形成"倒鱼刺骨"样式（见图 4-7）。

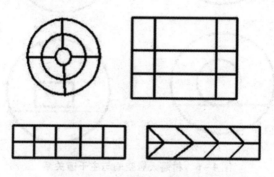

图 4-7　村落主干道布局与形式

二、线形围合

传统村落空间平面中，线、点共同作用形成其空间骨架布局。不管是以生态实用型还是具有道儒互补的汉族村落，其空间布局均出现一定秩序性，其空间秩序性表现为：第一，从选址开始，其村落布局有一定设计秩序，即建筑空间一般居于生产空间近中心位置，有明确或模糊边界，呈"圆中见方"或"圆中见圆"的整体布局，景观节点往往出现在线与线交界处，以村前居多。第二，追求直线效果，在直线难以达到的状态下，以适应自然状态为首要考虑要素，顺应地势并改为曲线，这是由生活与生产的便捷性要求所决定的。

广西传统村落居住环境表现出围合、封闭性、通达、隐蔽等特征，这几个特征也显示出相互之间的矛盾性，其统一性主要在于如何在矛盾对立中寻找平衡点，其设计出发点有三个，即寻求人居安全性、交流性及趋吉性。安全性是基于整个村落族群的安危考虑的，以线与点的适宜布局来解决，整个村落的防御系统由外至内分三层：第一层是整个村落的墙与寨门，第二层是巷门与巷道，第三层为单体建筑的院墙与门。

广西传统村落在村落的墙体围合分以下三种形式：墙体整体围合，如贺州围屋及玉林、钦州等地的围龙屋；墙体半围合，如钟山的大石头村、桂林秦家大院、灵川大卢村、三江侗寨的高定村；墙体消失，只呈现布局上的概念围合。

墙体半围合的村落有很多，比较典型的是富川红岩村，红岩村在当地又称"石头村"，村前用较大的青石条围合，村内又分为上村、中村、下村，村后以凤凰山作后龙山。作为院墙的石条，每条有4米长，厚度为20至30厘米，石块与石块垒砌连接只用少量灰做黏结，厚重的墙体体现了村落防御功能。但红岩村的墙体并未将整个村落完全围合，只将村落围合一段左右，村后的凤凰山在一定程度上起到墙体的防御作用。钟山龙道村、灵川秦家大院等出现类似布局。以"一"字形布局的村落，两边以墙界定，从而出现半围合状态（见图4-8）。

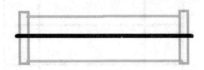

图4-8 "一"字形村落围合

概念围合是指边界没有墙体等显性表现，但从预留的空间可以感知村落界限，以单体建筑排列所呈现的边缘线尽管没有实体表现，却从空间感觉上给人边界意识，如大卢村、雄村、长岗岭、苏村等（见图4-9）。

三、点的形式

广西传统村落构成中较注重"点"的布局，这些点以物质形式呈现，却将非物质文化隐含其中，从而形成村落景观设计中的节点，这些节点尽管在不同的村落中出现的位置、方式、形式有差异，却以共同的文化内涵彰显着村落的传统文化（见图4-10）。

景观节点以物质为载体进行表现，主要包括泉水、井水、宗祠、寨门、庙宇、水口、公共空间、风水林等，节点一般在居住区与生产区的交界地带较为密集。村落前面犹如人的脸面，装饰性、精神性、实用性节点一般都在此集中，

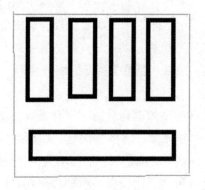

图4-9　村落边界概念围合

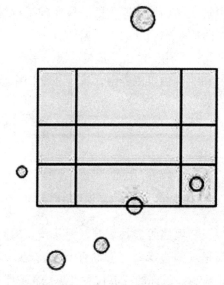

图4-10　村落节点布局位置点分析

主要有水口、桥、垫脚林、水口林、寨门、照壁、宗祠、土地庙，村后的节点为后龙山，村落的一侧为泉，村内有井。

　　从广西传统村落的整体性分析，汉族、瑶族村落景观节点较壮族、侗族等更注重村落前面空间的节点布局，而壮、侗等民族除了在居住区边界进行节点布局外，也较注重居住区内部节点，主要体现在公共空间的处理形式，这也体现了"聚族而居"的公共精神。

四、骨架

受人文、气候、地形、风水观影响，广西传统村落呈现四种平面布局及脉络延续，平面布局包括"一"字形、"山"字形、圆环形、方形、"人"字形、"环"形。"山"字形延展为"芭蕉叶"形，"一"字形延展为"叶脉"形，两种形式最终融合为"环"形（见图 4 - 11）。四种布局都具有良好边界且防御性较强；精神审美具有差异性，即汉族倾向"风水"观念与精神审美，而壮族、侗族、瑶族倾向于自然生态性，两种观念融合则为以风水意义为主的生态性，其精神内核则有"祈福纳祥"的民间空间审美（见图 4 - 12、图 4 - 13）。

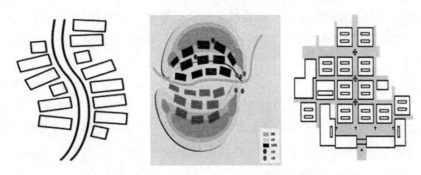

图 4 - 11　"一"字形、"环"字形、"山"字形布局

图 4 - 12　凤溪风雨桥

（瑶族受侗族影响）

图 4 - 13　秀水村水口

（瑶族受汉族影响）

1. "一"字形

广西山水相依为瑶族提供了居住的理想选址，山脚之上选址有"后龙山"为靠的精神依赖性，适宜开拓的建筑空间不大，因此，"一"字形布局为最佳选

择，其优势在于体现了族群成员享有占据空间的公平性，道路通达度高、防御性好。基本构架为由寨门进村，"一"字形街道随山势呈弧度走向（如金秀六段村），街道一般都做硬化处理，且注重排水，排水沟一般为40厘米深。街道多以三条青石为单元，进行纵横拼接铺成，故民间称之为"三石街"。

2. "山"字形

汉族秉承儒家秩序观念，发端于"山"字形村落，讲究中轴线对称，布局清晰严谨。受"风水"观影响，一般选址为负阴抱阳，即村后为"祖山"，却不喜欢在山脚建村，最好山前有一片小高地（且开阔），先建村寨大门和村庄院墙，界定村落人居空间，体现了人居捍卫种族领域的土地观念。此类型院墙最突出的是富川红岩村，红岩村又称"石墙村"，全村院墙由4米长石板砌成，如长城般稳固。"山"字形村落由村门进入，正中为空场地，有现代广场的意义。

3. 方形

墙体围合的围屋与围龙屋是客家文化在广西的反映，以方形为主，相对于福建圆形围屋来说，方形围屋的防御性在视野上不及圆形围屋开阔，所以在四个角上设置瞭望楼与射击孔。以玉林博白客家围屋来说，线形围合与封闭性较强，追求直线穿插及中轴线对称。

博白县沙河镇礼安村城肚屯客家围屋保护相对完整，尽管现存的围屋内已开始建有现代建筑，居民的生活方式也改变为现代生活，但其痕迹依然说明最初设计者的理念。以南门为正门，门前有水稻种植。围墙高度在3米以上，顶部为圆面结构。正门墙体方形，进门后左右各有一个圆形拱门通向村里。村内建有一个约2500平方米的水塘，水塘边上有成群家禽（见图4-14）。

博白县大峒镇凤坪村龙江屯围屋整体平面为方形圆角，正门门楼及四个角落的瞭望楼上均建有射击孔。凤坪村龙江屯客家围屋虽然局部有所破坏，但整体框架结构尚在。围墙高度约有现代的两层楼高，顶部为圆面结构。内部建筑均相通，一层为禽畜饲养与水井及杂物间，二层为居住。正门墙体为拱形，门为方形，为可移动的木质结构。门楼上有射击孔。围屋整体平面为方形圆角，四个角落的瞭望楼上均建有射击孔（见图4-15）。

以上两个围屋的线形均呈现出直线式排列，其特征有较多相似之处，围屋边界线为追求方正，大门均南向开门，四个角都设置有炮楼，体现出较强的防御意识。差异之处在于龙江屯后面开有后门，而礼安村城肚屯进入正门后有水塘，公共空间较开阔。

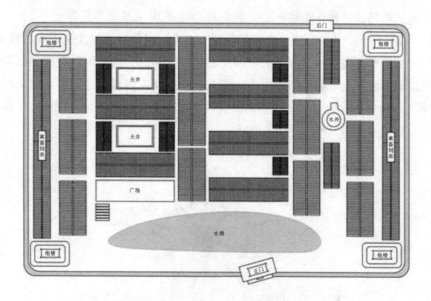

图 4 – 14　博白沙河镇礼安村城肚屯客家围屋平面图

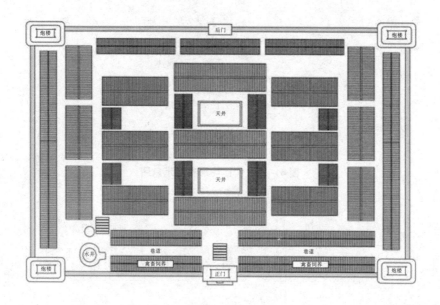

图 4 – 15　博白大峒镇凤坪村龙江屯客家围屋平面示意图

4. 圆环形

圆环形布局主要以侗族为主,以鼓楼为中心,向四周发散,从而形成"圆"的基本形,由于街道的分割作用,形成环形村落。侗寨从整体景观来说,呈内聚向心式布局，村落有明确中心。侗族社会组织单位基层单位是"斗"，一个"斗"表示一个以父系血缘为纽带的族系，"斗"以鼓楼为物质呈现在村落中。由于一个侗寨可能由几个血缘关系的支系组成，因此，侗寨可以有单核团聚与多核团聚两种方式。侗寨的各个构成要素，都围绕着鼓楼周边，形成内聚向心的簇状形态（见图4-16）。在侗寨民居确立后，周边自然环境、田地等也呈秩序性分布，从而构成侗寨整体的圆环形。

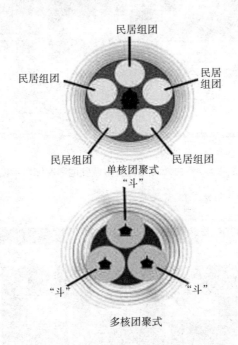

图4-16　侗寨环形布局示意图
（引自范俊芳《侗族村落景观分析》）

第四节　广西传统村落单体院落空间布局

　　民居以单体院落为基本单位，村落有多个院落有序构成，而院落之间的关系处理显示了村落构建格调。广西各族在文化融合中不断提升对人居空间认识，从院落营造到室内空间分割存在循序渐进的认知程序。
　　室内（私密空间）、院落（半私密空间）、街道（公共空间）三个空间都具备是理想的人居空间。汉族对空间布局清晰性较强，从而影响到其他民族，如瑶族、汉族聚居区内，瑶族村落民居空间较多运用汉族空间分割方法，这一点在贺州瑶族民居中显示得较清楚，而侗族对院落的理解较少，但是其单体建筑的阳台、晒台也具备半私密空间的含义。汉族对侗族建筑的影响主要显示在室内空间布局，如侗族建筑中火塘位置居于室内中心，以火塘为中心，居室空间布局基本呈对称状态。由于苗族与侗族聚居，这种对称式布局对苗族也有影响。因此，从一室到多室，从自由布局到中心对称逐渐形成了合理的空间布局（见图4-17）。

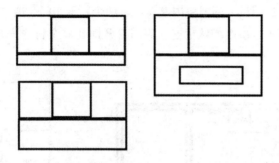

图4-17 院落式民居中建筑与院落关系分析图

广西单体民居建筑一般以"三开间"为主，呈矩形，三开间能满足室内生活基本需求，同时，室内空间分割比较自由，即在满足居住生活的同时又能自由变化，因此，三开间布局在广西各个地方较为流行。在三开间基础上，具有经济实力的家庭也有五开间、七开间，七开间较少，只在灵川三街村见此类居室。以奇数为开间模数，说明中轴线对称的意识已逐渐深入人心，也是儒家文化中秩序的体现。除矩形布局外，还有曲尺形、凹形、凸形。在这几种空间基础上，院落形式有多种。第一种最为简单，其院落只能为概念空间，如贺州钟山的深坡村，三间房前为一简单的石块铺地，空间宽度只有一米左右，以铺地的材质暗示院落的存在，但这样的空间又具有公共空间的概念，即村庄内任何人都可以从此穿过，又有道路的功能。第二种是院落面积增宽，有明确属地概念，但四周没有院墙，如百色花坪村。第三种不仅院落增宽，且有半墙围合，如金秀上古陈，院墙高度在一米左右。第四种为院落严谨围合，并在围合空间内打造天井文化，这类样式较为普遍。第五种不仅有完整院落，而且在院落之外还有私属的院外空间，这类样式属于广西民居空间较为完备的。在院落形成后，院落可以进行套院，广西民居的套院方向比较自由，可向后、向左、向右拓展院落，一般向后拓展院落的较多，形成两进、三进、五进等套院形式，院落形态分为套院、单院两种形式（见图4-18）。

广西传统村落的套院形式也有差异，以桂东北瑶、汉两个民族对比为例说明套院的形式变化：瑶族一间房又称"筒子房"，侧面开门，纵深较长，为套院形式，可一直向纵深拓展，一般有四五道门，多则六七道。富川凤溪瑶寨为传统农耕村落，进院落后一侧为牲畜棚，向纵深分别为居室、厨房、浴房；恭城江贝村、六岭村进院落后一侧为卧室，纵深分别为厅堂、卧室、厨房；恭城常家村、金秀六段村则进门为神龛，纵深分别为卧室、厨房、后院，最后是后院大门，形状有拱形、长方形，要求坚固，一为防卫，二为拒鬼魅，因为按当地说法，鬼魅是从后门进入的。屋内左右还有两个特殊小门，即"隔门"，隔门平时关闭，一旦发生战事等特殊情况，隔门打开即变成全村户户相连的通道（见图4-19）。

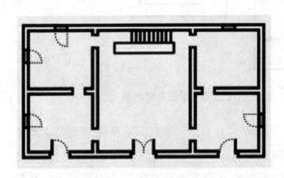

图4-18　三间房单体建筑

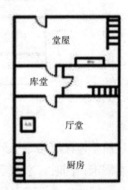

图4-19　"一"字形套院

汉族院落以三间房为主，也有五间房形式，有严谨院落布局，基本结构为三间房天井、门楼，入户门一般以轴线为中心，门楼构筑较为精心，进门有倒座（屏风之意）、门厅，两侧为厢房，门楼与正房之间为天井，天井两侧有厢房或连廊。由于本地气候潮湿，一般为两层楼结构，通过天井两侧厢房连接，整体建筑则为"走马串角楼"的院落样式。若为套院，一般为上、下两院落或上、中、下三院落，上院后面为后花园，花园一侧为后门（见图4-20）。五间房与三间房整体布局相似，只是开间多了两间房，灵川县三街村以此形式居多（见图4-21）。三街村原为灵川旧县城，古院落建造者以商人、读书人居多，体现了建造者对人居空间的奢华大气追求。

一、汉族民居平面空间布局特征

汉族民居在广西根据分布地域不同，其平面布局也出现多种形式，其原因在于：第一，汉族迁入广西后与本地壮族进行文化交流及人居适地性关系发生

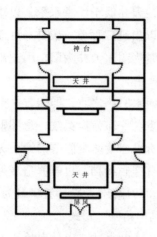

图4-20 三间房套院

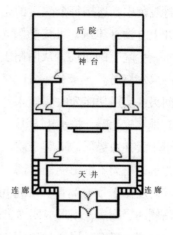

图4-21 五间房套院

改变；第二，汉族迁入广西存在历时性，不同时间迁入广西所带来的技术与审美有差异；第三，迁入广西的人群来源不同，不同省份的地域文化差异进入广西后演绎形式不同。广西汉族民居也有一些共同特征，主要表现在：坐南朝北的民居朝向；砖、石、泥土、木材等多种材料在建筑上混合使用；中轴线对称；建筑装饰的民间文化趋吉意向。

汉族民居受儒家文化影响较重，主要体现在空间秩序上，因此，汉族民居在院落布局上出现方正的规整性，在设计上出现中轴线对称。讲究建筑的数理关系，如套院有一进、两进、三进、五进。民居内精神中心较明确，以厅堂为例，厅堂设立在建筑空间中心位置，为追求厅堂开阔与气派，厅堂标高较高，甚至有的民居厅堂之上没有二层，以两层的标高空间只做一层使用，厅堂后面的山墙中间是神龛所在，神龛以祖先崇拜为主。受多元文化影响，佛教文化与道教文化的神灵崇拜也会在神龛中出现，这与中原文化中"祖先住在家里、观音在庙里"等观念有所差异。

三进套院是广西最经常见到的形式，以三进套院为例，其平面布局表现为三个空间的有机结合，分别为上、中、下三个部分，后院、中院、前院的地平由高至低排列，除了争取院落内自然光、利通风、步步高升等文化含义外，也切合了儒家中秩序与等级观念。由于追求轴线对称，从前院至后院，以大门口为轴线，视线可以直接通达后院，为避免"直冲"的风水观念，前院厅堂进门后有一实木雕刻的"倒座"，做屏风之用，既可以避免视觉单调性，也有趋吉的风水意义，中院与后院的厅堂也可有"倒座"，还可用木雕门代替。在一进的院落中，入户门为四扇门，一般只开两边两扇门，中间两扇门较少开。

三进院落中，连接每个院落的是中间天井，天井低于厅堂水平，以矩形居多，天井上方没有建筑，可接受阳光雨露，所以出现"厅堂—天井—厅堂—天井—厅堂—后院"的布局，从阴阳上分析，厅堂为阴，天井为阳，因此出现阴阳调和的风水格局。

中间天井实用功能为收集雨水并排水，有四水归一之意，即四方来财的财运通道。排水较隐蔽，排水用方形石材镂空，镂空纹饰为铜钱纹，意即财运不外漏。由于天井地势低，不利于院落内通行，所以连接两个院落的通道为两侧走廊，为解决雨天不淋雨问题，两侧走廊上方有连廊遮挡，也可修造成厢房形式，但其高度低于厅堂高度，厢房可为一层也可为两层，若厅堂建筑为两层，再加以两侧两层厢房，则形成四周贯通的"走马串角楼"形式。

每个院落不仅在一层通过地面道路联通，二楼也通过"走马串角楼"整体联通，整个院落的联通，一方面有利于生活，另一方面也有利于逃生。受儒家文化影响，家庭内成员所占有的居室空间是不同的，如左厢房及地势高的后院是父辈居住，右厢房后面为儿媳住。前部为母辈住，前半部分是未婚儿女居住。扬美古镇的黄氏大院则显示，整套院落最后面的房屋为未婚女孩居住，以体现"大门不出，二门不迈"的大家闺秀风范。

由于广西民居受干栏式建筑影响，室内构造以木材为构架的形式居多，防火也是民居较早所必须考量的因素，因此，每个民居单元之间往往不紧密相连，除了单体建筑两侧有镬耳墙外，两座建筑之间都留有小巷道，两座民居都留有侧门，两个建筑可以通过两个侧门进行沟通，两座建筑之间的巷道有巷门起到封闭的防御作用。两个单体建筑不仅在地面通过侧门联通，二层楼之间也可通过连廊沟通，这样，每个民居之间都是联通的。如黄姚古镇的防御与联通系统不仅隐蔽而且畅达；朗山村尽管只有十户，但每个家庭之间的联通体系也做得较好。在广西传统村落中，院落不管是多进、一进还是只有独立的一幢房子，除正门外，侧门、后门都是比较多的，有三个原因：第一，起到每家每户的沟通便利性；第二，体现族群的防御体系；第三，广西潮热多雨，门可以起到通风散热作用。

汉族民居受儒家文化影响还体现在单体建筑之间的排列，单体建筑的横向排列一般呈现直线样式，受地势影响也会出现折线式排列，如朗山村，每个民居比前一个向后错落一段距离，呈现有秩序性排列；而纵向排列也追求直线，从而出现横平竖直的空间格局。道路梯级有差别，横向与纵向都有主干道，也有支路，支路较主干道尺度要小，主干路以"三石街"为主，一般为石头三三成组铺成，两侧或一侧留有排水沟，排水沟有深有浅，地势高低差大的排水沟较浅，地势高低差较小的排水沟较深，这是出于满足排水要求而定的。

二、干栏式民居平面空间布局特征

侗族主要集聚在广西北部山区，主要分布在三江县，从侗族对山体的利用层次来说，远离村落的山林是杉木生长的原生林，有"千年不腐"的说法，所以杉木是构筑干栏式建筑的主要材料，从桂西北至桂东南的整个桂西一带，干栏式建筑分布较广，按民族来说，侗族、苗族、毛南族、壮族皆有，尽管广西壮族传统民居为干栏式建筑，但因壮族汉化程度较高，现存的传统村落中，干栏式建筑只在百色一带较多，而侗族干栏式建筑保存较好且完整，是现代广西干栏式建筑的典范，其余的苗族和毛南族也有保留。从平面布局上来说，若以厅为中心，广西干栏式建筑有四种：第一种为卧室围绕厅堂的环绕式；第二种为卧室与厅堂两侧的并列式；第三种为厅堂与入口走廊、晾台等结合，其余卧室环绕在厅堂三侧，从而形成开敞式布局；第四种则为当厅堂作为未被界定的空间，除火塘、卧室之外的所有空间，均被认为是厅堂的布局，此为自由式布局。

从干栏式建筑的特点来说，广西有矮脚干栏、高脚干栏、半地居干栏三种。广西矮脚干栏现存较少，而高脚干栏较多，从桂西北瑶族、苗族及侗族的干栏建筑来看，基本为高脚干栏。较有特色的是桂西北天峨县瑶族干栏式民居，民居建在山地上，地势不平，地基甚至为天然石材，整个建筑的立柱直接立在石材上，且四个柱子高低不平，柱子落在的石材大小也不一。从力学分析，这样的建筑着力点有相互平衡的作用；一般的高脚干栏都是下层养牲畜，二层住人，二层中间有火塘，也可劳作，从二楼的楼板上开一个孔洞，草及剩余的饭菜通过孔洞直接倒入牲畜圈，以龙胜龙脊梯田的民居来看，平面布局为自由式，下畜上人的高脚式干栏很明确，而在三江侗寨，尽管其民居为高脚式干栏，也有下畜上人的布局，但内部空间布局则呈中心式，较龙脊村的空间秩序性要强。半地居式干栏是建筑的前半部分以木质高脚干栏为主，后半部分则落在平地上，如环江毛南族、那坡壮族等。

从平面形制上看，干栏式建筑一般呈方形，但布局有凹式、凸式、直线式三种，凹式与凸式一般从正面中心处入户，呈中心对称布局，因此，入户部分可凸可凹，直线式一般从侧面入户，内部空间可自由式也可相对对称式。由于受杉木高度制约，干栏式建筑的总高度为 12.5 米左右，通常为两层或两层半。现在在侗寨中出现的四层、五层，通常是结合现代水泥、砖、杉木混合材料所构建，一般下面两层为砖混，上半部分为木质干栏，是传统干栏式民居在现代建筑技术下形成的。

干栏式建筑二层平面布局主要由火塘、卧室、厅堂、廊台、储藏室组成，这五部分涵盖了人们衣食住行的基本方面。火塘是广西民居必不可少的部分，火塘是广西北部及地势较高的村落御寒及做饭、烧水、饮酒、聊天的场所。在功能分区上，火塘与厅堂的空间基本合二为一，形成以火塘及厅堂为中心的空间布局。在以上几种布局基础上，各个空间的具体划分有以下几种。

环绕式布局中，在厅堂左右及北面为卧室，南面为晾台或廊道，也会出现堂屋通透南北，但左右及北面一部分为卧室，加大晒台与走廊的面积。

并列式以西林马蚌王宅与融水宋宅为代表，厅堂贯通前后，卧室分列两边，由于两边可开窗，因此，根据进深距离，可分为两个到四个卧室，走廊置于厅堂前面，横向贯通每个空间。

融水苗族以敞厅式布局为主，前面或侧面为入户楼梯，火塘与厅堂分开，前厅后塘，火塘三面为卧室，一面为厅堂，厅堂前为晒台或走廊，整个空间以火塘为中心，将厅堂单独归置。

自由式布局尽管依然具备以上几个人居要素，但是其布局较为自由，形式最为自由且空间分割不清晰的为都安瑶族民居，内部空间没有隔断，以生活便捷及"场"空间进行自由分割，侗族吴宅则由"禾晾"发展而来，即厅堂未被界定具体空间，整个空间除了火塘卧室外，都是厅堂的空间，以"禾晾"为大面积布局的还有壮族彝族等民居，如那坡达腊村彝族的传统民居，前面为一较大的室外空间，做"禾晾"之用，前后秩序分别为前为"禾晾"，中为走廊，后为厅堂，两侧为卧室，三江高定村则有四周为"禾晾"，横向排列秩序分别为火塘、走廊、卧室及火塘—厅堂—卧室等多种样式布局。

三、桂东北瑶族平面空间布局特征

瑶族有"居山"习俗，以"山"为意向进行村落选址，但随着社会发展及各个民族文化融合，瑶族从山地搬到高地、平原居住，其民居形式也出现各种样式，其民居平面布局在广西的表现主要有四种样式：第一种为干栏式建筑，如龙胜、融水、资源等桂西北地区瑶族，由于在上面干栏式建筑中已对此有描述，在此不做解释；第二种为"筒子楼"；第三种为半边楼；第四种为全楼。

筒子楼是桂东北瑶族造高地或平地选址常见的布局形式，如富川凤溪村、钟山常家村、杨溪村等，这些村落有一个共同性，即有的村落全为瑶族，有的村落为汉族与瑶族共居一村，这些村落中瑶族村落基本为"筒子楼"形式，而汉族则采用合院形式，两种风格分别存在，形制差异明显，但相互尊重。筒子楼采用一开间或一间半开间，前后纵深很长，可有三个、五个、六个套院，尽管这种形式与商业性古镇相似，如大圩古镇，都采用整体布局的"一"字形，街道两边民居对立排列，但单体筒子楼与以商业型布局的古镇建筑布局有差异，瑶族采用纵深长、开间小的原因在于节约街道面积而又增强每个民户的交通。

为扩大居住面积，纵向则可延伸，一般入户采用中间开门入户，入户空间较小，为两米左右，墙体正中间为神龛，主要供奉家族祖先，后面一侧为一间房，向后穿行的走廊在另一侧墙体与房间之间的通道，后面为四水归一的天井，通道可由这一侧一直通到最后，出现房屋—天井—房屋—天井的秩序布局，最后一间为厨房与洗澡间，后面可有后门及通道。也有在这种整体布局下，出现一些汉族秩序化布局，比如恭城河贝村，入户门在一侧，进入第一个天井后，第二套院落则采取中轴线入户，第二个套院后门又从一侧出门，如此往返。

杨溪村为一商业型村落，属汉、瑶杂居，因其交通便捷，甚至许多商人从广东、江西到此经商，外地商人构建的商业型民居，在形制上有强烈的汉族风格，体现在高度较高及强烈的中轴线对称，但瑶族民居在这个村的表现依然为筒子楼形式，且内部空间形式自由，由此可见瑶族对这种筒子楼形式的钟爱。整个瑶族筒子楼的立面形式可为一层、一层半或两层，这与每个地方瑶族的经济实力与审美有一定关系。这种布局在整体上与汉族商业型古镇相似，在空间格局上与汉族合院、套院有相似之处，但其布局在秩序中呈其自由的形式，说明民族审美有一定差异，但在形式上出现互相融合的特征。

在因地制宜、适宜地形的前提下，广西瑶族还有全楼与半边楼。"半边楼"一般为五柱三间，或中间为厅堂，两侧为卧室，在卧室之外再增加厨房、耳房、敞篷等实用性空间，大门多在屋头上层屋场偏厦间，此种建筑多为红瑶所建，主要分布在桂西北天峨及龙胜等地的红瑶分布区。这种构造在平面上显示出上大下小的"倒三角"形式，体现出"占天不占地"的生态型平面布局（见图4-22）。

从平面布局朝向上看，瑶族对单体建筑的朝向不像汉族那样严谨，可采用坐东向西、坐西向东及坐南朝北等多种形式，也可模糊朝向，这与广西自然环境有一定关系，因为有充足的热量，不必担心北向而来的冬季寒风，但顶面屋檐一般采用悬山式大屋顶的形式，以防雨季的雨水与潮热。

四、民居立面空间布局特征

广西民居立面特征主要表现：体现了注重物质与精神的和谐统一，集审美与实用的统一体；从审美上则体现了精神层面的宁静、朴实、祥和。因此，广

图4-22 瑶族民居悬山式大屋顶

西民居立面视觉通过建筑材料的原生性、构图的虚实处理、建筑本身的层次及与整体环境的调和来体现。民居立面是视觉重要关注点,单体建筑或建筑组合在立面处理上特别注意以下几个方面:主从关系、虚实关系、对称与均衡、质感、局部与整体。

主从关系:表现为单体院落构成中以主要建筑与从事建筑的关系处理,一般来说,作为主要人居空间的厅堂及卧室是主体建筑主要空间,因此,主体建筑表现出体量较大、高度高、平面面积大及装饰精美,从属建筑包括门楼、院墙、厢房,体现出高度有秩序化的层次降低及装饰量减少。当然,作为每个家庭的入户门楼部分是从属建筑中较重要的,在做工及装饰精神方面的考虑相对也是比较充分的。

虚实关系:虚实关系是指实空间与虚空间的对立统一关系,意指有物质实体部分及留白空间的关系,如正房的入户门、窗及墙体的关系。由于广西南部气候湿热而北部及山地气候偏冷,广西民居在正方入户门的墙体虚实关系出现几种形式:第一种,可以不需要墙体,以两侧面及背面三面墙做支撑,正面墙体则出现虚空间,因此,以实木雕刻格栅门形成墙体进行空间围合,不仅有了物质实体,且通过镂空等形式丰富墙面装饰效果;第二种,门、窗等虚空间在墙体实空间直接形成对比;第三种,干栏式建筑浑然一体,木质结构强化中部虚空间与上下部实空间对比。除此以外,在立面上也反映出不同功能的虚空间关系,如从院落大门至厅堂,大门的檐下空间、门楼空间、天井、廊空间与厅堂空间也形成对比,从而满足人居生活不同习惯。

　　对称与均衡：单体建筑的对称主要在正方立面表现得明显，如从开间来说，三间房、五间房、七间房等布局均为轴线对称方式布局，从顶部屋脊结构到墙面门窗，以对称式表现较多，这种处理手法以汉族建筑居多；均衡处理手法主要在少数民族干栏式建筑中运用，如入户楼梯开在一侧，内部空间布置自由，在里面上则表现出均衡的处理手法，建筑形式则显示出活泼自由的设计风格。

　　质感：构成民居的材质及呈现的色泽显示出民居不同质感，从单一材料到多种材料混合使用使得广西民居体现出丰富多彩的质感形式：以杉木为主材构建的干栏式建筑，保留木材质的基本纹理与色泽，只在面层刷桐油，经过经年风吹日晒，色泽逐渐灰暗，整体建筑质感呈现出沧桑古朴的审美格调，为打破过于统一的色彩，在檐下挡板部分刷白色以对比灰色，追求大统一中的小对比是侗寨建筑惯用手法；桂林地区传统村落大量采用泥坯做墙面，基础部分以石材做屋基，形成灰瓦、黄土、石材的混合效果，体现出生土建筑的自然审美效果；以卵石、黄土、灰瓦构成的房子在钟山、恭城也存有许多，显示出多种材料的质感特征；以青砖、白灰嵌缝与灰瓦形成的青瓦房体现出严谨规范的质感特征。不同质感民居不仅显示了居民就地取材构建房屋及生态维护观念，也体现出村民的审美心理，如金秀瑶族的上、下古陈村，民居建筑采用石材构建，但在面层以泥土覆面，追求黄色墙面的审美效果。

　　局部与整体：民居构建的整体性不仅体现了居民对于功能的要求，也体现了民俗中对于完整性思维"圆满"审美结果的表达，而对于局部效果处理则显示了民间造物品质，广西传统村落对于民居品质表达具有较高要求。单体院落关注整体与局部的关系处理。汉族传统院落门楼、正房入户门等部位局部处理较为精致，以富川虎马岭村为例，门楼材质构成以青砖及石材为主，主要装饰部位在门楼顶部至檐下，包括屋脊、马头墙、檐部，处理形式以小块面分割，采用二方连续纹样不断延续增强视觉的重复性，在顶部较狭小区域采用密集、紧张对比强化门楼气派的视觉导向线。其次为门楼基础部分，基础部分采用块料较大的石材并以阴刻纹样进行装饰，增强基础部分实用性，强化顶部视觉性。除却视觉效果外，立面处理也体现了民居注重实用并强化视觉的集体智慧。虎马岭村的门楼顶部装饰主要集中在马头墙及女儿墙上，从女儿墙底部抽取几块砖形成镂空，并让镂空形成连续的秩序性，一为减轻墙体荷载，另外也可以将屋顶的雨水顺下去。女儿墙及马头墙上部分别采用绘线及瓦片叠加形成审美视觉，而瓦片叠加在审美秩序的前提下也有顺雨水的作用（见图 4－23）。

　　正房的入户部位也是民居所重点关注的部位，进入院落后，视觉不再强调远观效果，因此，视觉主要落在檐下及 1.7 米高度左右部位，因此局部处理主

图 4 – 23　虎马岭村墙体顶部装饰

要包括门、窗、枋等部位，雀替与垂花是处理檐下的主要形式，垂花下段雕刻成莲花、瓜、绣球等形式，中段为圆筒形，上段为斗形。广西民居垂花形式变化多样，运用普及，这与本地干栏式建筑形式基本构架及中原汉文化内涵有关。在梁与阑额与柱交接处往往以雀替来处理，不仅用以缩短梁枋之间的净跨距离，也为装饰性构件，雀替以木雕为主，以双面雕、透雕等形式居多，纹样为具有中国传统的装饰纹样，如宝相花、牡丹、菊花等为主。广西雀替不同于其他地方的还在于经常以象鼻的形式出现，这是由于广西"象"文化在民居中的体现。同时，以象鼻扬起的曲线正好可以连接到上部的枋，从而起到建筑力学中支撑的作用。

五、建筑剖面

　　广西民居尊重自然顺从自然的生态文化决定了其地域文化特征，从建筑剖面来看，受地势影响形成的山地民居与平地民居均具备这一特点。广西地势复杂，气候湿热多雨的自然条件决定了民居构建需在高处选址，处理雨水是考量的重要因素，因此，在平地民居中，民居两端地势持平，则在房前屋后两侧留有排水沟，即民居部分稍微垫高；山地形式中，广西民居往往采用沿着山体等高线纵向延伸排列，为适应山体坡度，民居与地面的关系处理形成了五种方式，分别是挖进型、填出型、挖填型、错层型及悬空型。在以山坡为主的斜线上，挖出房基或院落的为挖进型；而通过填土填出一个房基或院落的为填出型；挖一部分填一部分的为挖填型；错层型则指通过填与挖等手段，在山坡上形成两个高低阶梯；不改变坡体，只在坡地上寻找一个支撑点，通过干栏式构架使得底部悬空的为悬空型。

广西山地民居这几种剖面不仅节约人力物力，还可解决水土流失并宜居的问题。如钟山龙道村，民居采取挖填型，正房与天井落差大，正房下面有一部分悬空，可做储藏室之用，天井较深，正房基础比天井墙体略高一点，不仅保证了院落空间有合理布局，也保证正房通风透光，另外，在视觉上也形成了高低错落的审美情趣。

第五节　广西传统村落建筑组群形式

在传统村落空间中，以虚空间为前提设计实空间是广西传统村落生长的基本方式，这种方式主要表现为村落选址及前瞻性构想是在虚空间中完成的，村落结构符合村落意向，在这一前提下，村落生长则按照一定秩序进行，并由此决定了建筑组群形式。

单一建筑或院落的组合形成民居组合整体，在平地村落中，纵向或横向排列是基本方式；在山地型村落中，一般呈错落形分布。以商业目的为主的"一"字形布局村镇中，由于建村意向在于商业交流，因此，通达的街道是设计者构思虚空间的前提，在这一意向下，民居则在两侧呈横向布局，即单体院落并排式布局，但出于排水及防火需求，两个院落之间或有狭窄通道，也可通过侧门进行院落连接。但在以居住为目的的"一"字形村落中，出于对拓展人居空间的实用性出发，村落意向可能出现"丰"字形虚空间，而院落则呈纵向排列；在"山"字形村落中，以竖线为虚空间，院落则在竖线呈纵向排列，为增强整个村落的连通性，中间部分会出现横向排列。在山地型选址的村落中，由于村落沿山体从低向高处纵深发展，一般会出现沿等高线竖向排列，如三江高定村。

在以上院落式构成的村落中，"一"字形村落院落分列两侧，每侧院落并行排列，两个院落之间留有狭窄巷道，两个院落可由侧门连接，但前端是封闭的，可设有巷道门，"不共用一面墙"是广西多数村落建筑群组的特点，这是出于防火防盗需要而设计的。由"一"字形及其延伸所形成的"丰"字形、"倒鱼刺骨"形村落中，院落呈前后并置，院落间依然留有半米左右空隙，入院门可一侧进入。"山"字形村落院落布局较严谨，会出现前后左右对齐，根据需要在前后左右留出街道。在没有院落的村落，建筑组群依靠多个单体建筑组合形成群组，干栏式民居前后左右四个方向与周边建筑较少出现严谨并列，建筑与建筑之间的空间也较随意，呈现意念中的"场"空间（这种空间并不是随意的），以满足人体工学中肌肉动态施力所界定的空间。

本章小结

本章解析了广西传统村落景观构成特征，结果如下：

第一，广西传统村落选址有风水型、生态型、商业型三种，三种选址都体现了人居与自然关系的适度考量。选址最值得借鉴的一点是都留有自然景观保持空间，这种认知体现了人对自然的理解，也符合当今"绿水青山就是金山银山"的号召。能保留一片自然环境（主要包括后龙山及水体环境）不进行改造的原因有两点：一是汉族地区的传统风水学认为不可动的风水意象，二是少数民族地区对山水自然要素的原始崇拜及生态考量结果。

第二，广西传统村落景观受传统文化中"整一"性完整思维影响，整体布局具有完整性特征，由景观节点呈现"点"状结构，村落界限及街道呈现线形结构，线的围合出现三种形态，由点与线所形成的骨架具有一定秩序性，满足防火防盗及生活需求。

第五章

广西传统村落景观文化特质

特定时间、特定人群、特定环境可以形成特定人群文化核心，但这只是一种理想状态，因为人群文化具有融合性、嬗变性，并形成文化共性。广西作为少数民族自治区，具有相对稳定的地域文化本源。因其人群来源具有多样性，多样性文化在共时性环境中濡化，形成广西乡村景观文化特质，体现在两个方面：一是广西区域中不同人群融合及内化所形成的共性特质，二是广西地域本源文化特质文化保留。从文化核心上大致可分为两种：一是广西壮侗族系原生文化的地域表达，二是具有地域特征的原始信仰与儒道互补形成的融合文化。

在这两种文化核心导向下广西传统村落景观呈现出文化特质，在传统村落景观中表现为具有宗族意识的宗祠、鼓楼等公共空间、公共建筑，具有景观节点意义的巷门、门楼、大门、窗等。

寻找广西传统村落文化的特质性在于寻求文化的本真，文化的本真性是保护、开发及对未来设计的根源。从对非物质文化保护的基础理论上解析，保护应该是在活态文化下进行，若只对形式进行复制，传统文化则失去灵魂及传承动力，这也是寻求特质文化的根源所在。

本章遵循从宏观思想到物象的解析思路，选取具有典型性特征的宗祠、书院、装饰及景观中具有特殊性的节点形式进行分析。

第一节　广西传统村落从思想到造物的地域文化特质

广西人群文化思想性分为两部分，即传统中原文化在广西的濡化与广西原生文化。这两种文化在村落景观上表现出从思想到造物的三种地域特质，分别为以务实性与神性结合、注重整体与细节之美、由"一"而解的造物手法。

一、务实性与神性结合

广西传统村落承担了第一物质生产的功能，生产与生活构成了村落的基本模式。对于村落的主体人群来说"活着"与"传承"是他们的精神所在。对于自然神秘力量，人们希望通过崇拜的方式使得自然为人类送来吉祥祛除灾害。"趋吉纳祥"是村落精神内涵所在，这种精神在广西传统村落中的表现具有趋同性，即所有村落都有"趋吉纳祥"的表现方式，这是由人群文化内核的差异决定的，如侗族对祖先神"萨岁"、汉族对"石敢当"以及瑶族对"神狗"的崇拜，民俗信仰表现在村落景观中则出现庙宇、宗祠等不同节点。

广西少数民族地区的多神崇拜及汉族对于神灵的崇拜在融合过程中逐渐形成对于神灵崇拜的多元性及模糊性，这也是村落居民务实性的特征，如菩萨是住在庙里的、祖先是住在家里的，而在广西许多地区在家庭神龛位置可以有多神并置，只要能"趋吉纳祥"，见神就可以拜；在扬美古镇做调研时，见到街道与街道交叉处都有"土地神龛"，与村民交流得知，这是他们最经常拜的神，尽管土地神在各路神仙中地位最低，但在村民的信仰中认为土地神对他们最重要，这也是信仰的务实性表现。

二、村落整体规划思想与建筑细节之美

从物质呈现来说，广西村落景观美学主要体现在整体规划思想与建筑细节之美两个方面，不同的人群文化在这两个方面存在差异。村落整体规划思想重在体现天、地、人、神统一的局面，由于创造主体信仰的差异，不同类型的古村镇呈现出不同的格局，如程阳侗族重在体现对父系血缘的维系，以"斗"为单位，一"斗"有一鼓楼，即以鼓楼为中心，聚落构成呈现出"单核团聚""多核团聚""自由团聚"式。重在崇拜天地的黄姚古镇则呈现出"九宫八卦阵"式。建筑细节之美则体现在建筑结构与装饰的观感与形式。

广西传统村落在整体规划中体现的共性主要包括村落的完整性、秩序性。从村落边界处理形式来说，不管是圆形、方形还是不规则形，都用各自的处理方式形成一个完整的村落有机体，在整体性之内，景观节点及民居布局、建筑等都体现出一定秩序性。这种审美体现了传统文化中道家对天地人认知的"宇宙本体论"哲学及儒家对人与人及人与社会关系处理的手法。广西传统村落不管是少数民族还是汉族人群所构建，都含有"宇宙本体论"的思想，如将"人"置于自然中，尽管本着"以人为本"的思想，首先考虑的还是人与自然的关系，将自然与人的关系赋予一种理性思维，体现了人类在自然、

社会方面最基本的经验智慧，如首先界定生产空间与生活空间，再在生产空间中进行分割，确定旱田、水田、山林以及生活用水、灌溉用水；将生活空间分割为公共空间及私人空间，公共空间根据功能设置不同形式，以体现精神性与实用性，在单体民居中，空间秩序表现为开放空间—半开放空间—私密空间。

三、由"一"而解的造物手法

广西村落布局的整体性体现了中国传统文化对"一"的理解与继承，体现了中国传统的"圆满"及"秩序"审美心理，这是从基本特征上体现出的共性。但是广西多姿多彩的传统村落形式却是通过由"一"而解的形式出现"同质不同样"的表现而得到的，即由多种方式表现一种思想或一种思想分解为多种形式。

如侗寨风雨桥的实用性体现在桥的交通性上，桥是供大众通行之用，所以建桥的资金可采用众筹的方式。为体现桥的实用性，桥基采用较大块石材及木料，桥面采用实木铺贴。在实用性基础之上，风雨桥的文化意象通过象征得到提升，如借鉴水为"财"的象征，留水即留财的含义，对风雨桥进行装饰，以通"天地"，即"龙回头"的方式将财留住，所以风雨桥的意义得以拓展为遮挡风雨、留财、通神等。在确定风雨桥的文化意象后，桥的形式构造出现一种基本样式：桥基、桥面、亭廊。但在构建每一座风雨桥时，其构成元素尽管不变，但可进行一些形式调整。如风雨桥上面的亭与廊变换的秩序可以是亭—廊—亭—廊—亭—廊，也可以是廊—亭—廊—亭—廊—亭—廊—亭—廊，不管是什么秩序，只要能达到民众心中对风雨桥的理解就可以了，在形式上可以做到一定变化（见图5-1）。

图5-1 风雨桥形式对比

图5-1为程阳八寨的两座风雨桥，其不同之处在于分别采用三亭与五亭形

制。两座桥具有相似的外观，即顶部都采用密檐、重檐翘脊形式，色彩以灰色为主色调，以白线分割。

再如汉族庭院民居的入户门。门的基本功能是将外部公共空间与院内半开放空间进行分割，从而造成院落文化的封闭性。但在中国传统文化中，门可以上升为门户、门第等具有儒家文化浸润的宗族秩序观念及地位、权力等综合文化，所以说"没有一个民族，会像奇妙的中国人那么重视门"。通过对实体"门"的依附，用来寄托对生活期望的精神通过抽象化的"趋吉纳祥"符号进行装饰，并演化为多元化的综合载体。如以下两个入户门（图5－2、图5－3）的对比。

图5－2　恭城常家村入户门　　　　图5－3　钟山县龙道村入户门
（瑶族村落拍摄于 2016 年 10 月）　　　（汉族村落拍摄于 2016 年 10 月）

钟山县与恭城县属临近的两个县，两个入户门具有相似的实用功能，对于入户门的象征精神功能也具有相似性，但受经济条件及诉求愿望影响，两个入户门在表现形式上出现烦琐与简练以及装饰审美上的差异。

第二节　广西传统村落景观设计思维分析

广西地理环境与人造物关系所具有的设计思维是导致人居系统形成的根本，广西相对封闭的环境使得古百越与中原各民族交往较晚，并形成相对独立的思维方式及造物方法。也就是说，有利的人居环境使得广西境内较早就有人类居住，且创造了灿烂文化，但其封闭性使其与其他区域民族交往较少，这也使其文明程度与北方中原核心文明相比进展相对迟缓，至今，存在于广西西部、西北部的少数民族造物上依然能见到原始思维的遗迹。具有原始思维遗迹的少数民族与哲学理性较成熟的汉族文化儒道互补思维方式在广西并存，并在传统村落上表现出区域性文化特质。

一、少数民族的设计思维在村落景观上表现的特质性

诸葛凯先生认为，具有原始思维的造物活动从源头上分为两部分，即生存意识及宗教意识并存，二者互为逆转交叉形成与时代相适应的物质创造与精神创造，这种创造有"原始功能主义"的朴素本质，包括三个方面：第一，人性本质初现；第二，重质轻文的简朴状态；第三，自然规律不可抗拒。诸葛凯认识到一些规律性，且宗教意识也在造物上有所体现。从"制器尚象"到"制器尚天"、从"尚质"到"归真"是人类创造神秘性的思考，并产生超越实用性的装饰。广西少数民族文化具有二重矛盾性，即：以父系主导的现代意识与母系遗存的原始习俗共存；以血缘、地缘形成对物象的集体无意识与对外族文化主动吸收形成的包容性共存。因此，少数造物思想主旨的特色性体现在："天人合一"宏观思维指导下对于天、地、人关系的考量，集体无意识体现的群体意志与审美。

百越民族是稻作民族，稻作习俗使得他们眷恋家园不愿意迁徙，但是在壮族的传说中因"大洪水""战争"等有多次迁徙，所以，艰辛的生活迫使他们对生计进行思考，对天、地、人关系的适度考量是造物第一要素。广西少数民族思维方式中有原始"整一"观念痕迹，是族群与万物在同一时空中将生活方式内化，对万物"关系互渗"所形成的；在"整一"观念基础上，因不能洞悉事物来源的神秘猜测而形成"万物有灵"生命观；在智力结构提升与生活经验积累基础上形成对自然渴求与期望而导致自然崇拜、神灵崇拜及祖先崇拜的产生。"整一""万物有灵""崇拜"是侗族造物思想的基础，所以，少数民族造物体现了对人、神二界的和谐表达，人性即对人居空间的满足与人造物的朴素实用性；神性则体现在将人造物进行精神提升，通过象征通道达到图腾净化的功能。

如侗寨村落选址喜欢依山傍水（图5-4），山水为侗族重要的原型意向，"鱼靠水养村靠坡"，体现人对自然空间的满足。山、水两个要素又衍生出具有实用功能的次要素，即山林、土地、稻田、灌溉水与饮用水。在自然满足生活条件的前提下，侗寨顺应自然生态考量人与自然的关系，采取"整一"原则进行区域划分，即划定居住区、耕作区、山林区边界。山林区根据与居住区的距离由近及远分为三个圈层，即茶油林、杂树林、杉木林。由于耕地资源有限，居住区与耕作区界限清晰。由于人口增加，居住区与茶油林界限模糊，即新建

单体建筑可以向茶油林延伸，但延伸并不是无限制，最多延伸至山体的四分之三处即横向延伸，若横向延伸已无可能，则新增人口需另选址建新寨。为适度处理人与自然的和谐，侗族造物很少破坏不可再生资源，如建造房屋一般使用可再生的杉木架构干栏式建筑，很少取山上的石材。为维护生态保护，将造物进行神性符号化并升华，如将杉木视为神树、将风雨桥称作回龙桥（图5-5），寨门的萨岁、鼓楼为族的精神象征等，人神共处使得侗族造物不仅朴素而且有很强的民族文化内涵。

图5-4　依山傍水而建的侗族民居

图5-5　广西三江回龙桥

少数民族造物中由群体意志决定了集体审美与造物品质，他们以血缘关系为纽带维系族群，造物思想体现了集体无意识的群体意志与智慧。其内涵具有三层含义："整一"思维模式、造物品质、审美理想。

少数民族的设计思维具有"整一"性，即象征文化、基本结构、装饰、建筑材料基本完整一致，但造物的个体表现又有不同，分别在体量、节奏、局部装饰各有特点。少数民族的设计思维注重品质，将材料、实用与审美三者有机结合。重品质造物体现了造物者的目的与态度。如风雨桥又叫回龙桥，即"龙回首"护卫寨子之意，侗族有架桥发子孙的说法，并有"架桥节"。这样就通过民族集体意识将桥上升到象征层次，从而将遇河搭桥的造物品质提高到极致。三江高定村独柱鼓楼以一厚重砥石为柱础，以直径80厘米杉木为柱（见图5-6），采取穿斗木结构技法，重檐、密檐、攒尖顶外观，高度达13层，耗时耗工，

图5-6　高定村独柱鼓楼内部

在主体工程外，柱础边石的石雕、卵石铺地的图案（见图5－7）都很精致，侗族造物品质包括重材质、精工艺、善营造细部审美情趣。

《史记》对于侗族区的记载："无冻饿之人，亦无千金之家。"无千金之家经济基础，亦无奢华造物倾向，侗族造物充满自然审美理想（见图5－8）。

图5－7　高定村独柱鼓楼广场卵石铺地

图5－8　大白瓜壳做的盛具

在少数民族的设计思维中造物原型取自自然物象，唤起"观物取象"的设计思路，经历了"仿生—吸收—民族人文精神根植"历程，三个历程共同作用形成其造物方式。

由仿生到抽象、由自然到艺术是最基本的方式，人的创造源泉来自自然事物，仿生造物是"观象取物"的自觉意识。如鼓楼内部构造仿生了蜘蛛网的倒挂形态（图5－9）。而鼓楼的形成亦具有较强的仿生性：人对公共空间的需求（遮阳、避雨、半私密空间）—对杉树生命力的崇拜及对杉树外形的概括—对杉树外形的提炼（几何形）—对房屋形式的要求与区别—对密檐重檐的借引—鼓楼的存在形式。这个过程体现了由仿生到

图5－9　程阳鼓楼内部构造

创造的过程，即由形至形、由形至意、由意到造物的实现（图5－10）。也可以从侗族干栏式房屋得到印证：树—单木巢居—多木巢居—依树积木—栅居—半干栏—干栏，侗族比其他民族干栏式建筑的大屋顶与倒三角形式更明显，即最上面的屋顶最大，下面的屋檐向内收缩，形成倒"金字塔"形，这样的形式体现了对树形的仿生，这种形式也暗合了侗族"占天不占地"的生态观。

图 5－10　杉树到鼓楼的仿生序列

　　吸纳与包容、以他人所长补己之需是广西少数民族设计思维中的重要文化体现，少数民族在迁徙中见识到其他民族的造物形式，同时也养成了善于吸收的特性，对其他民族文化的吸收与包容并不是其文化势能低，而是体现了少数民族造物的重要观念。如侗族风雨桥的实用功能原本是供人通过的通道，但受民族主旨影响，桥具有多重精神属性，如求子、风水、财运、平安等，所以对风雨桥的主体建筑形式或装饰形式就有更多内容。

　　廊是景观建筑中线的艺术，而亭是节点的艺术，侗族风雨桥将中原汉族景观建筑中廊与桥的艺术运用到桥体，除运用廊和亭两个元素外，还充分运用建筑彩绘、木雕等技艺，在桥两侧设美人靠等靠背形式。烦琐的装饰又使风雨桥有了"花桥"的称号，同时具备了本民族的艺术特色，程阳风雨桥因其杰出成就被誉为中国四大廊桥之一。侗族鼓楼吸取了汉族木结构特点，在外观造型上也采用汉族重檐与密檐形式，并有佛塔塔刹的造型。在栋梁、檐角、窗权上借鉴了汉族鹤、宝葫芦、龙、凤等纹样。而民居布置以火塘为中心的向心性室内空间则是受瑶族建筑影响。

　　少数民族造物对群体与个体关系处理是人文情怀的体现，造物除为己所用外，更多的是为外人所用，在实用与美观的内涵下，其人文关怀特性也是处理人与人之间关系的一种情感体现。如侗族以血缘关系聚居为前提，在其公共造物体系中，也体现了群体对个体的人文关怀。首先，侗寨聚落空间组织的自由性有利于人与人的交往，以鼓楼、寨门、风雨桥为公众审美节点，这些节点不吝装饰符合大众审美。其次，公共造物细部也体现了对个体的情感。如风雨桥上的美人靠，鼓楼的火塘、木凳，寨门两侧的长廊等为民众劳作后休息提供了方便；覆盖青石板水井边的水瓢供路人歇凉解渴；"桥公"（守桥人）在风雨亭设置火塘，供路人取暖。

二、汉族传统设计思维在广西村落景观上表现的特质性

　　中华文明经过漫长的原始社会及夏商周三代后，至春秋初期，富于理性思

维的哲学文明之光开始显现，摆脱神性思维桎梏，将人与天、地关系糅合进行思辨，形成先秦道家思想；儒家思想主要解决人与人、人与社会的关系处理，由此对人与人、人与自然的关系认知在先秦时代已经形成。最早进入广西的北方汉文化是通过秦代大军攻打广西而进入的。

"水"文化不仅伴随百越民族发生、发展，也对北方而来的汉族具有决定性的意义。秦代攻打广西是沿着水路进行的，由此决定了汉族在广西的最初布局是沿江、河而居。江河是孕育人类文明的重要条件。广西境内河流众多，大多属于珠江水系。广西水系分布状如横卧树干，枝权分三，为红水河、右江、漓江（至平乐为桂江），三条江河在梧州汇合，流入珠江。狭义的漓江，是指越城岭猫儿山至平乐三江口这一段，该流段属桂林区域。桂林，是中原文化切入广西的一个重要源点。广西漓江流域的传统村镇具有浓郁的汉族文化传统，至今保持较好，其传统村落的文化性信息也非常丰富，也具有民间工艺及审美的一般特征。关于这一点，可以从传统村落的装饰性进行分析。研究技术路线图如图 5-11 所示。

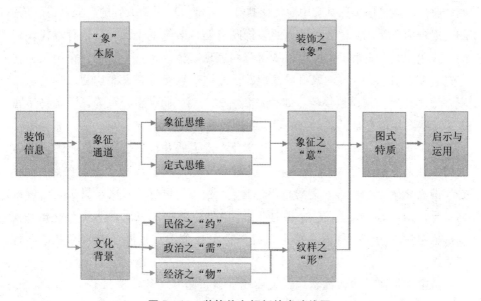

图 5-11 装饰信息解析技术路线图

具有北方汉文化特质的漓江流域传统村落的装饰信息可以分解为两层意义：第一层为自然意义，即图像的自然本原，其成因有两个，一为自然物象直接作用，二为审美经验与虚构共同作用，装饰信息本原特征为民间装饰共通性及地域特质性；第二层为象征意义，图像由"物"本原至"意"象征，由两个通道来完成，即定式思维与象征思维。这一程序的完成，意味着装饰信息进入约定俗成的世俗精神层面。需要指出的是，这种约定俗成并不是在广西本地形成，而是自迁移来源地就已经形成，并经过在广西地域适宜化并再次认知的过程，同时，进入广西的汉族文化始终与全国的文化保持一定高度，从而使得广西文明被纳入中国传统文化范畴。

该流域在商周之前为"百越"居地，秦并六国，拓域岭南，修筑灵渠，自此工程至历代遗存民居，从一个侧面反映了中原文化切入及与本区域文化融合的历程。桂北山高水急，交通不便。中原文化以国家集权为载体，切入广西需要适宜路径，而漓江则为理想征途。现漓江流域保存下来的传统村落具有历时性。较早的主要为明末至民国一段，其余的为民国之后所建造。其装饰信息本原的直观性，由世俗情感为内因所决定，具有共通性。其表现有两个层面，即题材广泛与取材自然物象。信息本原的另一个特性为虚幻性，体现了地域人群主观意象性的集体无意识，是人群对审美经验的间接提炼，具有地域特质性。

漓江流域民居装饰具有中原文化共性。装饰信息对"天、地、人、德、艺"的表现较为全面。在村落建筑上的装饰既有明代装饰的个性化，也有清代装饰的程式化。如兴安水源头村对奢华繁荣的表现就体现了这一特征，灵川三街村建筑群也表明了这一点。取材广泛性，指装饰信息涵盖儒家"比德"理念、道家"道法自然"及民俗物象。如梅、兰、竹、菊、瓶、虫、鱼等，皆属自然物象。这些图像信息是民俗审美由现实到理想的跳板平台。

"巫"文化—原始宗教—"道"文化—佛道儒并行，是漓江流域民间信仰的嬗变流程。同时，壮文化—壮、汉融合—壮、汉、瑶融合—多民族融合，是人群文化融合的流程。需要指出的是，"道"文化与汉文化长期在本区域占据主导。由"巫"至"道"，历时久远。"巫"的痕迹也比较明显。由此，装饰形成本原的另一个层面为特定人群在特定观念下对自然意象的图形处理有特质性。

道家文化在广西传播较广泛，相比而言，儒家文化传播具有一定局限性，这是由于民间信仰与道家关系较为密切所致，而儒家文化主要集中在汉族居住区，少数民族地区对儒家文化的继承仅仅限于某些方面，如对"三纲五常"的理解中对"三纲"表现较少而对"五常"则要多一些，这是由于少数民族地区较少关注人与人的阶层关系，而对"五常"关于人与人关系的处理方式则较为接受，如"仁、义、礼、智、信"这些词语经常出现在一些村落的命名上，侗族鼓楼也有以此命名的先例。而道家文化则流传深远，如"泰山石敢当"在这些传统村落中运用较为普及，成为保佑这些村落神的象征（见图5-12、图5-13）。

图5-12　石敢当之一
（恭城朗山村，拍摄于2016年10月）

图5-13　石敢当之二
（恭城栗木镇大田村，拍摄于2015年8月）

由"物"本原至"意"象征，需要两个通道，即定式思维与象征思维。定式思维是认知事物的思维惯性，具有经验性与从众性，这两个特性易将"物"本原图像定格；象征的本意是信物，指木板两分各执其一，木板为故旧相认的见证。而象征思维的目的，在于给图像本原找到它的另一个"友情"符号，寻找的证据有两点，即二者具有共性和因果关联。"物"本原与"意"象征的共性有三种体现方式：谐音、比喻与比拟。即音与意、形与意的相似性。因果关联重在对逻辑关系的寻找，可以通过移情、引申、联想等方式实现。

漓江流域传统村落，以清末建造居多。村落中的民居装饰，反映了清代装饰的程式性。"图必有意，意必吉祥"的民俗图式，渗透已较全面，装饰的象征通道得到诠释。通过对以商业型古镇大圩、农业型古村水源头、政治型古镇三街村等调研，民居装饰"物"本原出现频率较高的为葫芦、蝴蝶、蝙蝠、牡丹、鸟、八卦纹、云纹、鹿、瓶、梅花、柳树等。

"物"象具有明显中原汉文化承袭，其象征文化由第二层意义解读，即汉语谐音、意向联想、形象思维的移情等。葫芦作为民居装饰，在漓江流域出现频率之高，说明其象征之"意"在地域民俗审美中被认可的广泛性。而"物"至"意"象征的攀升高度则经历了几个流程。葫芦可食用，可做器皿（功能性），被认可—种籽多（生殖崇拜意向）—"福禄"（谐音）—断壶之法（"合卺"之意）—灵魂合体（联想）—求吉避邪法器（道家思想）—暗八仙（转借）—

民俗认同，具有祈福纳祥的多层内涵。而"葫芦"物象上升到"道"的层面，且与福禄谐音。几个象征通道，同时到达祈福纳祥的主旨。由于道家思想在该流域广泛盛行，导致葫芦纹装饰出现频率较高。这说明漓江流域民居装饰，尽管汉文化普及，却由于地域文化偏爱，与中原地区纹饰运用频率有所差异。

从"物"至"意"需要对形进行处理，以满足对意的表达。而材质的选择，体现了经济支持。透过民俗审美，也能表现时代的政治需求。这三者共同作用，可以诠释漓江流域传统村落装饰信息为文化意义。

漓江流域古民居装饰，受宏观思维影响。求"吉"之意需，通过对形的求大、求全、求美来表达。因此，纹饰造型体现出三个特征：大气简约、圆满含蓄、变化统一。漓江流域的清末村落，对儒家文化文人士大夫审美理想有较多体现，风格简约，造型大气。如水源头村民居对院落花庭的处理，整体造型以直线为主，采用"方中见方"构成，以大小不同方形做点缀呼应。

石材装饰以浮雕、线刻为主。"圆""满"造型，有吉祥之意，组合造型呈现出"圆中见方""圆中见圆""方中见方""方中见圆"等方式；独立样式以圆、方为主。尽管方圆规矩已定，其装饰的变化性依然很强，体现在布局排列及纹饰变化。整体布局中以直线或弧线切割，主体纹样为主体视觉中心（也有省略掉视觉中心的），主体纹饰与辅助纹饰体量差别不大，辅助纹饰一般在纵横线的角落体现装饰的含蓄性。均衡构图超过对称以体现布局活泼。造型服从图像之意的表达，如蝙蝠纹饰运用频率较高。为打破雷同，以蝙蝠基本形为表现点，纹饰以正面、侧面、飞动等多角度表现（见图5-14）。根据意的需要，对蝙蝠形的处理采用有韵律的弧线，以适合圆满造型的目的。形与意的结合，是民俗艺术表现的基本目的，也是民俗的基本约定。

图5-14　蝙蝠纹饰对形的几个处理形式

漓江流域传统村落所使用的建材，按造价高低，分别为石材、青砖、木材、三合土、鹅卵石。本区域古民居分三个类型：以务农为生的传统乡村、以经商为生的商业古镇、具有行政职能的县城府邸。这三个类型的装饰材质也呈现出石、砖、木用量多少的差别。民居在实用功能之外，其精神性体现在纹饰整体审美，包括"材质""物本原""物象征"三部分。民居装饰是民居精神的重要体现，一般选择最重要部位、优良材质、适宜纹饰。所以，石雕、木雕一般出现在大门口，纹饰以瑞兽与花卉为主；而堂屋、厢房以木雕为主兼有少量石雕，纹饰以花鸟、卷草、花瓶为主。由于院落是家人活动生活的主要场地，且气候湿热，木制门窗较大，木雕装饰量较大，种类有圆雕、透雕、双面雕、镂雕、浮雕，但几种木雕种类往往共同利用。在技艺基础上结合、穿插吉祥民俗纹饰，不仅将民俗精神蕴含其中，也体现出经济对技艺的支持作用。

艺术从使用层面来看，可分为三部分，即民间艺术、文人艺术与宫廷艺术。三者以民间艺术为母体。漓江流域古民居装饰，从图像学第三层含义分解，不仅体现了"主人"对"家和"的理解，也包含了对"国泰"的期许。将国泰民安连接起来的主线，为纹饰的文化性。本区域纹饰，不仅包含民间装饰文化蕴含，也体现了文人艺术的趣味。同时，对宫廷纹饰也有涉猎，体现在纹样的主题透出的社会意义。猴、凤、龙、书法、对联等纹饰运用也较多，有书香门第、龙凤呈祥、马上封侯等象征内涵，体现了本区域民众对于家与国的关联。

以上分别选取桂西北侗寨及桂北传统村落为案例进行分析，从设计思维角度分讲，汉族传统村落重精神，侗寨重实用，即"轻质重文"及"重文轻质"的两种文化体系在相互融合过程中逐渐出现一些变化，在"质"的表现上，少数民族以"实用"为前提重视材质的厚重、生态理念，在村落规划上，出现"等距离"的资源共享，如以"鼓楼"为核心的圆形村落设计，以集体利益为先，每家每户距离精神核心距离相等。鼓楼最初的实用意义体现在遇到紧急事务召集民众进行决定或防御，等距离设计有利于迅速集聚或扩散，同时，也可以理解为个体对公众资源的均匀占有。

从这一点上来说，"等距离"圆形设计对当今村落、特色小镇、城市规划依然有积极的借鉴意义，如"马路经济"下村落迅速向公路附近聚集，每家每户都希望占据有利位置，不仅加剧了村落居民矛盾，也使得马路边某个区域过度拥挤，增加了安全隐患，也不利于景观的审美。同时，重"质"的少数民族村落也对"文"进行倾斜，体现在装饰精神、文化内涵上升等方面，对"文"的提升使得村落文化更具有秩序及审美性；自北方而来的汉族群体带有"儒道互补"的文化基因，出现对道家文化对自然的理解较为成熟及对儒家文化出现遵循的特征。

在村落布局及规划上体现出较强"文"的精神，如在选址方面，体现出道家文化中对周边自然环境的适应，在村落内的布局体现出对儒家文化秩序的理解。从居住精神上来说，汉族文化更倾向于对精神世界中"文"的运用，主要体现在对景观节点的文化解释以及装饰精神的象征运用，从而出现繁杂的装饰及程式化解读，体现了社会规范对民俗的要求。在今天所见到的民居装饰，如木雕、石雕纹饰及样式，不是每个家庭根据自己的夙愿所特别打造的，而是在当时根据社会所流行的纹饰及样式中进行选取，以达到每个家庭的审美需求。

尽管汉族对于精神是如此看重，但是在广西区域内也有一些"文"的需求体现出地域性符号及情趣化表现，如许多民居的雀替使用"象鼻"，木雕中出现非汉族使用频率较高的纹饰。如图 5 – 15 厢房门板木雕装饰，以水世界情趣为表现对象，表现了螺蛳、鲤鱼、乌龟、蟹、水草等和谐共生的民间审美情趣，尽管鲤鱼、水波纹在传统文化中具有象征意义，但从整个画面构成来看，本木雕重在表达地域民间审美情趣。

图 5 – 15　木雕（恭城上大营村，拍摄于 2016 年 10 月）

以象鼻为表现目的的雀替（见图 5 – 16）在此处尽管以花卉纹饰及象的迹象寓意体现雀替的审美诉求，但"象"纹饰在广西广泛流行运用，却是地域文化对中国传统文化在某个方面的强化。

通过以上分析，广西传统村落的设计思维追求"形""神""意"三个层次，因此，"观物取象"的形象思维、由形至意的象征思维及集体无意识的传承思维是造就广西传统村落景观重要的思维形式，并由此形成具有区域性文化符号表达。这些符号不仅体现了视觉审美，更重要的是表达了本区域民众的精神之美。广西传统村落的"遗的精神"体现了集物质与精神审美于一体的审美诉求，而"遗的精神"正是当今社会所需要继承与弘扬的。"遗的精神"内核与表现形式是打造当今特色小镇及实现魅力中国重要的理论依据及现实支撑。

第三节　广西传统村落景观所体现的群体聚居文化

村落不仅是人群集聚空间，也是一个复杂系统，是包含了文化、社会、生

图 5 – 16　雀替（恭城大田村，拍摄于 2016 年 10 月）

态及村落形态等多层面的综合体。在人类生存的发展史中，村落从原始群居演绎到具有理性思维而形成的聚居空间，不仅在人居形式上发生了变化，同时，人与人的关系处理、人对自然的认知态度、人群与人群的关照与制约都发生了较大变化，但一直没变化的是人群聚居的群体化，人类的繁衍模式决定了血缘关系与家庭的存在，具有一定血缘关系的家庭组成族群，族群是人类在自然生存下去最基本的原始组织。由于人类繁衍的需要，族群与族群在联姻、交换等方面的沟通决定了族群之间的关系，由此，人群关系出现制约并形成一定区域的社会规范。

　　人是群居动物，村落为人群生活提供空间的同时也形成一定群体文化。传统村落的居住群体为个体所提供的集体约定在于两点：第一，为人居提供安全保障；第二，群体为个体提供人文关怀。而这两点也在村落景观中有所体现。由于人居环境中存在许多不安全因素，如野生动物威胁、生产力不高、社会动乱、自然灾害等，聚居模式对不安全因素有预防、防御作用，因此通过人群集体协作可以提升生产水平，增强人居安全性，这也决定了村落聚居对安全性的要求。在村落生活空间中，个体对生活环境的需求难以通过个体劳动得到解决，因此，聚居环境中群体对个体的关怀显得尤为重要，这些关怀通过社会制度及约定可以得到实现，并在村落景观中有所体现。

一、防御体系体现人居安全性的表现特质

　　人居环境对于安全要求的表现具有普遍性，广西传统村落对安全性的表现既具有全国的普遍性也有自己独特的表达方式。在村落景观中，对于安全性的

设计从宏观至微观都有渗透，如在选址中对周边自然环境安全性考虑是重要因素，而村落内部环境对安全的表达也较丰富，如各种级别的门、道路形式、院墙、房屋构造等，同时，除却以物质形式外，以非物质文化体现的防御性也在村落中有所体现，因此，有物质与非物质两种形式体现的防御系统在村落景观中形成体系，并以地域文化体现出其特质性。

广西传统村落从整体构建开始，防御作为一种"潜意识"一直存在，其防御性主要体现在防洪、防火、防盗、辟邪等四个方面。而这四个方面存在于村落物质景观的三个层面，即宏观层面、中间层面与微观层面。宏观层面包括村落选址、对自然要素的"借"与"引"；中间层面主要包括村落形态组织布局、建筑物构架；微观层面包括民居建筑内部空间，如门窗、墙体、建筑内部通道等。

防御方式主要体现在三个方面，即强化空间领域、整体空间防范及将空间阻力增大。从而在选址上形成居高、河流中下游、低山之阳等特征，对自然要素的"借"与"引"体现在根据周边山水、林木选择村落位置；村落布局体现在街道骨架所形成的村落空间形态，即道路弯曲度、穿插形式、强化空间界面等，包括主干道形式、主干道与次干道的交叉角度、邻里沟通方式等；墙体与门窗、天井形式体现在防火、防盗、辟邪、排水等各个方面。

从整个村落的防御体系构建来说，一套完整的防御体系包括物质性及非物质性两个方面，物质性防御体系从宏观至微观的程序表现为：自然要素—村落边界形式强化—村口及巷口强化—道路—院落—建筑；非物质防御性则体现在人对鬼神的敬畏与防御，以某种物质形式体现也可以存在于意识之中。

广西汉族传统村落在选址上秉承道家思想，体现了对天、地、人关系解读的哲学思想，考察山势水脉林木状况，以"龙脉""聚财""藏风聚气"等互渗思维将人与天进行关联，尽管具有一定神性思维羼杂其中，但在现实生活中，对农业生产、人居生活、精神导向、自然生态保持都有积极意义，在保障生产前提下，这种思想也反映了人居环境的防御性。山为屏具有阻挡性及隐蔽性，河流作为天然屏障，可以降低正面或侧面进攻的效率，为逃生争取时间。因此，村落选址在防御上尽量做到可攻、可退、可守。而少数民族村落选址主要以自然生态与人的关系为主要考量因素，而防御系统构建是其中的重要内容。

广西传统村落在布局上呈现多种样式，有中心团聚式（如程阳八寨、高定村等）、"一"字形条带（如大圩古镇、恭城深坡村）、长方形规矩形（兴安杨溪村、灵山大卢村）等，不管哪种样式，构成整体布局的街道骨架、景观节点等都以自己的方式体现着村落的防御性。

　　以下列三个村落为例对不同形式的村落进行防御体系解析，根据调研材料及访谈结果，采用从宏观至微观、从思想至物质的程序进行解析。

　　（一）龙胜龙脊村

　　龙胜龙脊村是一个瑶族村落，也是现代乡村旅游的梯田观景区，由田头寨、大寨和新寨、大毛界、壮界、墙背等寨子组成（见图 5 - 17）。

图 5 - 17　龙脊村自然环境

　　龙胜龙脊村选址符合瑶族"山居意象"，选址在山脉中间地带，龙脊的主山脉由许多坡地组成，瑶族喜欢在坡地的顶部选址，从耕作模式来说，以山坡顶部为中心圆点向四周辐射，易于耕作，从防御意识来说，这种选址方式主要是借用了山体的自然防御性，有利于开阔视野。龙脊由多个自然村寨组成，每个村寨人数不多，呈小团聚模式，每个寨子修建在不同高度上，利于互相瞭望，起到协助防御效果。寨前为坡地，居高临下的村寨选址易守难攻，有"一夫当关，万夫莫开"的防御性，一侧有河流。河流、高山、林木在选址上起到借用自然环境进行防御的效果；村落整体布局呈圆形，这与山顶的地理形势有关，而房屋建筑密集式团聚也有利于集体协作防御（见图 5 - 18）。

　　从村寨通向山下的主干道有一条，且道路陡峭，垂直度较高，而村寨内部主干道较曲折，寨前道路垂直易消耗体力，而寨内道路曲折具有极强的迷惑性。寨子前面没有林木，而其余三面则较多，尤其是寨子后面林木面积最大，这是由于村前树木容易遮挡视线，而寨子后面的林木有利于逃生。干栏式建筑是其民居建筑的基本样式，大寨民居只在一个侧面设有楼梯，楼梯狭小，室内空间公共空间面积较大，客厅、火塘在一个空间，其余三面为居住空间。由此，大寨的防御体系在物质上主要利用自然因素及合理设计方式，而祈福纳祥及辟邪等象征物较少，瑶族村寨防御性主要表现在物质性防御，体现了极强的实用性。其防御程序及节点如图 5 - 19 所示。

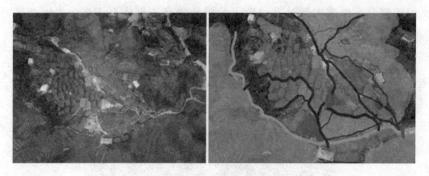

图 5 – 18　龙脊村选址布局分析

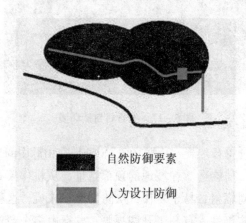

■ 自然防御要素

■ 人为设计防御

图 5 – 19　龙脊大寨村防御体系

　　自然要素可归纳为山体、林木、河流，人为设计要素体现在道路、房屋，道路通过线形设计体现了防御及逃生两个层面。

　　在道家寄情山水的自然生态与人文情怀的关照下，汉族传统村落的防御体系构建在村落布局上较少数民族地区有更多人为因素，表现在村落选址上则明确提出山水意象，蕴含着道家哲学思想的强化"壶中天地""海外仙山"人居模式，在自然环境及人为因素上强化防御性。

　　而儒家文化关于"礼"的思想为村落布局的秩序性提供理论基础，在"方圆"之内纵横分割，界定了以街道为骨架的交通格局，而建筑布局的方正秩序也由此定下基调，防御体系在此基础上进行构建。

　　这种以院落、街巷组成的村落形态在防御性上出现三个层次。第一个层次为公共防御层次，体现在自然环境的山、水、林木、村落围墙、村落门楼，这一层次属于村落外围防御，这是村落最坚固的一道防线，起到"昼防流寇，夜防盗贼"的主要作用。广西汉族传统村落在集体防御层面上的意识较强，这样的例子较多,如围屋墙上的射击孔,射击孔外面小里面大,只要关闭门楼,就可以对来犯流寇进行精准打击。广西许多村落至今还保留有炮楼,主要布置在村落四个角,如太平村、龙道村、栗木镇等。第二层次主要是村落布局,体现在街道穿插形式及隐含于其中的防御节点。通过巷门阻止及巷道纵横交错,增强对敌人的迷惑性。第三,单元人居模式是防御的最后一道防线,所以在民居防御体现出阻止及逃生相结合的一体化。防御部分不仅体现在民居二楼上有射击孔可以还击等,还对重要节点进行加固,如大门,缩小外开窗或去掉一层外开窗,逃生部分体现在建筑主体纵深较深,后面的建筑三个方向设有侧门或后门,两边相邻建筑之间有联通通道并有小门通过,而二层楼之间也有连廊相连,由于通道是在建筑院落之内,有很好的隐蔽性,因而能起到家庭防卫作用。

(二)秀水状元村

秀水村自唐繁衍发展至今已有 1300 多年的历史,划分为石余、八房、安福、水楼四个自然村,设有三处商贸交易区、五座古戏台、四处祠堂和四所私塾书院(即鳌山石窟寺书院、山上书院、对寨山书院、江东书院,其中江东书院比梧州成化年间创建的绿绮书院早 250 年)。秀水村有耕读习俗,多在山体与水势都不大的地方选址。山体与水势难以起到实用性防御作用,所以只能是风水学上的风水意义。秀水村原来在山之阳建村,随着人口增多,村落越过山体向北发展,并没有形成围绕山体形成圆环状,而是出现狭长的条带状,山体居于村落中间,村落走向与河流流向呈平行状。

村落防御系统中因为自然因素并不强烈,所以,其防御性更多地体现在人为要素上。村落四周都有房屋,以房屋做院墙界限起到界限的防御性,村落除了有一个大门外,其余方向均有巷门,巷门很小,村内巷道也很狭窄,村内有宽敞场地做圩市,圩市空间四周都有巷门进入每条巷子,另外,每户人家的房屋四个方向都有门口出入,较少有院落,因此,村内每户人家的通达度都较好,因此,秀水村形成以村落为整体空间的防御体系,即秀水村的防御体系基本在村落内完成。其防御体系构建程序为:村落房屋为界限将四周封闭,周边房屋留有后门,可迅速向村内转移,村落内每户人家有良好沟通性,通过道路转折及巷门阻止来犯之敌,每条巷道也有封闭性,从而形成村落内的迷惑性,有"关门打狗"的意味。以耕读为业的秀水村将防御纳入村落构建体系,含蓄内敛且存在智慧。

(三)黄姚古镇

黄姚的建筑多为明清时期的产物,全镇依据地貌特点采用封闭式结构,四周修建有城墙,充分利用三水环绕的防护性,采用"九宫八卦阵"布局,从而实现人工布局与自然地理的有机结合。镇内的建筑与装饰秉承"天人合一"的中国传统理念和传统文化，建筑在整体上没有北方同时期建筑的开朗大度，也没有江南一带建筑的富丽精巧，却兼有岭南建筑的轻盈细腻和广西喀斯特地貌所带来的古朴悠然，与自然山水融合一体。这些山水不仅具有风水学意义，在防御上也有实际作用。黄姚古镇的防御性体现在多个防御节点，首先体现在自然要素上，四周的山水、园林都有一定防御性；其次，黄姚古镇四周封闭性较好，村落有两个大门，大门上有瞭望台，村落内部有巷道口，巷道门也起到阻止作用。每个单元家庭并行排列，进深较深，在院落之内，每家每户都有隐蔽的连接点，因此，采用"九宫八卦阵"式布局的黄姚古镇在自然要素、人为要素上对防御性有明显体现，通过二者结合，共同构成黄姚古镇的防御体系。

防火也是传统村落防御体系中的重要内容，广西传统村落由于注重木结构在其中的作用，所以木材所占比例较大，因此，防火是村落的重要内容，从单体建筑单元来说，"邻居不共墙"及镬耳墙、封火山墙、院落内有以石头做的水缸、巷道有封闭的门等都是防火的重要措施。

对于天地人神各界的崇拜主要在于辟邪去凶，从村落整体规划到单体建筑的装修装饰（精神符号），都可看到人们对趋吉纳祥的追求。人们常常通过一些符号化装饰，含蓄表达这种避祸祈福的心理。其精神性防御体系主要通过装饰性元素符号来体现。这些符号所用的手法主要有以下几种方式。第一，比附手法，以一种物象通过其观念意义象征在形与象之间建立比附关系，通过联想实现吉祥意义，在民居装饰中，广西传统村落偏爱蝙蝠图案，甚至在一扇门上出现蝙蝠的多种变形，以蝙蝠通"福"，这种形式运用比较广泛。第二，象征手法，通过一种物象，激发审美主体的想象与情感体验，从而获得某种不确定的意蕴，其内在机制是作品特征图式与主体心灵图式的同构契合。多以文人审美意象为主，如梅、兰、竹、菊、莲花、琴、棋、书、画、对联等。第三，人神沟通的符号，如关公、秦琼、佛八宝、暗八仙等，通过对神的崇拜将邪气驱走。尽管这些符号在现实生活中真正能起到的作用很难预测，但能以精神象征的方式保佑村民内心一份宁静。清代举人林之海有诗云："宝珠观宇最巍峨，布袜青鞋喜屡过，春憩松氛寒气少，心清法座妙香多……"另外，黄姚有两座以龙命名的桥梁带龙桥和护龙桥，以龙神精神保佑古镇。黄姚古镇民居建筑中的精神装饰符号多种多样，从而构建了多种图式以应和居民心中诉求。

二、"大公小私"的人文关怀

村落以公共精神及空间存在，个体对族群的依附需要族群对个体的关爱得以实现，所以，传统村落文化中的人文精神是广泛存在的。

公共精神以一种文化内核形式在村落中存在，可以以物质形式与非物质形式体现，传统村落中的公共精神可以以一种空间存在，如侗寨鼓楼、汉族村落的祠堂，这种以体现族群精神的空间通过一种物质体现，主要体现出族群的信仰，并映射为群体对个体的人文关怀，使个体在心灵上得到慰藉。

广西少数民族传统村落中的鼓楼是一种较多的形式，以侗寨鼓楼文化内涵及表现技能最好，瑶族、苗族接受侗族鼓楼形式的影响，在瑶、侗、苗各族小聚居的地区，这三个民族都有鼓楼形式的公共建筑。

侗族鼓楼一般建于一个族群的中心位置，其本来含义为"敲鼓议事"，族群中重大事务需要经过集体决议表决，鼓楼承担了会议中心的功能，在平常时日，鼓楼作为公共空间，可以让族群居民在此休闲聊天，交流信息。如今的鼓楼，内有火塘、长凳、休闲靠背椅、芦笙等。从精神功能分析，鼓楼象征族群强大的生命力，如鼓楼以生命力旺盛的杉树为仿生对象，以杉树的象征通达族群精神。

侗寨的人文关怀节点主要体现在公共空间，其公共空间节点有鼓楼、风雨桥、井、道路、寨门，涉猎族群衣食住行各个方面，涵盖使用与精神两个层面。如出行方面的人文关怀：道路以石板铺路、桥面以木板铺设，分为主要出行道路及步行支路，避免直上直下，采用"之"字形弯路，在村寨内会出现两栋相邻民居的连接，既有"占天不占地"的生态理论，也有雨天避雨的功能，在风雨桥上设有火塘，供行人取暖，风雨桥两侧有并排的木凳，后有"美人靠"，既美观又可供行人休息，坐在木凳上休息，桥上风景尽收眼底。风雨桥上的装饰质朴无华，虽不追求奢侈却以最含蓄的装饰给人以吉祥的象征隐含；侗寨对于"井"有至高尊崇，不仅以干栏式建筑构造修建"井亭"，还在水井旁常年挂有水瓢，供行人引用及洗漱；侗寨有戏台及开阔的观看空间。"侗族大歌"不仅仅是一种音乐艺术形式，对于侗族人民文化及其精神的传承和凝聚都起着非常重大的作用，是侗族文化的直接体现，其中蕴含着族群的人文精神，以歌赞鼓楼、以歌择偶、以歌养心等体现了侗族空间所具有的公共精神及人文情怀。

侗寨娱乐空间主要供本族群歌唱、舞蹈之用，在节假日会举行百家宴，一家一张桌子，每桌坐自家人，每家做好的饭菜，放在自家的桌上，开席时随意走动品尝其他家的佳肴，这种形式体现了侗族积极乐观、团结一致的族群精神。

汉族传统村落景观的人文关怀隐含在一定秩序中，主要显示在公共空间中的细节中，如村落显示精神关怀的土地庙、宗祠等，显示为空间中物质性关怀的有水体利用、戏台、贸易区、书院、休息区等。

对于泉水的利用形式具有公共的人文精神，如秀水村、黄姚古镇、福溪村等，河流两侧的泉水，通过公共设施达到多样化利用。如黄姚古镇的仙人井，占地约50平方米，有1米多深，分为5口。古镇上的人把这井的水称为神仙水。第一口井是专供居民饮用的，第二口井是洗菜用的，第三、第四、第五口井是洗衣服、洗农具用的。每年的农历七月七日为"取水节"，那天的中午十二点以前，镇上的群众都来这里上香取水。

水口文化也是村落对居民的关怀形式之一，以水口的方式保佑整个村落平安富裕，如水源头村的水口形式。村落的水口就相当于村落的门户，既包括入水口也包括出水口。在农耕社会，水口不仅象征着整个村落的门面，而且在一定程度上还反映了村落居民的精神内涵。

水源头村水口入口处包括鸳井、鸯井以及两井中间由湘江源的一支水流汇合而成，水流来势较为开阔，水口出口处在出村后龙山与钟山山脉成交汇之势的金盆桥处，后龙山与钟山在此形成收势，俨如山谷的隘口，水源头村的出水口选择在此，符合了风水说主张的"去口宜关闭紧密""门闭财用不竭"的说法。长流不断的溪河自东南而下，到这里正好遇到南北两面向此呈收势的山谷，穿越金盆桥出村而去。在农耕社会里，风水理论认为水这个财富要在村中留住，除了充分利用自然地形，还相应地通过修筑堤坝、种植树木、开挖水池等方法来留住水这笔财富或者在水口处修建桥、台、楼、亭以形成锁住水口之势。水源头村河水流量充足，不需蓄水，村民便采用了在水口处修筑金盆桥的办法锁住水口、留住财气。金盆桥修建于溪河出村的关口上，同时，又有南北的大山相对。

本章小结

本章主要从村落文化核心和景观表现方法等方面解读了广西传统村落的文化特质性，通过以上分析，认为：

第一，广西传统村落的人群来源主要有两个大的体系，即外来汉族与百越后裔，其余的少数民族在保持民族文化核心的同时，逐渐与其他民族相融合，并出现一些共性。因此，广西文化特质体现在"天下一体"的中原文化包容性与广西本地民族的开放性、包容性相契合，形成对民族文化特质保留与对文化融合所形成的多姿多彩的物质表现。

第二，广西传统村落景观文化出现两个大的体系，一是以自然生态观为前提的少数民族村落景观，二是以中原"儒道互补"精神形成的人与自然关系的理性思维，表现在对自然适度改造基础上的秩序性。以自然生态为基础的少数民族村落注重族群观念，村落生长秩序体现为中心发散型，对周边自然环境的适应性应用体现出尊重自然的自觉性；汉族村落呈现规矩性生长，对自然环境运用显示出尊重前提下的适度改造，景观秩序体现出合理理性思维的秩序性。

第三，从审美角度来讲，具有汉族文化传统的村落对中国传统文化解读性较好，少数民族村落在保持民族文化特质的基础上对汉族文化进行充分融合。由于汉族村落在注重族群意识的前提下也彰显个体文化，因此，其民居文化显示出单个家庭的愿景，在吉祥诉求的同时也彰显出与众不同的家庭的经济地位、文化审美等，而少数民族村落在"大公小私"的前提下更注重公众对个体的人文关怀，由此出现少数民族村落景观审美的自然性及汉族村落审美的文化性。

第六章

广西传统村落建筑节点、街道景观及艺术价值分析

第一节　广西民居形制

广西传统民居从材质上分为两大类，即干栏式建筑与生土建筑。以平面序列、构筑形式、建筑群组、比例关系、入户方式、外观形式等要素做参考指标将广西干栏建筑文化再进行细化，分为四类（见表6－1）。

表6－1　广西干栏式建筑分类及特征

	平面形制	入户	构架
桂西北	前堂后室及辅助房屋	侧面	穿斗构架
桂西及西南	前堂后室且前堂贯通	正面	大叉手斜梁
桂东部	三间房形制	正面	硬山搁檩
桂中西部	一明两暗	侧面	山墙承重

第二节　广西传统村落民居节点

广西干栏式传统民居主要分为以上四种文化类型，下面从开间及进深、构架、墙体、屋面、地面、柱、柱础、梁枋、驼峰及瓜柱、檩木与椽木、雀替、隔断、太师壁、入户门、隔扇门、窗等方面进行解析。

一、开间及进深

开间是指住宅中相邻两个横向定位墙体间，一面墙的定位轴线到另一面墙的定位轴线之间的实际距离，因就一自然间的宽度而言，故又称开间。进深是

指一个开间的深度。

"三间房""五间房"是广西汉族、瑶族地区最基本的开间形式，以奇数为开间的建筑形式体现了中轴线对称及形制规整，样式较简单却能基本满足家庭生活空间需求。在三间房中两侧房间功能较多，可以为卧室、储藏间、厨房、火塘等，并可以分割为前后两间；中间房为前堂后室，前堂基本功能为客厅及神龛区，后室可做卧室也可做通道、楼梯间等，因为三间房尽管能满足生活基本需求，但在实际生活中空间依然显得局促，所以，三间房又可以增设一个二层，二层也可以做卧室或储藏粮、放置杂物等。

图6-1和图6-2分别是桂西北金秀瑶族自治县上古陈三间房（二层楼）与恭城县秀山村三间房（一层半）平面图，上古陈村三间房为两层楼居，恭城秀山村三间房为一层半地居，两个民居在形式上同属于三间房开间，空间区域划分基本相似，差异性在于门的开启位置与数量。秀山村三间房只有一层可以居住，每个房间在正面都有入户门。每一个隔开的房间在墙面也可以开门。每个方向都可以开门体现出房屋的通透性及畅达度较好，同时，每个家庭与家庭之间信息交流性也较好；上古陈三间房作为一个独立民居空间体现出较强的封闭性及防御性，防御性体现在门的数量减少并强化了四周的射击孔。两个三间房的平面布局比较体现了在民居设计中，建造者对生存环境及判断所形成的空间差异。

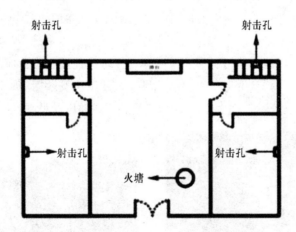

图6-1 金秀上古陈村三间房开间平面图

三间房的进深一般在3米到9米之间，如此巨大的进深差异体现了经济及使用需求的不同，由于广西纬度较低，太阳照射的角度较大，所以进深较北方民居要大一些。从开间形式来说，广西三间房与明清时期北方中原地区传统民

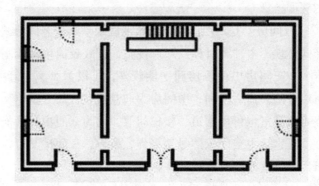

图6-2 恭城秀山村三间房

居有相似之处，差异性显示在进深较大、开启门较多，尤其是房屋后面开门是基本差别。

以中轴线对称所构建的五间房样式主要在汉族传统村落中较常见，广西民居中比较典型的有灵山大卢村、兴安三街村、乐业花坪镇等地。乐业县的五间房形制不仅在汉族民居中流行（见图6-3），也在壮族民居中存在，但依然能判断出是汉族民居的基本样式，这三个调查点的民居尽管在单个民居的开间上有共性，但在建造思想上体现出差异性。如在乐业所形成的这种形制是由于明代驻兵的后裔较多，其民居形式保留较多北方元素，并影响到本地壮族所形成的建筑样式。而大卢村与三街村是因广西汉族文化在本地的适应性而形成。

从平面形制上来说，不管是三间房还是五间房，当家庭人口增多，生活空间则显得狭窄，所以，其拓展形式主要体现在增加辅助用房，辅助用房可以搭建在三间房两侧，如富川县三间房两侧可以搭建厨房及散棚等，而乐业传统民居可以在一侧搭建柴房，也可以在院内搭建猪圈或厢房（见图6-4）。

图6-3 乐业花坪镇五间房
一侧增设的柴房

图6-4 乐业花坪镇民居院内
一侧增设厢房

院落式民居则是三间房或五间房形式重要的拓展形式，在广西传统村落中，以三间房为基础的三进院落是最普及的，而五间房三进或五进则显出豪华与奢侈，其中五开间五进院落在兴安三街村较多，这是由于三街村当时是兴安县城，集聚了官府与商人宅院等各种形式，在经济较为发达的地方，才可以建造形制较为复杂的套院。套院的开间往往为奇数，采用轴线对称的样式沿中轴线向后延展，也有以轴线套院的同时，受地势及地形制约，在两侧进行套院，如恭城深坡村、钟山龙道村等。

而世居少数民族民居在开间上则不像汉族民居对称性那样强，如西林县浪吉村贺宅尽管在形式上也采用三开间，但中间的厅堂在面积比例上则明显比两侧的卧室面积要大得多，同时，虽然采用前堂后室的整体布局，但是在后面的卧室布局上可以一边多一边少。融水东兴屯梁宅（苗族）在整体布局上采用均衡样式，公共空间中将厅堂与火塘两个空间进行分割，卧室在这两个空间四周环绕布局。火塘与厅堂采用错位交接，房屋的整体布局体现出较为活泼的均衡对称。侗族民居也采用三开间与五开间的基本形式，但一般不向进深处拓展，而喜欢横向排列，由此出现套间式、跃廊式及走廊式，其开间介于3米至4米之间，显著特点为大厅堂小卧室，走廊式以走廊为公共空间。卧室以走廊为导向排列，出现单面廊、跑马廊、三面廊等形式；套间式与壮族相似，主要以厅堂或敞廊为核心，卧室在其周围环绕排列；跃廊式则以多户横向排列，以廊道进行连接。

二、建筑构架

广西民居构建材料多种多样，如木材、石材、泥土、鹅卵石、青砖及多种材料混合使用，这些丰富多彩的形式背后是以建筑构架为保证，因此需要材质坚固、技术合理。广西民居主要分为两种形式，即广西干栏式建筑与传统中原的生土建筑。

干栏式建筑主要采用的构架形式是抬梁式和穿斗式两种，也有出现两种结合的案例。

抬梁式木构架起源早，主要流行区域在中国北方，唐代时技艺已成熟，其特点是可拓展进深，公共建筑需要有较大空间，因此这些建筑类型经常用到这种架构形式，如寺院、庙宇、宫殿等。具体工序：在地面放置柱础—在柱基础上立木柱—架梁—在梁上重叠瓜柱—层层加高、逐层缩短—在最上层梁上立脊瓜柱—形成木构架的坡屋顶斜面（见图6-5）。两组平行的木架中柱的顶端以横向的枋连接，在梁头与脊瓜柱安置檩，檩条与梁形成直角，在两个木构架形成的空间称之为"间"。抬梁式构架就是以前面与后面的檐柱将梁抬起,其受力顺序分别是柱础、柱、梁、檩、椽、瓦,其荷载传递方式有两种,分别是压力与剪力,在承重柱直接承受荷载的同时,建筑的附属结构可以通过瓜柱、柁墩减缓荷载压力。抬梁式木结构稳定性好,具有较强的抗震性,民间流传有"地陷墙倒房不倒"的说法。在桂西漓江流域,汉族传统建筑将这一做法进行拓展以增强其稳定性,如在瓜柱下增设角背与驼峰、在檐柱的柱头上放置额枋、在檩下放置枋子与垫枋、以透榫穿透老檐柱与檐柱等,这些做法使得整个构架稳定牢固。这种做法的优点在于跨度大、可构建大空间,缺点在于耗材多、施工难度大。

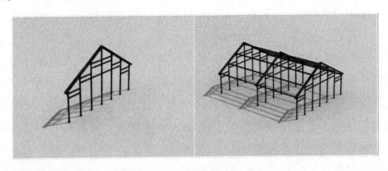

图6-5　抬梁式木构架图解

穿斗式木结构主要做法是用穿枋将金柱、中柱、檐柱进行纵向穿插,将各个柱通过纵向穿插形成骨架,以穿枋代替横梁,穿枋主要起到固定柱的作用但并不承重。整个屋顶的荷载通过立柱传递到地面,其优点在于以小木柱取代大木柱,节约材质及降低施工难度;其缺点在于较多的立柱将空间进行分割难以形成大的完整空间,但可以满足广西以小家庭为单位的生活空间,因此,这种建造形式在少数民族地区较为流行(见图6-6)。

少数民族地区木结构房屋也经常采用穿斗式与抬梁式相结合的方法,在屋顶采用歇山顶与硬山顶,而在侧面屋顶与山墙的木檩穿斗构架开敞以利于通风。

传统木结构为主的干栏式建筑秉承的是与自然和谐共生,但自北方而来的中原建筑则体现了宗法伦理秩序。

秉承中原风格的砖混结构材料包括砖、木、石等,石材主要用在房屋底部以增强牢固性,青砖做承重墙体,木材用在顶部做梁、椽、枋等。进入广西的中原建筑为适应广西本地气候、地理等环境,一般采用三面墙或四面墙,合院一般以三合院代替四合院,套院中的房屋一般采用三面围合,一面采用半围合,以增强采光与通风,也有采用四面围合的形式,但在房屋正面入户的一面采用

图 6 - 6　穿斗式木结构（拍摄于三江马鞍寨）

格栅数量较多的门，也有以屏风或倒座代替墙的功能。传统中原风格的建筑注重造园手法，一般会有中庭及后花园。中庭花园主要围绕在天井周围置以花卉植物、水体、景观石、影壁等造景。后花园主要置于整套院落后面，但后花园景观并不普及，调研中在南宁扬美古镇及三街村的部分院落中见过。

在 19 世纪末与 20 世纪初受欧式建筑影响，岭南骑楼建筑与欧式建筑相互融合，在广西东南部如北海、梧州地区出现了欧亚建筑混杂的南洋建筑文化。其主要特点是在建筑前部有宽大的前廊与回廊，用于遮蔽风雨及阳光，这类建筑与大圩古镇在功能上有相似之处，但在装饰上则出现不同，骑楼建筑在女儿墙、檐部、阳台、柱子等处理上运用具有南洋风格的纹饰及手法，在外观上形成具有异域格调的建筑群落。

三、墙体

墙体分为房屋墙体与院落墙体两部分。墙体具有使用功能与审美功能，并显示出建造者的审美理想。其实用性体现在：通过墙体将外部空间与内部空间进行隔断，显示出私人空间的界定性，体现了外实内虚的空间神韵，同时也有较强的防御功能，这是人居空间对安全性的基本要求。其审美性主要体现在墙体肌理给予人的视觉感官审美，及文化意象的象征之美。

墙体根据其构成分为三段，分别为墙头、墙身、墙基。

清水青砖墙以青砖砌筑及石灰嵌缝，勒角、砖体及檐头在水平方向齐整规矩，材质色泽呈灰色，显得古朴厚重。广西的清水墙民居一般建在清末民初，这个时期的青砖烧制技艺成熟，较明代青砖显得小巧精致。扬美古镇套院中的清水墙，从墙底部至顶部都用青砖垒砌，建筑显得高大整齐。山墙造型较房屋活泼。如图6-7，墙体上部用瓦片做造型，通过两个瓦片弧形相对与相背两种形式组合，以六个瓦片弧线连接构成较大的椭圆形，内部用两个瓦片相向对立形成小的图形，运用视觉正负形的方式形成"圆中见圆"的图形秩序。也有采用"漏明墙"的方式进行墙面装饰的，如图6-8横县花屋院落正面墙的处理，在墙体上出现漏空的方式，既可以减轻自身荷载，还可以出现外墙与合院内部空间通透的效果。这段漏墙下部采用漏空，上面部分采用凹陷的窗形在视觉上与下部漏空形成秩序的统一性，同时出现两种形式的对比，强化视觉效果中的虚实对比与视觉审美。

图6-7　扬美古镇清水墙　　　　图6-8　横县花屋青砖墙体

多种材质构成墙体的方式在广西较为普遍，一般采用鹅卵石、沙子、灰、石块、青砖等多种材料，多种材料构成的墙体较坚固且造价低，运用范围较广，但在视觉上可能有些杂乱，所以一般会采用白灰饰面，以增强建筑整体的视觉完整性。图6-9是玉林北流市新圩镇梧村的一段墙体，泥土、砂石、卵石与青砖共同使用，所以在中间部分外墙饰面采用灰与砂做饰面，两端采用青砖做转角，色泽上呈现青砖与砂灰两种色彩对比，即在灰色系中寻求对比，体现了和谐与对比的视觉构成规律。

图6-10为恭城河北村民居，河北村是一个瑶族村落，据村内人说，他们祖上是教书先生，并不是很有钱的人家，这套院落建于民初之后，在当时算是普通民居。这个村落民居材料所使用的特点是：房屋墙面材料以青砖为主，房屋前地面材料以厚重石板铺设，门为木质且多雕刻，墙面材料多样，墙基以鹅卵石、灰、砂混合使用，面层以白色灰饰面。以上用材特征也说明在财力难以达到的情况下，使用多种材质构筑墙体主要目的是降低建材成本，并尽力使这些成本较低的材质在视觉上呈现出秩序性及统一性以提升视觉审美感知。

图 6 - 9　玉林北流市新圩镇梧村墙体

（拍摄于 2017 年 10 月）

图 6 - 10　恭城河北村墙体

（拍摄于 2016 年 10 月）

以泥土铸坯，以泥坯构筑墙体在广西乡村中是最普遍的一种形式，从桂北至桂南普遍存在，体现了民居构筑就地取材的特点，也是广西各类墙体材料中成本最低的一种（见图 6 - 11、图 6 - 12）。

图 6 - 11　恭城栗木镇巨塘村墙体

（卵石、泥坯、石材）

图 6 - 12　兴安太平村墙体

（泥坯与石材）

图 6 - 13、6 - 14 所展现的墙体尽管以泥坯为主，但墙体建材基本在两种以上，这是由于纯粹实用的泥坯难以做到坚固耐用，比如广西常年高温潮湿，而墙基部分难以经受常年雨水浸泡，因此，基础部分一般使用石材、青砖，而中上部会使用泥坯，泥坯在人居功能上的优点是有良好的保温隔热、防潮及隔声效果。对于村民来说，泥坯的冬暖夏凉是他们所希望的，缺点在于这类房屋保存的时间较短。从调研效果来看，现存的泥坯民居一般是新中国成立前后至 20 世纪 80 年代所修建，若房屋年久失修，只要屋顶或墙体浸入雨水，就特别容易倒塌。

图 6 – 13　远观南宁上林县　　　　图 6 – 14　博白县大峒镇凤坪村
鼓鸣寨墙体（泥坯）　　　　　龙江屯墙体（泥坯、红砖）

　　以木材质为墙体的主要是干栏式建筑，在桂西少数民族干栏式民居中，由于建筑构架采用穿斗式，室内空间跨度较小，因此，在以柱分割的空间中往往以木板做墙面，其优点在于木材荷载较小，可减轻承重柱的压力、施工边界，缺点在于保温隔热及防火性较差（见图 6 – 15）。

图 6 – 15　三江县高定村鼓楼墙体（木材）

四、广西民居建筑的门窗装饰

　　除院落大门外，院落内的门窗是广西人居精神所看重的，不仅具有较强的实用性，其精神象征性也很强，主要通过门窗形式及装饰等特征表现出来。对于门窗精神的运用，在广西民居中有约定俗成的形式，即使是少数民族地区，其人居精神受中国传统的道家观念影响，在装饰上与汉族民居有一些共性也有一些个性，而汉族民居在纹饰解读、形式运用上则出现较高的共性。

　　门的构成包括门扇、门槛石、门匾三部分。门窗主要以木材为主，也是整个民居中视觉最鲜艳的，尽管木材色度较低，但装饰一般都会施以彩绘，主要色彩有朱红、深绿、金黄三种。在调研中，这些门窗的彩绘剥蚀严重，干栏式民居中一般施以桐油防虫及雨水侵蚀，而经历多年风雨的木结构房屋基本呈现出褐色、黑色等，与桐油原来的黄色相差甚远。这说明，尽管在民居中村民崇尚色彩视觉及色彩的文化意义，即使木质油漆技术水平不高，色彩难以长久保留，但村民依然热衷对色彩的追求；在色彩难以达到审美理想的前提下，门窗的装饰效果主要通过雕刻的多样及纹饰的丰富性进行弥补。

广西民居的门窗主要通过"漏"为构造技术，雕刻技艺全面，木雕中双面雕、透雕、镂雕等，所采用的纹饰题材主要分为以下几种（见表6-2）。

表6-2　广西民居中门窗木雕

题材		图例
动物纹	蝙蝠、狗，鸟雀、凤	
植物纹饰	石榴、宝相、牡丹、菊花、卷草、忍冬	
人物纹饰	戏曲人物、神仙、八仙	
组合纹饰	花鸟组合、花与卷草、鸟与卷草	

表6-2所展示的图片是在调研中拍摄的，集合了广西汉族居住区的民居门窗雕刻，门窗木雕较普遍。窗子总体采用"漏空"形式，而门下部则为实木板，上部用"漏空"雕刻，相似之处在于骨架形式与题材纹饰及技艺手法，这是由于门的下部要防止雨水及门的坚固、防御性所决定的。

骨架形式基本分为三个层次，三个层次可以清晰也可以模糊，骨架构成的原因首先在于保证三个层次有机结合成一体，视觉上形成视觉中心并出现审美秩序对比。

题材一般采用多种形式结合，其中花鸟结合较多，如石榴、蝙蝠、牡丹、花瓶、角花、凤、菊花等，整个画面有一种主要动物或植物纹饰，其余纹饰主要起到衬托作用，主要纹饰通过视觉注意点位置的显著性、体量大小来体现。动物纹主要有蝙蝠、狗、喜鹊，"狗"纹饰在广西木雕题材中较多，这是少数民族文化与汉族文化融合的表现之一。植物纹有牡丹、菊花、卷草、石榴，通过各种纹饰题材搭配出现民间吉祥夙愿中的"福临门""喜上眉梢""凤穿牡丹""榴开百子"等具有人丁兴旺及喜气洋洋等审美表达。人物纹饰以明八仙等道家人物、戏曲人物、神仙人物为主，体现了村民对道家生死观念的理解及对戏曲中诗书教化、情爱传说、人生哲理的解读。

由于汉族木雕文化来自汉族传统，以道家思想为先导的神仙世界解读，体现了中国传统文化中人性与神性剥离时，人性精神中依然含有神性思维，民间对神仙世界向往，表达了他们希望现实生活中如神仙世界一样衣食无忧、没有烦恼。诗书教化、升官发财则体现了儒家文化追求仕途等向往。

木雕技艺主要有两种形式，一种是在木板上做浮雕，一种是在空间中出现的透雕及双面雕，浮雕主要用在门的下部，实木板在起到防护作用的同时也做了装饰性表达，在窗及门上部不仅在视觉上是审美中心，在实用上也需要透光通风。精美的木雕形式将门窗空间进行分割成为具有秩序的审美形式，以"有"与"无"的观念变化体现了虚实审美，或者说也是黑与白的直接对比，体现了审美的直接性。以骨架、填充纹饰做"灰"面，将黑与白的对比进行调和，体现了民间技艺中多样形式的运用，通过多种形式与技法，将装饰效果发挥极致，如在主要纹饰以外，卷草、回字纹、万字纹、寿字纹、福字纹不仅以填充纹样起到调和作用，其中的文化内涵更是将民间装饰中的文化意蕴进行贯通，从而做到整个画面的协调及"图必有意、意必吉祥"的装饰表达。因此，这种雕刻技艺满足了民居装饰中的实用与审美双重意义。

相比木雕来说，石雕主要用在门的柱础、抱鼓石等位置，动物纹与植物纹的题材运用较门窗更显气势。

　　动物纹有大象、鹿、狮子、鹤等，这些动物从体型上较门窗上的狗、蝙蝠等更大，气势也更足，说明民居装饰中更看重大门的装饰。以鸟类题材为主的门窗与以巨兽为题材的大门说明安宅与住宅的两层含义，以巨兽庇护房宅及生活中对飞鸟等形象的吉祥夙愿说明在民居装饰上具有秩序性，这一点可以从装饰题材及含义上进行解读。

　　植物纹以对整个植物整体表达为主，如牡丹纹不像门窗装饰一样，出现一些简略的符号性表达，而是采用一株植物的整体，出现花卉、枝干、叶等元素组合在一起的写实，以体现柱础位置的重要性，同时，以荷花、鹤及凤、牡丹等纹饰组合则较明确地表达了对夙愿追求的直接性。人物题材运用明八仙及神仙人物等则说明了民间装饰中神性思维的象征性，以"天官赐福""门神"等为装饰对象则说明了住宅风水观念中祈求神灵保佑的人神世界的贯通性。石雕技艺以阴刻、圆雕、阳刻、浮雕等形式，主要体现对材质的依附性，柱础的承重性及抱鼓石的精神性在装饰中得到了统一，但在形式上依然存在差异。抱鼓石对题材、技艺、形式程式性与中国大部分汉族地区具有较高雷同性，但在柱础的装饰则体现了与全国汉族地区相似性中的区域文化特质性。广西民居中木雕与石雕在民居中起到实用与审美的双重效果，不仅表达了人与人的关系处理，也体现了人神二界的和谐理解。

表6-3　石雕

题材		图例
动物纹	大象、凤、鹿、鹤、喜鹊、狮子	

续表

题材		图例
植物纹饰	牡丹、菊花	
人物纹饰	八仙、神仙传说	
组合纹饰	文字与人物、花鸟与几何纹、暗八仙与植物	

五、民居中的构造细节

广西传统民居构建中除了具有显著视觉效果的房屋、院落、门窗等，其细部构造也极具艺术价值，如屋面、地面、柱、柱础、梁枋、驼峰及瓜柱、檩木与椽木、雀替、隔断、太师壁等，这些构造细节是建筑的重要组成部分，兼具审美价值和实用价值，体现了构筑技艺与人文精神。

（一）灰塑与民间绘画

灰塑是岭南地区民居建筑的传统装饰技艺，"灰塑"从名称上解读具有两层含义：第一，以灰为材；第二，以塑为艺。灰塑可以附着在墙体上形成浮雕效果，也可以单独出现雕塑效果，这类装饰形式主要流行在广西汉族居住区。

灰塑材料以石灰为主，再羼入纸筋，有耐酸耐碱耐高温的作用，这与广西地区高温潮湿的气候特点相适应。

石灰制作的工艺流程如下：材料准备（石灰及水）—将材料发透稀释过滤—灰膏定型。纸筋制作的工艺流程如下：羼加纸筋（纸筋灰与石灰及水的比例控制在5∶1）—加入千分之五的黄糖或红糖—搅拌两次（间隔一周），10天后可使用。颜料用石灰水稀释，放置15天以上，做彩绘使用。

灰塑造型构思（造型需适宜现场的位置、面积）—以钢钉、铜线等材料捆绑成骨架—在骨架上以灰泥初次打底—每次打底不超过5厘米厚度且每次需间隔一天—灰塑定型—在半干半湿的灰塑坯体上进行彩绘（需当天完成）。这样的灰塑作品色彩鲜艳且长久不褪色。

灰塑的题材包含花鸟虫鱼瑞兽，甚至也有以书法及山水为题材的，从题材上体现出民间吉祥观及诗书意象。

横县花屋的灰塑主要运用在墙的上部及墙脊（见图6-16），墙面上部的灰塑以浮雕形式表现，整个灰塑面积集中在墙面上部，呈条带状，在条带面积中划分出均量矩形，呈现出二方连续的构图骨架，两个矩形之间留有一定空间，以角花进行填充，角花以"折枝花"为题材。矩形空间内，以山水构图体现人居精神对道家思想的追随，如画面中出现山、水、石、树等元素，如"树长在石头上"等体现出道家思想中自然生态的审美理想。整个画面以简单的近景及整个空间大量的留白体现出道家人居意境中的旷远、神秘之感。墙脊的灰塑呈现规矩几何形，中间有漏空，不仅丰富空间对比效果，也对台风、暴雨等袭击起到防御作用，几何形边缘有边框，内部填充花卉纹饰及文字，以祈福纳祥为表现主旨。

恭城朗山村的灰塑保存得较为完整（见图6-17），尤其是色泽依然绚丽。其题材选择以花鸟为主，主要运用在公共建筑的上部及墙脊的收口处、顶部等，色彩简单，主要用金黄色，体现富丽堂皇的视觉感受。鸱吻是中国传统建筑中的一个构件，形式来源于屋脊两侧收口形式创造，由于屋脊两端的瓦片要承受整条屋脊的荷载向前的推力，人们用瓦钉固定形成钉帽，后来钉帽逐渐演化成一种动植物形象。这种形象在不同地区及不同时期有一定差异，基本上经历了

图 6 – 16　横县花屋的墙脊灰塑（拍摄于 2018 年 4 月）

鱼—兽头—龙—植物的演变程序。因为在建筑文化中鸱吻的形式也体现了一种
等级观念，所以，广西传统村落对其表现一般会选择植物纹，选取卷草纹题材，
利用卷草的弧度，以创造出与龙的形象相似的鸱吻。以灰塑表现鸱吻，形象更
细致逼真，大弧度翻转给广西民居增添了秀丽精致的审美情趣。

图 6 – 17　朗山村古民居大门灰塑

　　相比之下，恭城龙道村的灰塑主要集中在院内的影壁上（见图 6 – 18），影
壁正对房屋正门，灰塑依然选择山水与花卉组合，但花卉在整个画面中所占的
比例较小，整个画面以大幅山水为主，有着自然的宏观气魄，尽管墙脊上的灰
塑较花屋的体量要小，但形式结构却呈现相似性，说明广西地区的灰塑在技艺、
题材等方面具有共性。

　　（二）民居彩绘

　　民居中的彩绘是对其装饰的一种补充，体现了文人与农耕文化的结合，耕

图 6 – 18　恭城栗木镇龙道村影壁灰塑

读文化也是汉族村落精神的一个反映。彩绘一般出现在公共空间中的建筑物中，如墙体、正房屋檐、宗祠、戏台等显著位置。如朗山村的彩绘（图 6 – 19、图 6 – 20、图 6 – 21），出现的要素主要有房屋、树木、山、天地、花卉、河流、桥等，墙面整体构成采取场景分段式，每个幅面都以菊花纹二方连续做框，以强化画幅的视觉中心性。画面以乡间常见的自然物象反映耕读生活情趣，每个画面中有线条进行分割，由此出现一幅画面中多个空间分割，每个空间出现不同景观，所以整个画面采用"景观叙述"的表达方式来丰富画面内容。广西民居中的彩绘具有极强的民间性，这种民间性体现在物象抽取及表现方式上，如图 6 – 19 的朗山村图，首先这个画面表现的主体物是一棵大树，其次是地面、山坡、水、野花、野草。

图 6 – 19　朗山古民居中的彩绘墙

图 6 - 20　朗山古民居墙面彩绘

图 6 - 21　朗山古民居墙面彩绘

民间绘画对物象的抽取主要在于物象外观特征的概括，因此，树在画面上占据了较大面积，选取了树的构成共性，包括树干、枝干、树叶等，对形体的描绘比较直观，树干两侧的国画"点苔"在这里变成一种符号，而地面的草用三个叶的组合代替、野花用花瓣代替，由此形成地面植物组合。这个画面不选择对自然物象个性描述，而是采用特征共性，具有民间绘画中"原发性"思维的基本特征。

自宋代以来广西书院文化流行，至今浦北的大朗书院依然保留了书院建筑的基本形制，书院的功能在于教书育人，因此，大朗书院的墙体彩绘主要体现读书与仕途的审美理想，如在书院门口（见图 6 - 22、图 6 - 23）的墙体彩绘有"状元及第""赶考""面授"等题材，院内墙面上则有"和合"形象，尽管

"和合二仙"在中国文化传统中有婚姻美满的意象,但出现在书院中的"和合"是三个孩童形象,其意却为同学关系的融洽。

图 6 – 22 浦北大朗书院正门墙面彩绘

图 6 – 23 大朗书院墙面彩绘

彩绘的色料与灰塑是一样的,彩绘主要绘在墙体的石灰基层,在半干半湿的墙面上将色料浸入,因此,墙面彩绘能防晒防潮,并保持长久不褪色。

六、民居中的其他细部

广西传统村落中的民居之所以能传承至今,主要在于其构造技艺的高超及对传统文化的表述具有极高的文化势能,体现民居建筑之美的艺术品质还在于对细节的关注,如立柱、挑梁、栏杆、斜撑、穿枋、雀替、瓜柱、地面等,这些细节通过雕刻、彩绘技艺不仅在形式上显示出高度美感，也在文化内涵上给予充分表达。

广西传统村落对待人居精神在细节上体现出质朴、细致、物尽其用的审美性，如地面铺设。

广西传统村落地面铺设材料多种多样，包括泥土、灰与土混合、青砖、石板、卵石多种材料综合运用，说明了人居环境中对多种材料"物尽其用"的可能。这些材料有的经过加工、有的依然保持原生态，但不管什么形式，这些材质在地面上都呈现出不同的审美感受及实用价值。

鹅卵石是一种常见材料，但三江侗族鼓楼地面通过卵石有序排列（见图 6 - 24），从而在地面上呈现出"方中见圆"的图案形式，通过两块卵石顺向岔开排列形成稻穗形状，这种民间审美情趣深受侗族人民的喜爱。卵石铺地有利于保持雨水易渗入的生态性及行路的防滑性。以石块铺地在广西传统村落中较普及，原因在于材料易获得且加工可粗可细，如图 6 - 25 的"三石街"形式是常见的。"三石街"两侧的石块排列整齐有利于固定界限，中间一段石材的铺设可随意，"三石街"形式古朴，工艺简单，所以得到流行。

图 6 - 24　三江高定村鼓楼鹅卵石铺地　　　图 6 - 25　朗山村"三石街"

保持自然石材是广西地面材质利用的一种特殊形式，其原因在于，自然石材的形制较独特，但放置在地面上不利于通行。为了保持石材的自然形式，村民因势利导，将人为铺设地面与自然石材有效结合，从而形成自然与人工两者结合的趣味形式，这种形式尤其受广西瑶族村民的喜爱，如金秀瑶族自治县的上古陈村、下古陈村及富川瑶族自治县的福溪村。这种形式在传统汉族村落中也有运用，如昭平黄姚古镇，以精细打磨石材铺地的形式主要运用于村落的重要部位，如村庄入口、民居入户门口、天井等，如院落天井中"四水归一"的形式主要通过加工后的石材垒砌，通过打磨、凿刻技艺将石材打造成需要的形状、大小，形成院落天井中具有风水意义的地面形式（见图 6 - 26、图 6 - 27）。

图 6 - 26 兴安水源头村院落地面石材

图 6 - 27 富川瑶族自治县福溪村河边石材形式

  另外，木结构民居中的雀替、挑手、匾额、瓜柱等，通过雕、镂、刻、绘等处理形式，在视觉上起到极强的冲击性，而这种形式，也以一种文化形式述说着村落的历史。

第三节　广西传统村落的街道景观

传统村落中街道的主要功能是交通，同时，街道也起到划分村落空间的作用，房屋与街道相互依托相互支撑，其关系是"有"与"无"的互补关系，看似是"无"的空间，其实在村落规划中起到骨架的作用，在街道形成的骨架之间决定房屋的建筑格局。因此，尽管街道是村落规划中可以留出的空间，但其审美形式的形成却是被动的，主要依附房屋、院墙、巷门等不同构筑物的外在表现而成，因此，街道景观的形式通过不同建筑风格形成各种形式。

将广西传统街道通过平面形式进行解构，其审美要素体现在以下几个方面：

（一）边缘线线形的曲率变化

传统村落的房屋、墙体、门楼高度在 2 米以上，均超过 1.7 米的视觉中心，在没有更高的形体超过这些构筑物时，构筑物与天空交界处形成天际线，这条线是视觉感知中重要的线条。视觉中心点可能落在街道消失处的墙面上，也可能落在街道终端的空间中，当审美视觉对街道自觉构成图像时，"它所展示的是有意义的、成比例的、在数的秩序中的联系"，秩序的重要因素是统一，统一性归于视觉中心线注意的平衡，正是视觉平衡将视觉停留。因此，视觉注意对传统村落的视觉秩序体现为：天际线形成—视觉中心点形成—视觉对中心点进行模糊扩散—图像形成。

通过对广西漓江流域街道做视觉处理，提取街道两侧天际线，并把天际线分为三段，视觉规律则显示为：离视觉最近的一段近乎呈直线，线段的曲率变化较小，而第二部分线段曲率较第一段变大，但第三段较第二段更大，从而出现曲率变化由近及远逐渐变大的规律性。若将三个部分线段概括性进行线段组成还原，则发现，由近及远的线段组成由长、稀疏变换为短而密集。结果表明：线条由近及远变化规律体现在边缘线曲率变化逐渐变大、中心点线条密集度大、横线条突出性高，说明街道视觉审美由近及远为由清晰至模糊，意向性审美逐渐增强，审美想象得到延展。所以，屋顶、门楼、墙檐等装饰性越复杂，视觉效果越丰富。同时也说明，传统村落的街道形式是由建筑物所决定的，即街道是建筑物形成的负形。因此，街道景观的视觉审美是建筑物形式的无意形成，却从"无"的空间审美中体现"有"的文化意象（见图 6 – 28、图 6 – 29）。

通过对以上两条街道进行解构并对比可知，两条街道在线性变化曲率上出

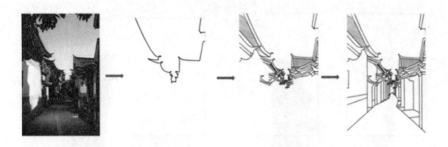

图 6 - 28　街道景观线形解析 1

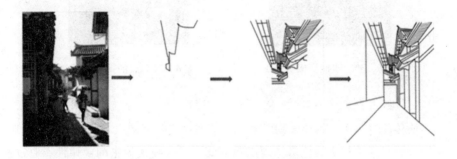

图 6 - 29　街道景观线形解析 2

现规律性相似，但在局部线条排列上存在差异，由此说明，以同一种非物质文化所发散形成的物质存在相似却不重叠的审美效果，并体现着民间造物中"一种精神、多种表现"的手法，是"同质不同样"的具体表现，这正是民间造物的精髓所在。

（二）以点与面进行概括的视觉选择

将街道景观进行黑白灰三色阶转化并做点晶状处理，画面出现天空、构筑物两个块面。天空中出现点状色阶差异较小从而形成完整面状；构筑物的点状色阶差异较大从而形成破碎面状，显示出构筑物中点的对比度加大，街道视觉中心处黑白灰色阶跳跃性大但点的排列较密集，面状呈现凌乱化，由构筑物的灰色到天空的灰色阶过渡性较模糊，并引发遐想而形成空间拓展。

构筑物边缘点的分布由近及远的变化呈现规律性，即视觉中心边缘点的分布较稀疏且以灰色系为主，因此，边缘处点的分布由近及远逐渐增多，黑白灰对比逐渐趋向弱化，而近处构成边缘线的点色阶差异小且出现急促性过渡。由"点的密集形成面"的原理，由近及远面状分布出现由大变小甚至不清晰的规律。由于视觉审美注意关注清晰处细节而忽视模糊，而审美心理想象则由模糊

展开，因此，街道景观在尽享细节之美的基础上具备想象空间的提升（见图6 -
30、图6 -31）。

图6 -30　点的聚散分析1　　　　图6 -31　点的聚散分析2

（三）街道色彩变化的审美

广西传统村落中村落构筑物所使用的基础材质多就地取材，如木材、泥坯、
石材或青砖，这些材质的色彩体现出明度变化、低纯度为主的规律性。通过视
觉选择与透视，构筑物在空间中出现大小、高矮、穿插方式的差异性，并受光
线影响，色彩出现材质在光影变化中的丰富形式。通过对色彩进行概括，则出
现色彩构成的基本效果，两大主体色彩的色度差在90度以上，对比性强烈；其
共性在于每一幅图片色彩体系构建倾向自然调和，调和手段有两个，即同色系
的色块自动调和，对比通过降低纯度达到调和目的。

（四）街道景观的感知审美

街道以一种物质形式存在，通过视觉将物象反馈至大脑，大脑进行再判断，
并出现审美结果。审美流程如图6 -32所示，审美规律表现为：视觉反映事物
形式至大脑，以反映形式真实为目的、以抽象思维为手段、兼以偏爱心理需求，
三者共同作用抽取事物共性，共性为多个形式集合体表象。对一个形式反映时
会对具有共性属性的其余形式进行联想并引发想象，对物的再现反映引发心理
活动并导致审美观念产生，由此，视觉对图片的平面审美应包括审美直感与审
美意向两个方面。

视觉对街道景观的物质进行目光捕捉、信息传达、提取与留存，这个过程
在图6 -32流程图中表现为形式共性形成之前部分，属审美直感范畴，从视觉
之初到共性形成的重要环节为抽象思维手段，视觉与大脑合力将形式进行转化，
对街道的视觉审美直感流程则表现为导向线—中心点—扩散面—街道共性提取。

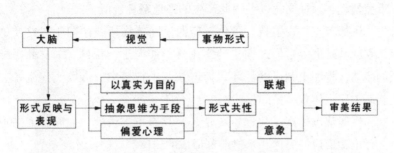

图 6-32　审美感知流程

通过对结构构成点、线、面、色的分析，街道平面视觉中由于构筑物与天空（光线明亮条件下）差异过大。交界处边缘则形成视觉导向线，两条直线交界处成视觉中心，由于中心点的模糊性，视觉自然向四周扩散，这个流程为视觉直感过程，其审美则体现在大脑对视觉的高度概括与反映。街道扩散面为这个过程中的末端，审美注重视觉中心点周边构成形式，即构筑物构成形式的滞留性。对构筑物线抽象的曲率与秩序性、块面的整体与对比、色的关注与统一将成为审美的重要因素。传统村落街道景观因其构成的审美直感较普通街道更复杂，传统村落街道视觉美感度更高。

通过对传统村落街道景观二维平面审美分析，对当代设计具有启示性，主要表现在：第一，合目的性造物是设计创新的方法之一，即首先确定造物目的，目的包含审美去向及实用主旨，其间解决材质与技艺流程，如侗族传统村落景观中桥的设计，作为通道的桥，实用目的性在于通达、遮风雨、休憩，精神审美在于风水、吉祥装饰等内核。其设计分别运用中原廊桥、亭、美人靠、佛教塔刹等元素，多元合体结果显示风雨桥具有浓郁的侗族风情。第二，统一中寻求对比与对比中寻求统一是设计者永恒的追求，如材质、色泽、块面、肌理等几个元素对比时，可以使一种元素得到强化和统一，从而使造物获得整体审美。

第四节　广西传统村落民居节点价值分析

一、价值分析

传统村落是由视觉可感知的物质文化及不能明确感知的非物质文化组成，而非物质文化受人群思想所调控。民居节点所形成的物质形式体现了人群造物技艺、审美情趣、象征文化以及由此产生的遗地精神价值。

首先，民居节点体现了技艺价值。广西民间造物形式倾向于对材质的物理性变化，在此基础上寻求形式构建的实用性，如泥土、石材、木材等搭配利用所形成的墙体，将泥土制成硬泥坯，为增强其中拉接力，可填充陶瓷片、稻壳等，土制坯工序则体现了民间技艺。

其次，民居节点体现了民间审美情趣，具有审美价值。如卵石铺贴形成的肌理、瓦片堆砌形成的墙体、木材雕刻形成的门窗等。

再次，民居节点体现了民间造物的细致性，并通过这一造物形式赋予强烈的文化象征意向，以此表达民间趋吉意向，具有民俗文化价值。如民居装饰中动植物纹饰、人物戏曲、叙事等，通过造型手段及装饰文化内涵表达民间祈愿。

最后，民居节点体现遗地精神价值，每一个节点都不是孤立存在的，各个节点通过文化共通性进行连接，体现一定地域一定时期人群的生存精神。通过对节点进行分析，可窥视蕴含其中的遗地文化精神。

二、案例分析——以富川门楼为例

门楼是指民居出入内外空间的节点所产生的具有屋顶的建筑空间。受思想文化、建造技艺影响，门楼在结构空间、材料运用、装饰纹样等方面具有多种表现形式；门楼形制展示了民居主人身份、财力、审美等人生价值倾向，在一定意义上是家庭文化对外彰显实力的媒介载体，其构建形式有重要研究价值。

富川瑶族自治县位于广西东北部，地处湖南、广西、广东三省交界处，位于萌诸、都庞两岭余脉一侧，为亚热带季风性气候，雨量充沛、空气温润，属喀斯特地形，热带岩溶地貌发育相对完美，以峰林、山岭、平地为基本自然地貌，三者呈弧形层层相套，适宜人居。自秦汉时期形成的潇贺古道将贺州与湖南道县连接，而富川则成为这一古道的重要驿站。便利的交通、良好的农耕、悠久的商贸决定了富川自古是桂东北经济繁荣之地。至今，富川保留了自明代以来的众多传统村落，包括国家级、自治区级共46个，传统村落传承保护相对完整。

通过对富川瑶族自治县传统村落实地调研，选取富川古明城、秀水村、东山村、福溪村、秀山村、深坡村、村头岗、油沐村、岔山村等传统村落中十个保存较好的、具有代表性的门楼作为研究对象，以地理分布与民族分布为视角，根据平面布局、空间结构进行分类，其遗地价值分为三类，包括精神价值、装饰价值、技艺价值。

（一）传统村落门楼的分布

1. 地理分布

从地理分布上看，选取的十个门楼主要分布于富川瑶族自治县的北部。其中六例位于朝东镇，其余在富川县城、葛坡镇、麦岭镇、古城镇各一例，这一位置是潇贺古道重要驿站，说明商贸经济对传统村落的形成具有重要作用。朝东镇的六例门楼中，两例位于福溪村，此外秀水村、岔山村、东山村、油沐村各一例。富川县城、葛坡镇、麦岭镇、古城镇的门楼分别选自古明城、深坡村、村头岗村、秀山村（如图6-33）。

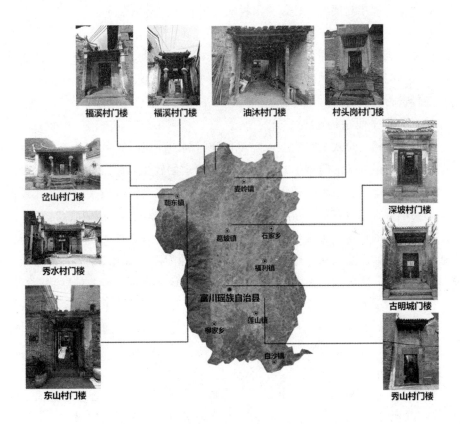

图6-33　地理分布

2. 民族分布

广西为古百越后裔，为壮族属地，自秦汉以后，来自北方的汉族开始进入广西，瑶族在隋唐时期进入广西东北部，汉族秉承中国中原传统文化本源，瑶族文化具有"沿地取风"的习俗。自汉族、瑶族进入广西东北部以后，两个族群文化逐渐融合。富川自明代以来就形成了"汉人在中央，瑶人住两旁"的瑶汉杂居的局面。在选取的十个门楼中，汉族与瑶族的门楼各五个，其中古明城、东山村、深坡村、村头岗村与秀山村为汉族村落，秀水村（两个）、福溪村、岔山村、油沐村为瑶族村落。

3. 时间分布

从时间上来看，十例门楼主要建于明代、清代及民国时期。其中明代一例，为福溪村蒋氏门楼；清代六例，为古明城蒋氏门楼、东山村何氏门楼、深坡村38号门楼、村头岗村门楼、油沐村门楼及岔山村门楼；民国时期三例，为秀水村文魁门楼、福溪村周氏门楼及秀山村胡天乐故居门楼。

4. 分类

门楼形制主要由门在门楼中的位置、材料结构所决定。门楼分类方式分为两种。根据门在门楼中的位置可以分为居前型、居中型、居后型；根据门楼的材料结构进行分类可分为以木为主、以砖为主的两种混合结构形式。

（1）根据平面布局分类

门楼最直接的形式是在墙上入院位置开门洞，并在门的上部增设"人"字形檐体。这种最简洁的门楼形式之所以在广西运用较少，原因有两点：一是广西地区高温多雨，在雨水量较大较频繁的时候，雨水会浸湿门楼底部，在顶部加檐的简单方式难以满足实际需求；二是门楼体现了家庭门户门第观念。

门楼在民俗意识中包含两层意思：第一，门楼具有通神的功能，是人与神沟通的场所，如"太公从此过，说是好安门"，而门楼空间出现的吉祥图案、文字等体现了民间对天地神灵的吉祥诉求，具有可意会不可言传的曼妙功能；第二，门楼显示了人与人沟通的方式，如"门第"观念，体现了一个家庭在人群中的位置，包括经济、政治、文化等诸多层面因素。因此，门楼往往以较大完整空间出现在院落重要位置，其方位、形式具有神秘的风水观念及民众审美的世俗观念，并出现多种样式。

门楼平面布局中门的位置不同，其功能、装饰、文化内涵都有所侧重。根据平面布局中门在门楼中所处的位置可以分为居前型、居中型与居后型。根据三种门楼类型在富川的出现频率，从高到低依次为：居前型，共有五例；居后型，共有四例；居中型，仅有一例（如图6-34）。

门在门楼中的位置稍微往内部偏移可以保护门不受到雨水的侵蚀，同时门的位置后移可以增大檐的遮盖面积，减少太阳辐射和热量进入门楼内，起到遮阴避阳的作用，因此，便出现了居前型门楼。此类型门楼最简洁朴素，而造价也相对较低，因此，这种类型的门楼便被广泛使用。东山村、福溪村、秀山村、

图 6-34 平面布局分类

深坡村的民居院落门楼属于居前型。

富川传统村落居前型门楼运用较多，在平面布局上形成外小内大的空间形式。东山村民居建于 1800 年（清代嘉庆年间），为套院式。尽管民居内部空间较大，但门楼形式简朴，门位于门楼中最前方，与墙平齐。门楼正面无装饰，形式简单，装饰部分出现在门楼内部两个柱础的四个面，这种布局体现了弱化外部空间并强化内部空间。东山村门楼居前型样式显示了耕读人家内敛含蓄的家风及对外较强的防御性。

福溪村是一个瑶族村落，门楼建于明洪武三年（1370），门楼前部分空间较小，以地势居高临下彰显门面气派。现存村落中的民居建于清末，形式规整，门楼空间同样外小内大。秀山村胡天乐故居建于 1932 年，内为套院，门位于门楼中最前方，门后加设栅栏，且门楼上部设置了两个内大外小的射击孔来增强防御性。深坡村民居建于清代道光年间，装饰丰富，门位于门楼正前方，平行于墙面，门楼外墙面较高，防御性较好。但是，在以农商兼做的传统村落中，其民居为了使商品交易更加方便，门楼的外部空间被压缩，门的位置移到正前方，最大限度满足使用功能。同样类型的还有秀水村花街大坪，这是一个典型的商品集散中心，其功能主要是为周边村落提供赶圩场所，圩市周边民居为了适应市场交易需求，门的位置前移，门楼概括成屋宇式，入户门采用一侧进门或正中进门两种模式。直到现在，这种商业型门楼仍在使用（如图 6 - 35）。

秀水村骑楼　　　　　　　　　　岔山村骑楼

图 6 - 35　商业型门楼

村头岗村、秀水村、油沐村、岔山村的门楼属于居后型。居后型将门楼空间分为外大内小的内外空间，具有开放性，多出现于人口较多或经济实力较雄厚的民居中。居后型门楼在建造时将门的位置后移，以此增大门楼外部的空间，再在门楼两侧增添一些座椅，门楼外部空间便成了居民交流休憩的空间。此外，门是房屋主人的一张脸面，对于一些经济实力较好的传统村落来说，其民居在建屋时也会将门楼中门的位置后移，使民居看上去更加气派，来彰显家庭或家族经济实力与地位。秀水村文魁门楼建于 1910 年，门楼前部面积较后端宽阔，彰显门庭。村头岗村门楼建于清朝末年，入口地势较高，门楼空间外大内小，为了增大门楼的外部空间，加大了入口墙面与门形成的角度，前部空间采用喇叭状布局。油沐村是瑶族居住的传统村落，门楼建于清光绪九年（1883），门位于门楼靠内部的最后一根檩条下方，使门楼的外部空间达到了最大化，成了村民停留休息的空间。岔山村门楼建于清朝，门楼面积较大，抬高的地势使民楼更加气派。与油沐村一样，门位于门楼靠内部的最后一根檩条下方，最大化地扩大了门楼的外部空间。

居中型门楼中门的位置处于门楼平面布局的正中央，将门楼平面布局分为内外面积相等的空间。这种类型的门楼出现频率较低，仅在富川县古明城中出现一例。富川县古明城民居群建于明洪武二十九年（1396），为军事古城，后在战乱时被毁坏，重建于清朝嘉庆年间。古明城仁义街 11 号民居门楼建于清代，距今 200 年左右。自从岭南地区融入了中华民族大家庭之后，岭南文化在中原文化的浸润下不断发生嬗变，赵佗建立南越国政权后，将中原文化带到了岭南。此外，汉代之后岭南民风民俗日渐浸润于儒家礼仪规范之中，唐代之后基本上被儒家文化所同化。传统儒家思想对民居的影响主要表现为空间布局规整、等级明确。富川县作为中原入桂的通道之一，受中原儒家文化影响较早，因此在门楼中出现了居中型。居中型门楼体现出儒家文化追求的中正、规范性。富川古明城门楼中门位于正中位置，正立面素面无装饰，空间布局规矩，内外空间严格对称，体现出建筑布局的规范性。

（2）根据结构分类

不同大小、形制、年代的门楼，采用的建筑结构不尽相同。根据门楼的结构进行分类，可以分为以木构架类和以砖石构架类两类，两个类型的门楼都采用多种材料混搭。根据富川传统村落采用的频率，由高到低依次为：木构架类，六例；砖石构架类，四例（如图 6 - 36 及表 6 - 4）。根据年代来分，明居前一例，清居前二例、居后三例、居中一例，民国居后一例、居前二例，说明门在门楼中的位置与年代关联性不大；从材质来分，明代木构架一例，清代木构架四例、砖石构架二例，民国木构架一例、砖石构架二例。说明随时代发展，砖石结构为主的门楼所占比例逐渐增大，而木结构比例逐渐变小。

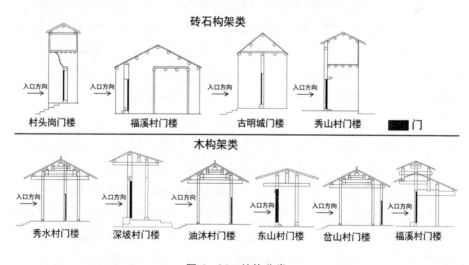

图 6 - 36　结构分类

表 6-4　十例门楼的分布与分类

编号	名称	位置	年代	民族	平面布局类型	结构类型
1	古明城蒋氏门楼	富川县城	清代	汉族	居中型	砖石构架类
2	秀水村文魁门楼	秀水村	民国	瑶族	居后型	木构架类
3	东山村何氏门楼	东山村	清代	汉族	居前型	木构架类
4	福溪村蒋氏门楼	福溪村	明代	瑶族	居前型	木构架类
5	福溪村周氏门楼	福溪村	民国	瑶族	居前型	砖石构架类
6	秀山村胡天乐故居门楼	秀山村	民国	汉族	居前型	砖石构架类
7	深坡村38号门楼	深坡村	清代	汉族	居前型	木构架类
8	村头岗村	村头岗村	清代	汉族	居后型	砖石构架类
9	油沐村门楼	油沐村	清代	瑶族	居后型	木构架类
10	岔山村门楼	岔山村	清代	瑶族	居后型	木构架类

　　岔山村、东山村、深坡村、秀水村、油沐村、福溪村蒋氏的民居门楼结构属于木构架类。木构架是指以木柱为承受顶部荷载，通过榫卯结构进行连接和固定。富川传统村落门楼的木构架主要以抬梁结构为主，抬梁结构是指在柱顶做水平铺作层，在铺作层上沿房屋进深方向架数层叠架的梁，梁逐层缩短，层间垫短柱或木块，最上层梁中间立小柱或三角撑，形成三角形屋架。相邻屋架间，在各层梁的两端和最上层梁中间小柱上架檩，檩间架椽，构成双坡顶房屋的空间骨架。房屋的屋面重量通过椽、檩、梁、柱传到基础（有铺作时，通过它传到柱上）。富川木构架门楼在空间跨度小的时候，以抬梁式结构承担门楼的全部荷载。如东山村民居门楼空间较小，门位于最外部檩条下方，门楼结构以三架梁承托三条檩条，通过四根柱子将门楼顶部的荷载传至地面。此类主要以木构架承重的结构只适用于空间跨度小的门楼，但在人口较多的村落，其门楼空间跨度大，便在抬梁式结构承受门楼的主要荷载的同时，以砖或石材砌成的山墙来辅助承受荷载。如秀水村是一个血缘宗族关系浓厚的传统村落，为了满足村民交流休憩的需要，其门楼空间跨度较大，若以传统的抬梁式结构来承担荷载，门楼空间则会出现柱子过多过密，影响门楼空间使用的现象。因此秀水村门楼以砖砌山墙来辅助承受荷载。门楼以三架梁、五架梁和七架梁来承托七根檩条，以六根柱子为主、山墙为辅将荷载传递至地面。木构架类门楼其上部空间木头之间密封性较差，有利于加快院落热空气的流动，与富川

炎热的气候相适宜。

村头岗、古明城、秀山村、福溪村周氏的门楼结构属于砖石结构类。砖石结构是指以砖或石材砌成墙体来承受荷载的门楼结构。富川传统村落砖石结构类的门楼主要以硬山搁檩结构为主。硬山搁檩是将墙顶部砌成三角形，在上部直接搁置檩条来承受屋面重量的建筑结构。如秀山村胡天乐故居门楼以砖为主要材料，门框处以石材作为基础，门楼分为两层，一层主要供居民通行，通过横向搁置于两侧墙体中的木梁分割出二层空间，使民居左右建筑相连通，同时设置射击孔，增强了门楼的防御性。顶部将檩条横置于两侧墙体中，并通过梁将檩条向外伸出形成屋檐，起到避雨的作用。砖石结构类门楼多出现于晚清、民国期间，其墙体一般较厚，能够有效地阻挡太阳辐射，保持民居内部的温度低于外部环境。

（二）传统村落门楼的遗地文化价值

富川传统村落门楼的遗地文化价值主要体现在精神价值、装饰价值与技艺价值三个方面。

1. 精神价值

富川传统村落门楼表达了人们趋吉性的精神追求。"门是人们出入的必经之地，因而也被认为是鬼怪凶邪侵入家宅的必由之路，人们认为原始住所的门户具有某种神秘的力量，对保护家人平安发挥着重要作用，因而产生了崇拜心理，并希望门户能够辟邪禳灾、保护人们的安全。"[①] 此后，门楼除了实用的功能性以外，还被赋予了精神价值。汉王充在《论衡·祭意篇》中写道："五祀，报门、户、井、灶、室中霤之功，门、户人所出入，井、灶人所饮食，中霤人所托处，五者功钧，故俱祀之。"[②] 说明门在人们心中早已是神性空间所在，人们将心中最首要的精神祈盼赋予门空间，因此，门楼凝练地表达了居住者的精神追求。富川传统村落门楼的趋吉性体现为人们希望生活趋向有利一面、避开未知而有害事物，具有趋利避害的精神祈愿。富川瑶族、汉族没有形成统一的宗教，除了自然崇拜和祖先崇拜之外，其精神主要受中国传统道家思想和儒家思想的影响。

中国在春秋时期形成道家思想，道家思想家提出"天人合一"的哲学思想，

---

① 戴欣佚. 中国民间门神崇拜源流初探 [J]. 金陵科技学院学报（社会科学版）. 2005 (12)：60 - 63.

② 四部丛书论衡卷第二十五《论衡·祭意》。按王充在《论衡·祭意》中的理解，"门、户人所出入，井、灶人所欲食，中霤人所托处，五者功钧，故俱祀之"。霤原指屋檐流水处，此处借代屋宇。

《易·文言传》中写道："夫大人者，与天地合其德，与日月合其明，与四时合其序，与鬼神合其吉凶，先天而天弗违，后天而奉天时。"明确表述了天人合一的路径和原则。天人合一是中国古代哲学的重要思想，是中国传统文化的核心理念。富川传统民居门楼通过在门簪处雕刻天地符号来表达人们对天人合一精神的美好追求，在精神诉求上表现为与自然和谐相处。道家思想体系中的八卦符号是一套形而上的哲学符号。八卦中"乾"为纯阳之卦，代表"天"；"坤"为纯阴之卦，代表"地"。富川门楼正立面装饰的首要部位是门簪，在门簪处雕刻八卦符号"☰"与"☷"来代表天和地，即天地万物，由此表现人对天地的尊重，祈愿天地之神保佑及对天、地、人和谐统一的趋吉性精神追求。

儒道互补是广西民居构建的思想基础，富川传统村落门楼对儒家思想也有较多体现。东山村胡天乐故居门楼在石制门框上刻有"入孝出悌""用行舍藏"以及"自求多福"的警句以警示后人。"入孝出悌"出自《论语·学而》："子曰：'弟子入则孝，出则悌。'"意为回家要孝顺父母，外出要敬爱兄长。"用行舍藏"出自《论语·述而》"用之则行，舍之则藏，唯我与尔有是夫"，表达了被任用就出仕的情感。"自求多福"出自《诗经·大雅·文王》，意为人要常思虑自己的行为是否合乎天理，以求美好的幸福生活。这些对于美好的凤愿与儒家核心思想"仁"与"礼"相符合，反映了富川先人耕读传家的儒家传统思想。

富川地区受传统道家思想和儒家思想的影响较深，儒道文化互补在富川传统村落门楼中的体现，说明富川居民对中国传统文化有良好传承，这种趋吉性精神诉求具有正向性。

2. 装饰价值

装饰出现在富川传统村落门楼空间并不是面面俱到，主要出现在立面及顶部。当门楼空间较小时，装饰集中在立面的门当、门槛、户对、墀头等部位，当空间较大时，装饰集中于柱础、门当、门槛、户对、墙面、墀头、门楣等部位，从装饰出现频率分析，门楼正立面居多，其次为侧立面、屋顶内部。

正立面的装饰主要出现在门当、门槛、户对、墀头、门楣五个部位。从出现的频率来看，由强至弱的排序为：户对—门当—门槛—墀头—门楣。户对纹饰"☰"与"☷"符号出现频率最高。门当装饰以独立纹样、组合纹样的图案为主。独立纹样为几何纹、动物纹、植物纹，但周边都有边缘轮廓纹样或角隅纹样；组合纹样采用多种植物或动物组合而成，四周依然有边缘轮廓纹，其中荷花与鹤、梅花与喜鹊、凤与太阳组合较多，体现了和合二仙（夫妻和睦）、喜上眉梢、丹凤朝阳等民俗吉祥寓意。门槛装饰以几何纹图案为主，如村头岗村的折带纹、铜钱纹、花卉纹等，雕刻以阴刻为主，形式简单。墀头的装饰较简单，以花鸟、植物纹为主，其中梅花、牡丹、宝相、喜鹊较多。门楣装饰主要出现在民国时期，以文字、绘画为主，文字可以为一句或一段话，体现励志、诗书等文人精神，绘画以灰塑形式出现，以农耕、读书、入仕为题材形成一幅图画。门楼装饰纹样分为符号、图案、文字三类，按照出现频率从强到弱表现为符号—图案—文字。图案与装饰部位的对应关系为：户对—符号、门当—图案、门槛—图案、墀头—图案、门楣—文字、绘画（如图6–37）。

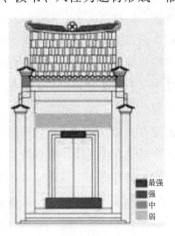

图6–37 装饰重要性秩序

符号是最简单的图形，具有指代意义并有较强概括性。富川传统村落门楼户对"☰"与"☷"符号是门楼装饰的精神核心，旨在表达世界由"天""地""人"三者构成，寓意天地万物和谐共生，体现民间审美理想的基本诉求为天地对人的庇护，装饰符号从宏观层面表达人们对美好生活的祈愿，但并不具体指向祈愿细节（如图6–38）。

东山村户对

深坡村户对

图6–38 符号型装饰

门楼图案装饰主要位于门楼的底部，如门当、门槛、柱础等部位，其重要性仅次于户对，纹饰有明暗八仙、植物纹、动物纹等。秀水村门楼底部装饰集中于门当处，该门当左右各一个，上部为圆形，下部为矩形，中间以云纹和海波纹衔接，下部一侧以云纹为底纹，刻有明八仙浮雕，中间分隔以竹节纹饰，背后雕刻有宝相花，侧面为对称的骏马与猴子组合纹饰。八仙是指汉钟离、吕洞宾、铁拐李、曹国舅、何仙姑、韩湘子、张果老和蓝采和八位仙人，在中国民间广为流传，被认为是代表吉祥的神仙。明八仙指雕刻八位神仙的人物形象，暗八仙则是指八位仙人手持的法器，分别为扇子、宝剑、葫芦、拐杖、阴阳板、花篮、渔鼓、笛子、荷花。八仙纹饰体现的道家神性文化是民间祈福夙愿的明确指向。道儒互补是门楼装饰精神的重要表现，儒家文化主要以多种纹饰组合进行表现，如将马与猴组合在一起，通过"猴"与"侯"的谐音，直意为猴子骑于马上，寓意为"马上封侯"，含有读书与仕途的关系；荷花与两只鹤组合在一起，"荷"与"和"，"鹤"与"合"同音，组合起来象征着"和合二仙"，寓意着夫妻家庭生活和美团圆；喜鹊与梅花组合在一起，"梅"与"眉"同音，以喜鹊喻喜庆之事，寓意着"喜上眉梢"的吉祥含义。图案装饰以道家和儒家思想为精神内核，以神仙或图案隐喻的形式，表达人们对民间"五福"即福、禄、寿、喜、财的追求。其含义较符号更具体，在中观层面含蓄地表达民间对福、禄、寿、喜、财"五福"的具体追求（如图6-39）。

文字性装饰出现于民国时期，频率低于符号与图案，主要以一句或一段话的形式装饰门楼的门楣处。如福溪村民居门楼门楣写有"居之民安"的装饰，寓意着平安与安定。秀山村胡天乐故居门楼门楣处装饰有"自求多福"的文字，寓意要常反思自己的行为，以求美好的幸福生活。文字性装饰通过直白表述，在微观层面表述民间对诗书、耕作、仕途等具体民俗追求（如图6-40）。

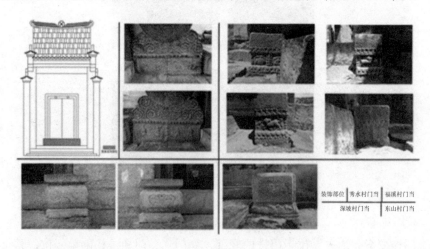

装饰部位　秀水村门当　福溪村门当
深坡村门当　东山村门当

图6-39　图案型装饰

总之，富川传统村落门楼装饰出现在立面及顶部，以正立面为主要部位，

图 6-40　文字型装饰

其次为侧立面、顶面。装饰部位集中于柱础、门当、门槛、户对、墙面、墀头、门楣等部位。受道家与儒家思想的影响，门楼以符号、图案、文字三种形式，从宏观、中观、微观三个层面全方位解读民俗吉愿，具有人性与神性双重属性。

　　3. 技艺价值

　　富川传统村落门楼经历了数百年的风雨仍可以使用，离不开门楼精确的技艺及做工精良的组件，这些技艺展示了民间工匠的智慧。为了将门楼观感在视觉上进行强化，广西门楼的特色技艺主要表现在两个方面：第一，远观效果技艺注重重檐与马头墙处理；第二，近观效果注重雕刻装饰性。

　　重檐是广西壮、侗、瑶等少数民族干栏式建筑的特色之一，富川瑶族传统村落门楼也采用重檐的形式来增强门楼的气势。重檐式门楼现仅存有福溪蒋氏门楼一例，蒋氏门楼采用干栏式建筑杠杆原理，由两根木柱组成一个面，顶部做"人"字形屋顶，通过立柱上部的椽子及辅助柱承受屋顶荷载，从理论上讲，这种结构可以支撑一个门楼形式，但在台风、地震等不确定性因素下，这种构造难以支撑较长时间，因此，在门楼内侧用四根立柱组成一个空间，内部空间与门楼立柱相交接，并且所有立柱直接放在柱础上，以此形成门楼立柱与内部空间的力学制衡，起到稳固作用。顶部出现两个层面的屋顶，从而出现两层檐。重檐、密檐是广西少数民族干栏式建筑常用的形式，如侗寨民居构成。侗寨干栏式建筑上大下小的"倒三角"形式也是在杠杆原理下的建筑体现。同时，建于明万历元年（1573）的广西容县真武阁的建筑构成也体现了杠杆学原理。真武阁与福溪蒋氏门楼处于同一时代，说明在同一时期同一地区这种构造形式具有广泛流传性，但这种技艺现在已较少运用，因此，蒋氏门楼具有重要研究价值。

　　马头墙主要流行于徽派建筑及湘赣建筑中，并在明清后在广西流行。马头墙又称风火墙，指高于山墙屋面的墙垣，火灾时能够有效地阻隔火势。富川传统村落巷道狭窄，民居之间的间距小，建筑密度较大，一旦发生火灾容易造成牵连，因此，这一形式被广泛利用。马头墙根据坐斗上的不同构件可以分为三种形式：坐吻式、鹊尾式和印斗式。富川传统村落门楼的马头墙为鹊尾式，形式简单，以坐斗上砌一块形似鹊尾的构件得名，且多为二档或三档。每一档砌三层拔檐，每一层拔檐向外出挑一寸左右，在拔檐的两面覆盖滴水和瓦当，有利于将雨水伸出墙外，防止墙体受雨水的冲刷。做完三层拔檐盖上瓦之后，用小青瓦砌脊即可。富川门楼的风火墙建造无固定的模式，档的数量、档的高度、档的长度不定，具有自由性及随意性。马头墙在视觉上打破了门楼屋脊轮廓线的单调，增加了门楼的气势，具有实用功能与装饰意义（见图6-41）。

　　福溪村马头墙　　　　　　古明城马头墙

图6-41　马头墙示意图

　　为增强门楼近观视觉性，门楼强化石雕、木雕装饰及砖墙效果。石雕主要运用于柱础、门当以及门槛等石制门楼构件上。雕刻手法有线雕、浮雕、平雕及圆雕等。富川传统村落门楼采用的石雕技艺主要为浮雕与平雕的手法。东山村民居门楼柱础采用的就是浮雕中的高浮雕雕刻手法，雕刻有荷花、菊花、牡丹等花卉图案。图案中心的花卉图案雕刻较深，周围的花卉底纹雕刻较浅，产生了深浅的层次与空间感。深坡村民居门楼柱础采用了浅浮雕手法，柱础以青石为材料，雕琢去掉的部分色浅，浮凸于石面的图案部分打磨之后色深，一浅一深，对比强烈，运用最简单的方法达到了最强烈的效果，体现了工匠的高超技艺（如图6-42）。广西盛产杉木，其耐腐蚀，抗虫蛀，为富川木雕匠人发挥高超技艺提供了用武之地。木雕可以分为圆雕、线雕、隐雕、剔雕和透雕五种，明清时期木雕工艺进一步发展，创造出了贴雕和嵌雕技法。深坡村户对以深雕的手法雕刻天地符号，符号凸于木雕平面。秀水村户对以镂空雕的手法雕刻"福"与"禄"，同时将龙凤与文字结合，以凸显装饰效果。门楼装饰通过材质、技艺、色彩等多种手段进行对比，从而使相似性装饰出现"同质不同样"的艺术效果。

图 6 – 42　石雕示意图

　　门楼墙面则多选择砖作为材料，砖最早出现于战国时期，但多用于地下建筑。至唐宋以后，砖开始运用于地面建筑。《营造法式》中规定"砖墙"和"砖隔墙"两种做法，此后，砖成了最常用的墙体材料。砖多在民间土窑作坊烧制，通过还原焰与氧化焰两种烧制方式得到青砖、红砖两种色彩。明代、清代主要运用青灰砖，清代晚期至民国时期运用红色砖。砖与砖层层累叠之后，以草木灰加石灰膏拌匀之后勾缝，砖缝细小，出现通体一色的清水墙，色彩质朴，也有在墙面饰以白灰，白灰粉饰墙面有两个作用，一是增强观感，二是保护墙体，有些门楼历经多年，可以看到经过多次粉饰痕迹，如秀水村、福溪村等民居门楼。

　　门楼作为中国传统民居的重要组成成分，生动体现了中国的传统文化，具有较高历史、技艺、艺术价值。本节从十例门楼的分布、分类和遗地价值进行了综合分析。从分布上来看，十座门楼主要分布在富川瑶族自治县北部，汉族与瑶族两个族群的门楼各占一半。研究结果表明：

　　（1）门楼根据平面布局、材料结构进行分类具有多种样式。根据平面布局可分三类：居前型、居中型、居后型。三种类型贯穿自明代至今所有时间段，因此，三种类型与建造年代关联不大，但三种类型在功能与人文上具有差异性。居前型门楼造价较低，朴素简单；居中型门楼受儒家文化影响较深，空间布局规矩，有明显的对称性，体现出强烈的儒家秩序性；居后型门楼具有开放性，多出现于人口较多的传统村落或经济实力较雄厚的村落中，成为居民的休憩空间，以开阔空间彰显门庭。门楼根据建筑结构可分为以木构架和砖石构架两类，两个类型的共同点在于都运用多种材料混合使用，但木构架比砖石构架出现年代要早，说明广西传统干栏式建筑逐渐受到汉族砖石建筑影响并逐渐转换。

（2）门楼装饰纹饰表达有一定秩序性，并显示着家庭生命观。纹饰装饰部位出现在门楼空间中正立面、侧立面、顶面三个部位，以正立面装饰为主要部位，正立面主要显示在五个部位，根据装饰频率出现强弱，其秩序性表现为户对—门槛—门当—墀头—门楣。五个部位出现的装饰纹样分别为户对—符号、门槛—图案、门当—图案、墀头—图案、门楣—文字、绘画；装饰纹样重要性秩序为：符号—图案—文字。符号、图案、文字的排列顺序体现了民俗信仰从宏观到微观的表达秩序，符号以其简练概括的表达宏观概述了人对天地崇拜及人与自然的关系理解，图案纹饰通过独立纹饰与纹饰组合主要表达了民间对"五福"的细化追求，而绘画与文字最直接地表述了民俗追求。门楼装饰通过三个层面的表现较全面地概括了民间对自然与人生的关系思辨。

（3）门楼的视觉效果通过强化远观与近观两个层面来表达，远观的特色技艺表现在重檐与马头墙运用，重檐不仅表现了广西地域特色，其杠杆式原理建造技艺至今已成为经典。马头墙是中国南方常用的形式，广西门楼对码头墙的运用显示了特色性，体现在形式自由、构造灵活，以尺度小、层次丰富强化门楼效果；近观效果通过多种雕刻形式营造，通过肌理对比、纹饰变化、色彩强化等手段达到艺术效果，从而增强审美情趣性。

本章小结

本章主要对广西传统村落人居空间中的民居建筑及街道景观进行分析。通过分析，认为广西传统村落的建筑品质体现在构造技艺的合目的性，文化性体现在每一个方面，包括从整体宏观到细节处理。建筑在保证整体的前提下，建筑附件复杂多样，这些附件不仅对建筑荷载起到附加性作用，也对人文精神进行了全面表现，技术娴熟且文化内涵深刻，以约定俗成的方式被认可与传承。

第七章

广西传统村落分布及调查点现状调查

第一节 广西传统村落分布

以广西传统村落名录为基础数据，用 ArcGIS 10.5 对其分布进行分析。广西共有 14 个地区，每个地区列入广西省级传统村落名录的数量分别是：南宁 28、柳州 64、桂林 260、梧州 20、北海 11、防城 7、钦州 13、贵港 16、玉林 55、百色 16、贺州 83、河池 25、来宾 41、崇左 15，共计 654 个。

广西传统村落入选国家级传统村落名录的共有 162 个，分别是：南宁 4、柳州 15、防城 1、钦州 4、玉林 6、百色 3、贺州 32、河池 3、来宾 2、崇左 2、梧州 1、北海 2、桂林 87。

一、空间分布类型

本研究收集的广西传统村落数据信息，主要来源于国家级、省级官方公布的权威数据。第一，由住房和城乡建设部、文化部和财政部于 2012 年 12 月 17 日和 2013 年 9 月 6 日先后公布的第一批和第二批中国传统村落名录。第二，建设部和国家文物局公布的中国历史文化名村名单（共五批）。第三，广西官方公布的省级历史文化名村共 654 个。将以上数据，通过合并重复的村落，整理得到广西传统村落数据。

从宏观上看，传统村落属于点状要素。通常点状要素的空间分布类型有均匀、随机和凝聚三种空间分布类型，可用最邻近点指数进行判别。最邻近点指数表示点状事物的空间分布特征，是表示点状事物的相互邻近程度的地理指标。最邻近点指数 R 定义为实际最邻近距离与理论最邻近距离之比的地理指标。其公式为：

$$R = \frac{r_1}{r_E} = 2\sqrt{D}$$

r_1 为实际最邻近距离；r_E 为理论最邻近距离；D 为点密度。当 $R = 1$ 时，说明点状分布为随机型；当 $R > 1$ 时，点状要素趋于均匀分布；当 $R < 1$ 时，点状要素趋于凝聚分布。

利用 ArcGIS 10.5 的空间统计工具中的计算近邻点距离进行运算，结果如下：$r_1 = 12688$ 米，$r_E = 17024$ 米；$R = r_1/r_E = 0.75$，即实际最邻近距离均值与理论最邻近距离均值之比 $R = 0.75 < 1$，因此，广西传统古村落趋于凝聚分布。

二、空间分布均衡性

（一）集中程度分析

地理集中指数是研究传统村落集中程度的重要指标。用公式表示为：

$$G = 100 \times \sqrt{\sum_{i=1}^{n} \left(\frac{X_i}{T} \right)^2}$$

式中：G 为景区的地理集中指数；X_i 为第 i 个市区景区数量；T 为景区总数；n 为市区总数。G 取值在 $0 \sim 100$，G 值越大，景区分布越集中；G 值越小，则分布越分散。

由表 7-1 可得，传统村落总数 $T = 205$，市总数 $n = 14$。通过 Excel 计算，得到广西古村落的地理集中指数 $G = 38.39$。假设 205 个传统村落平均分布在各市州内，即每个市州的传统村落数量为 205/14 = 14.64，则地理集中指数 $G = 14.64$，38.39 远远大于 14.64，因此，表明从市尺度来看，古村落的分布较为集中，主要集中在桂林、贺州、玉林、柳州和来宾。

表 7-1　广西古村落分布统计

市	百色	河池	桂林	南宁	柳州	来宾	玉林	梧州	贺州	钦州	贵港	防城港	北海
古村落数量	8	9	61	7	17	15	24	11	31	6	6	4	4

（二）均衡程度分析

根据广西 14 个地市各方面差异，将广西分为桂北、桂南、桂中、桂东、桂西五大地理区域。桂北包括桂林市；桂南包括南宁、崇左、北海、钦州和防城港；桂中包括柳州和来宾；桂东包括贺州、梧州、玉林和贵港；桂西包括百色和河池。统计表明，广西古村落空间分布呈现明显差异，主要分布于桂北和桂东地区。广西古村落在五大地理区域中的具体数量统计见表 7-2。

表7-2　广西各区域古村落统计

区域	地级市	总数	比重%	排位
桂北	桂林	61	29.8	1
合计		61	29.8	
桂西	百色	8	3.9	8
	河池	9	4.4	7
合计		17	8.3	
桂中	柳州	17	8.3	4
	来宾	15	7.3	5
合计		32	15.6	
桂东	贺州	31	15.1	2
	梧州	11	5.4	6
	玉林	24	11.7	3
	贵港	6	2.9	10
合计		72	35.1	
桂南	南宁	7	3.4	9
	崇左	2	1	14
	北海	4	2	12
	钦州	6	2.9	10
	防城港	4	2	12
合计		23	11.2	

不平衡指数反映了研究对象在不同区域内分布的均衡程度。其公式为：

$$S = \frac{\sum\limits_{i=1}^{n} Y_i - 50(n+1)}{100n - 50(n+1)}$$

式中：n 为区域的个数；Y_i 为各区域内某一研究对象在总区域内所占比重从大到小排序后第 i 位的累计百分比。不平衡指数 S 介于 0 和 1 之间，如果研究对象平均分布在各区域中，则 $S=0$；若研究对象全部集中在一个区域中，则 $S=1$。利用 Excel 计算不平衡指数，衡量广西古村落在各地市中分布均衡状况，其不平衡指数 $S=0.36$，表明古村落在全区的分布不均衡。根据做出的古村落在各地市分布的洛伦兹曲线（图 7-1），可以看出，广西的古村落主要分布在桂林、贺州、玉林、柳州、来宾和梧州 6 市，其传统村落数量接近全省的 80%。

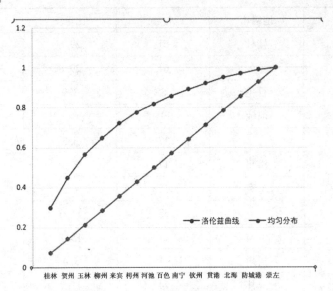

图7-1　广西古村落分布洛伦兹曲线

　　综合以上数据，可以看出古村落的分布呈现如下特点：古村落最集中的地区为桂东地区，占总量的 35.1%；其次是桂北地区，占总量的 29.8%；桂中地区古村落的数量占总量的 15.6%，所占比重也较大；桂南和桂西地区古村落的数量较少，其中桂南为 11.2%，桂东为 8.3%。

三、市域分布特征

　　在 ArcGIS 10.5 中利用 Quantities 进行可视化处理，最后得出广西传统村落市域分布状况，传统村落在各地市的分布不均衡。其中，桂北最为集中，此外，贺州、玉林、柳州、梧州等市也较为明显。因此，传统村落的空间分布特征为：漓江流域传统村落数量较多，由北至南逐渐减少。

四、空间分布聚集区域分析

　　空间聚集区域分析，多采用分布密度来测量。在 ArcGIS 10.5 中的空间分析工具中，采用核密度估计法。核密度估计法认为地理事件可以发生在任何空间位置上，但是在不同位置上，发生的概率不一样。点越密集的区域，发生地理事件的概率越高，反之越低。本研究运用 ArcGIS 10.5 软件 Spatial Analyst 中集成的 Kernel Density 工具对 205 个传统村落进行核密度分析，生成广西传统村落的核密度分布格局。

广西传统村落的核密度分布格局中，广西壮族自治区传统村落分布形成 3 个高密度地区：第一个是桂林、贺州地区，第二个是柳州北部，第三个是玉林地区。桂林贺州还有柳州北部地区多山区，并且都是有名的旅游地区，人为地把古村落保留下来的可能性较大，玉林地区有较大的山脉，这些山脉使得交通发展相对落后，从而阻碍了玉林的发展，社会经济的发展也受到限制。但在一定程度上保护了传统村落，使传统村落受外界的影响较小，有利于长期以来传统村落的形成和发展，为传统村落完整保存提供了基础。除了上述三大高密度区外，密度较高的地区还有来宾、南宁等次级核心区。

五、传统村落分布影响因素分析

（一）地形因素

利用 ArcGIS 10.5 将广西传统村落空间分布图与数字高程模型图进行叠加，可知广西传统村落主要分布在北部、东北部和东南部山区。海拔大都在 500 ~ 1200 米。这些地区环境相对独立，形成了相对险要的地形。环境独立、地形险要使外界对传统村落的影响较小，干扰较少，为传统村落的形成和发展提供了重要的基础。传统村落在险要的地形条件下，能形成各自的特点，尤其能形成具有地方特色的风俗文化，并在历史的长河中较完整地保存下来。

（二）人群文化因素

漓江流域是北方汉族最早进入的地方，同时，桂林作为广西首府历时较长，传统村落较多；广西东部临近广东与湖南的地方在明清时期有大量移民进入，主要从事商业及农耕，经济实力较好。桂江、北流江、南流江一带也是传统村落较密集地区，这是由于汉族人群经济与文化势能较高所决定的。另外，在广西与贵州交接地带，具有浓郁少数民族风情的传统村落也保留较多。

通过广西传统村落布局分析，集中区域为东部沿河一带，并且显示出自北而南逐渐稀疏的趋势，另外在广西西部也有零星分析，因此，在整体上出现东北西南走向。根据这一分布规律及具有民族特征的村落进行叠加筛选，共选取具有特色的调查点 54 个，并选取较有代表性的村落进行调研梳理。典型性村落调查点选取标准有三个：第一，具有地域人群来源的文化特色性；第二，从宏观选址至微观装饰具有文化完整性；第三，村落构建形式有显著代表性。根据这一原则，在广西 14 个地区共选取了 54 个调查点，通过两年时间调研，对其现状做基本描述与分析。根据方位将广西分为东西南北四个区域，分别为桂西北、桂东北、桂东南、桂西南。根据课题研究需要，将地理与行政区区位叠加，因此，本课题研究的四部分分别是：桂东北包括桂林、贺州、来宾，桂西北为柳州、河池、百色，桂东南为玉林、贵港、梧州，桂西南为南宁、崇左、钦州、防城港、北海。

<h2 style="text-align:center">第二节　广西传统村落保护现状调查</h2>

从区位分析，列入广西传统村落名录的村落在全省的布局规律显示，桂林、贺州、柳州入选数量相对最多，将入选国家与省级两个层次的数量进行比对，规律性相似，并呈现出从桂东北至桂西南逐渐递减的规律。

一、村落调研

调研方法：项目团队成员分组，每组 2~3 人，团队成员采用交流录音、视频拍摄、照片拍摄、速写、记录等方式到指定村落进行走访考察。

设备：相机、无人机、纸、笔、红外线测距仪。

二、调查点选择

调查点主要选择在传统村落密集区、具有民族特征、具有文化代表性的村落，共选择调研点 54 个，涵盖所有行政区域，现将 54 个调研点中有代表性的村落进行调研描述。描述内容包括村落概况、景观结构、民居形式、保护状况。

（一）桂林大圩古镇

1. 村落概况

大圩古镇是广西四大古镇之一，在历史上占有重要的地位，立市于宋代，繁荣于明清，至民国中期达到鼎盛。新中国成立后随着铁路、公路等现代交通的发展，古镇开始衰落。大圩古镇作为一个古代经商的古商业街，有着与漓江边上其他农业村落不同的特点。

古镇依漓江而建，漓江是货物运送至别地的重要渠道，因此古镇内部道路布局呈"一"字（见图 7-2），商铺紧靠主干道两边面对面建成，商铺大小基本相同，有个别较大（应为当时比较有钱的商铺）。商铺与商铺间排列紧密，基本只有一墙之隔，但几间并排商铺后总有一条分岔路口通向漓江边（方便取水、用水、运送货物）。古镇紧密排列的形式以及街道的布局形式应是受到了汉族院落组织形式及瑶族"筒子楼"建筑影响。

图7-2　大圩古镇空间布局节点分析

2. 景观结构

大圩古镇建于漓江之滨，以商业立镇。水景观与人居景观是其景观全部内容。从明清以来，大圩古镇以街道为骨架形成商业贸易景观。围绕街道延展，共有八条商业街，分别是老圩街（生产上街）、塘坊街（民主街）、鼓楼街（解放街）、地灵街（生产下街）、建设街、兴隆街（光明街）、隆安街（光明街）、福星街、泗瀛街（东方街）。街道是人流、物质流的主要通道，从街道至漓江边交通便捷。为使商品贸易走向更远的地方，漓江成为商品流通的重要渠道，由此，大圩古镇漓江边有供货物集散的码头共13个。古镇空间格局中，景观节点除了有精神功能外，也具有娱乐及休闲功能，如寺庙、会馆、雨亭、桥梁、凉亭等。至民国后期，现代交通工具逐渐发达，至今，交通运输中水运形式已逐渐失去优势，大圩古镇作为具有交通枢纽中心地位的功能已不复存在，其商业交流功能逐渐被其他的场所所替代。

传统的大圩古镇以水运为主，人居空间结构以漓江为平行线构建主街道，两侧民居沿街道而建，以关帝庙和万寿宫构成中心景观节点，以汉皇庙、万寿桥形成东部中心，以雨亭湖南会馆构成节点、桂海铁路节点和清真寺节点形成西部节点中心，整个街道空间呈不规则的梳型空间。通过会馆、圩场、商铺、街道、码头、桥梁、寺庙、雨亭等节点与建筑遥相呼应，从而形成高低错落、形式各异的丰富空间层次，也丰富了街道景观和居民的日常生活（见图7-3、图7-4）。

图7-3　大圩古镇泗瀛街上的太平门　　　图7-4　大圩古镇石板街

3. 民居形式

大圩古镇是院落式民居，镇中的民居建筑南低北高，临江依山而建，多为三进、四进式院落，外通码头、巷道，内通商业古街。其形式有以下几个特点：第一，以木材和石块为主要建筑材料，从下到上用石块筑台，圆木作构架，材料由粗而细、由重而轻；第二，由于古镇位于坡地，为了不占耕地，当地居民向山向水争取居住空间；第三，大多民居建筑均临沿坡而筑，五里长街沿江而下，自北向南形成两侧居民群落；第四，大圩古镇传统民居小巧、灵活、多变、质朴、实用；第五，因古镇街市狭窄，铺面不大，于是居民向纵深发展，常有三到四进院落，形成前厅后房或者前店后室，院落前街后河且狭窄重进深，以筒子屋居多。

每栋房子集商、住于一身，均由门口、正房、连廊、天井、厢房、后院、后门组成。正房、厢房的门窗上都雕有纹饰，正房后有门可到后院，后院临江并建厨房和厕所，有石阶可到江边取水、洗衣。

"天井"实际上是设想四面围墙围住的空间，但大圩古镇的"天井"是由房屋与墙围合而成，一般横长4~5米，大于正房明间，纵宽1.4米左右，小于厢房。天井又称作"聚财屋"，也为"四水归堂"，民间认为这样就能使得四方之财源源不断地集中到家里且不会流走，有聚集财气的意思（见图7-5）。

在大圩古镇中有的大户人家中有廊，能够通行、遮阳、防雨、休憩等。可以是在屋檐下，也可以是在房屋内，或是在独立区域内，檐下的廊衔接室内外，起到了一种过渡作用，是表达建筑造型虚实变化的重要手段，围合庭院的是回廊，对庭院的空间开合动静形成不同效果（见图7-6、见图7-7）。

图 7 - 5 大圩古镇院落内景

图 7 - 6 大圩古镇院落内的廊 图 7 - 7 大圩古镇院落内以美人靠的栏杆

　　檐：临街商铺的檐为 50 ~ 70 厘米，主要目的是为了排水防潮，多为两根平行的杉木来支撑（见图 7 - 8）。

　　门窗：门窗上装饰较为繁复，多取吉祥的寓意（见图 7 - 9）。

　　建筑及装饰：大圩古镇建筑采用合院形制，多以套院为主，尽管其形式与其他套院村落形式相似，但其功能有所差异，主要体现在院落具有居住及商业交流双重功能，前店后院，后院可以居住也可以生产。民居多为两层，为节约空间，面阔较小，内部空间严谨精致。建筑一般采用穿斗式结构，青砖为墙，青瓦覆面，为采光需要，陡坡深檐的民居房顶设玻璃瓦采光。

图7-8　大圩古镇建筑的檐

图7-9　大圩古镇门上的木雕

　　由于大多空间运用木结构，木雕是民居基本的装饰形式，从木雕形式来看，大圩古镇木雕装饰纹样具有桂北传统民居的共性，但与以农耕为主的院落相比，其形式相对要少一些，而具有商业象征功能的装饰纹样运用则多一些。因相邻两户共用一个砖墙，木隔墙与屋顶间留有空隙，房屋通风好（见图7-10）。

图7-10　大圩古镇建设街31号廖忠源宅内景

4. 保护状况与问题分析

　　大圩古镇目前在木结构建筑中夹杂着许多改造的现代建筑，而且由于原住民的搬离，大部分房屋呈废弃状态。大圩古镇的景观优势包括：首先，大圩古镇作为传统商业古镇，不仅名气较大，而且建筑特色明显，文化底蕴深厚，村落景观保存相对完整，尤其是其景观节点如寺庙、万寿桥等极具观赏价值；其次，大圩古镇临江而建，自然风光较好，远山近水、奇峰耸立、人为破坏较少，适宜居住和旅游；最后，大圩古镇农业资源较为集中，乡村旅游资源各具特色。

然而在旅游资源充足的广西，桂林象山、阳朔西街、黄姚古镇已经成为广西旅游的代名词，而今天的大圩古镇则在历史的前进和发展中失去了往日的辉煌，逐渐被世人所淡忘（见图7-11）。

图7-11 大圩古镇曾经繁华的店铺门面荒废

第一，沿江而建的古镇为旅游开发提供了优良的自然景观条件，但是，大圩古镇的水岸却呈未开发状态；第二，大圩古镇的"一"字形布局有利于行人走路，但同时"一"字形布局在增加游客游览时间上存在短板。目前，大圩古镇只剩下短短几百米主街，古建筑大部分呈废弃状态或受到了商业破坏，急需保护；第三，大圩古镇历史上是一个码头文化的古镇，曾有13个大大小小的码头，如今大部分码头呈遗弃状态，只有鼓楼码头承担着连接大圩古镇与毛洲岛的船只；第四，由于古镇原住民的搬出，外地人渐渐经营古镇商业，商品的同质化十分明显，而且商品档次低劣，没有反映出当地的特色；第五，大圩古镇的特色小吃为鱼虾蟹等河产品，以及姜糖、凉粉等手工小吃，多为小摊小贩，缺乏管理；第六，大圩古镇目前的旅游形式为逛古镇与游漓江，旅游形式单一，未能吸引各个年龄层的游客。

大圩古镇目前在木结构建筑中夹杂着许多改造的现代建筑，而且由于原住民的搬走，大部分房屋呈废弃状态，破坏了大圩古镇前店后院的建筑符号，大大降低了旅游景观的吸引力。

作为一个旅游型古镇，通过调查产生以下问题：第一，旅游景点数量较少，规模小且分散；第二，基础设施不够完善；第三，宣传促销力度不够，知名度不高；第四，对大圩古镇保护不当，损毁严重。

保护发展策略：第一，加大大圩古镇的基础设施建设，打造精品古镇，振兴古镇旅游业；第二，加大古镇的宣传力度，打造精品旅游路线，提升大圩知名度；第三，打造精品农家乐，开发旅游新景点；第四，对传统的古建筑进行一定的"挂牌保护"。

（二）水源头村

1. 村落概况

水源头村地处湘江源头兴安县东南部白石乡境内，距离兴安县 23 千米。在唐末天佑年间战乱中，始祖秦德裕从山东青州（传说）移居至此已有 1000 多年历史。由于水源头居民都姓秦，又被称作秦家大院。

水源头村选址独特，村落四周群山环抱，被群山包围，由进村口西北方向顺时针顺序，山的名字依次是"宝塔山""太子山""麒麟山""乌龟山""青龙山"。山的名字表达了村民的民俗愿望，即坐落此地时想要皇恩庇护、期盼子孙后代能出人头地并且希望村民长寿。村口有黄柳芽树，树下有写着"水源头村"的村碑。村公路旁有较多的银杏树，年代久远已经长成参天大树，说明当时该村选址具有浓郁的风水意识。

2. 景观结构

村落的水口相当于村落的门户，既包括入水口也包括出水口。在农耕社会，水口不仅象征着整个村落的门面，而且在一定程度上反映了村落居民的精神内涵。

水源头村水口入口处为鸳井、鸯井以及两井中间由来自湘江源的一支水流汇合而成，来势较为开阔，水口出口处在出村后龙山与钟山山脉成交汇之势的金盆桥处，后龙山与钟山在此形成收势，俨如山谷的隘口，水源头村的出水口选择在此，符合风水说主张的"去口宜关闭紧密""门闭财用不竭"的说法。长流不断的溪河自东南而下，到这里正好遇到南北两面向此呈收势的山谷，穿越金盆桥出村而去。在农耕社会里，风水理论认为水这个财富要在村中留住，除了充分利用自然地形，还相应地采取修筑堤坝、种植树木、开挖水池等方法来留住水这笔财富或者在水口处修建桥、台、楼、亭以形成锁住水口之势。（水源头村景观节点见图 7 - 12）。

秦家大院保存较早的建筑至今已有 600 余年的历史，它充分体现了中原建筑文化与桂北环境的融合。秦家大院坐落于桂林市兴安县白石乡水源头村，在后龙山下，依山势拾级而建成了成片的大宅子，院落分为四组，院落与院落间

图7-12 水源头村景观节点分析图

隔两米，形成狭长的巷道，均以青石板铺筑。采用的是坐西北，向东南，靠山面水，符合风水中"负阴抱阳、藏风聚气"的要求。街巷空间布局为传统的五纵三横井字形格局，建筑群落总体布局呈中轴对称。

3. 民居形式

秦家大院属于明清时期建筑群，南方汉族地区的天井式合院建筑，在华夏文化闽越土著文化等影响下，形成了独特的建筑群，木构架为结构主体，砖砌山墙、坡顶瓦面。民居特点为单元建筑、前堂后寝、中轴对称，主次分明，严谨规范，山墙面有梯级防火墙。整栋建筑沿轴线前有门斗，进入大门后为前堂，然后是天井，再是正堂，沿轴线两边各有厢房，左右厢房与厢房之间有通道，可以进入另一个院落，院落与院落之间相互连接，防御性较强。

村落建筑布局非常规矩，建筑排列基本呈现"一"字形。简单规整的并排式结构构成其村落格局。道路呈"十"字形纵横交错，典型的汉族文化建村手法。村内道路建筑材料主要以条形、方形的青石筑成，不多加修饰，规矩排列。从青石的雕砖工艺可以看出是汉族的工艺手法。房屋多以砖瓦房为主，瓦片排列整齐，井然有序。屋内以云杉木为主，主要靠五根柱子支撑。房屋排列是"三开三进"。

黑川纪章关于中国传统聚落中的街道曾做过这样的描述："巷道空间是在私有空间和公共空间之间、居住空间和城市空间之间的一个空间存在，它不仅有交通的功能，还兼有广场空间和生活空间的功能，是一个不明确的空间领域。"

在秦家大院里，现还保留有14座看似独立又互相联系的宅子。整个空间布局迥异于桂北地区依山傍水的建筑群体布局，具有清晰的中轴线，从院落的前广场作为开端，沿中轴线布置了进门后的过厅、主宅、祠堂、退台广场、住宅，最后以后龙山为大院的结束。从前广场看过去，整个轴线正对着后龙山的最高处。在中轴线的东侧布置的是东花厅与以后龙山为背景的戏台，而西侧是西花厅与茂兴门前有一小广场作为村中的集会用地，之后是一段很有气势的台阶进入院内，到院落中段再设一段台阶，之后在院落的西北边设置第三段台阶来解决基地内的高差问题，层层抬高的地平使得建筑也随之拔高，在古村落中这样的规划布局称之为"步步高"，取其逐步高升的寓意（见图7－13）。

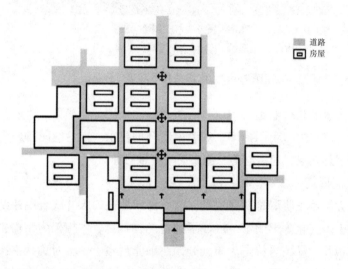

图7－13　水源头村民居布局

秦家大院依山势而建，是一个规整的长方形大院。院与院排列紧凑，错落有序，家家相通，户户相连，可防盗贼、兵匪，并集居住、学文、习武、娱乐等为一堂，由此成为一个攻防兼备的庭院（单体建筑形式见图7－14）。

民居以呈四合院为基本形，中间有天井，分上、中、下堂屋或上下堂屋，左右又有上下厢房。整栋建筑沿轴线前有门斗，进入大门后为前堂，然后是天井，再是正堂，沿轴线两边各有厢房，左右厢房与厢房之间有通道，可以进入另一个院落，院落与院落之间相互连接，防御性较强。汉族传统民居大都设有天井，天井是天人合一观念的体现，不仅有通风采光防火等作用，还有人们情感上的寄托，秦家大院中的天井是"四水归堂"，在以水为财的象征文化中"水"表达了蓄财的美好愿望。

窗上有雕花装饰，主要以"花"为主要意象。颜色搭配为金色，窗檐用青

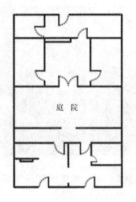

图7-14 水源头村单体院落

绿色。屏风较为有特色。屏风上部与窗的装饰类似，多以"花、卷草纹、蝙蝠、奇珍异兽"等意象为主，下部主要以不同雕刻的装饰图样为主。多个屏风除造型及屏风上部装饰一样以外，用来点缀和装饰的纹样及图样皆不一样，表现其整体统一，却又各个不同的设计巧思。柱础主要为青石材料，也装饰着不同的纹样。

院落民居木雕装饰主要出现在正厅对面的倒座一面，木雕装饰一般分上、中、下三部分，由于中间部分正处于人的视觉中心位置，装饰面积也较大，纹饰以"暗八仙"和花鸟为主，上下部分以瓶花、鸟兽为主，无所不在地体现着民俗中的吉祥祈愿。石雕主要运用在柱础、石凳等位置，以荷花、兰花、鹤、凤等纹饰为主，美轮美奂的雕刻装饰工艺于古朴中透着精美。

马头墙又称风火墙、防火墙、封火墙，是赣派建筑、徽派建筑的重要特色，在中国传统民居建筑中扮演重要特色，特指高于两山墙屋面的墙垣，也就是山墙的墙顶部分，因形状似马头，故称"马头墙"。水源头村马头墙高低错落，一般为两叠式或三叠式，较大的民居，因有前后厅，马头墙的叠数可多至五叠，俗称"五岳朝天"（见图7-15）。

4. 保护状况

水源头村秦家大院民居基本都有村民居住，荒废现象不多，建筑群保留相对较完整，目前，正在准备做旅游开发，作为以村落景观进行旅游开发的水源头村，主要存在以下几个方面的问题：第一，水源头村依然保持着传统的耕作习俗，没有特色农业与工业产出，人均收入不高。随着青壮年外出求学或务工，留在村内的人口构成以老人、孩子、妇女居多，人口构成不利于村落发展。第二，到目前为止，传统民居保护措施不到位，导致许多民居逐渐破损。第三，

图 7 – 15　秦家大院马头墙

村落旅游没有很好整合资源，缺乏特色，游客较零散，没有形成乡村游的良性发展。因此，政府应该加以管理和规划村落，鼓励青年一辈回乡发展，对村落进行宣传和申报旅游景点，并对村落中的古建筑进行整顿。

若发展乡村旅游，水源头村存在以下优势与劣势：第一，秦家大院景点太小，无法凭大院的吸引力留住游客；第二，秦家大院部分古建筑保存较好，但也有少部分建筑受到了毁坏；第三，秦家大院外围的百年银杏树为大院增添了景观吸引力；第四，当地特产为银杏果，在景区内没有形成产业，没能带动当地的经济；第五，一些电影电视剧在秦家大院取景，可以将此打造成一项文化吸引力。

（三）黄姚

1. 村落概况

黄姚古镇兴起于宋朝，距今有近千年历史。黄姚古镇所在的位置为典型的喀斯特地貌。镇内多山水岩洞、亭台楼阁、寺观、古树、祠堂、河流、石板路、楹联匾额等。古镇街道用青色石板铺路，路面干净平滑，整个村落建筑按"九宫八卦阵"布局，现存建筑多为明清时期遗留，为岭南建筑风格，与当地人文环境和谐一致，被称为"人与自然完美结合的艺术殿堂"。

2. 景观结构

黄姚古镇周围酒壶、真武、鸡公、叠螺、隔江、天马、天堂、牛岩、关刀等九座山脉，从四周聚向古镇。三条小河姚江、小珠江、兴宁河交汇于古镇。

黄姚古镇先民建村选址深受传统"风水"文化影响，注重在风水节点上营造景观，尤其注重"背枕龙脉"龙文化，于是"龙景"成为黄姚景观文化中的重要组成，这一点在名称上显示出来的有龙盘街、护龙桥等（见图 7 – 16）。

黄姚古镇建筑群的功能各有分区：龙畔街、中兴街主要是大户人家的生活

图 7 - 16　黄姚古镇布局

区，安乐—金德—迎秀—连理—大然街是商业贸易区。姚江两岸的公共建筑是休闲娱乐区。

黄姚古镇如同岭南诸多古镇一样，白墙、黛瓦、石板路是组成古镇的基本元素。古镇的整个建筑由八条街巷组成，呈现"九宫八卦阵"式。其岭南建筑风格主要显示在砖大、墙厚、房高、院深等方面。这里的房屋多为两层砖瓦结构，装饰精雕细琢。装饰多出现在梁柱、斗拱、墙面、天花上，砖雕、木雕、石雕艺术是装饰的基本形式。宗祠门前均有石台阶，内墙上有些许壁画。古戏台雕龙画凤，屋脊上塑有双龙戏珠，顶部画有"古松寿鹤图""梅花鸟语图"，前台天花板中间有"双凤奔月图"。但是，在考察过程中也发现有一些民宅经岁月的侵蚀已经显露出黄泥坯的墙面（见图 7 - 17）。

3. 民居形式

黄姚古镇上的建筑外围多采用砖墙，为通风透气，在墙上近檐处会开出一个窗口，普通人家只是用块木板做成窗扇，大户人家则大多做成雕饰精美的漏窗。门面装饰考究。古镇居民大门一般做成门楼形式，门内凹，强调空间的层次和轴线。家族身份地位高低不同，其宅门大小、门槛高低、门条装饰都会有所差异。身份较高的人家，其门框以深色木条做装饰，门面上有铜质的门环。身份较低者，其门几乎不做装饰。大型宗祠会有两层门框，下方门槛也会有带线条的整石（见图 7 - 18）。

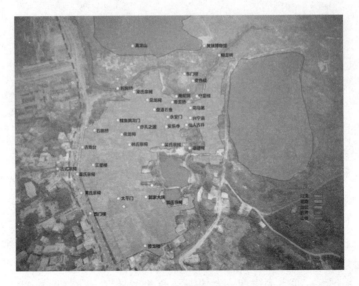

图 7 - 17　黄姚古镇景观节点布置

图 7 - 18　黄姚民居大门

图 7 - 19　黄姚巷门

　　黄姚古镇建造时尚有土匪在附近出现，所以道路尽头建有门楼，楼壁有观察孔、枪孔，门楼有活门，有匪敌来时落门以阻。镇上很多建筑也会在高处搭建小屋作为堡垒。房屋下面两个小窗都被设计为外窄内宽，以方便向外投射利器，外面却又很难向里回射，起到了很好的防御作用（见图 7 - 19）。

　　4. 保护状况

　　黄姚古镇已经进行旅游开发，以开发为保护手段，其优势主要表现在：第一，黄姚古镇的旅游模式为将旅游区与商业区通过马路分隔开，有利于对古镇的保护。第二，古建筑与商业发展的融合和谐，在发展商业的同时，古建筑的风貌并没有遭到破坏。第三，在黄姚古镇可以看到各个年龄段的游客，因为黄姚古镇针对不同年龄段的游客设置了不同的消费模式。针对年轻人有小酒吧、咖啡馆、小资商品店等，针对中年人有当地特色酒水店、服装店等。第四，黄姚古镇有丰富的当地特色美食，如豆豉、黄精、菊花、各种酿食、青梅等，为旅游开发提供了良好的物质基础。第五，黄姚古镇有丰富的民俗文化，如相传姚江每年会不定期发大水，严重影响了当地人的生产生活，为了祈求平安，人们在河边竖起了观音像，供人们祭祀。到了农历七月十四的晚上，人们会在姚江边放柚子灯祭河神。目前"黄姚放灯节"已成为广西壮族自治区非物质文化遗产项目。除此之外，农历三月三，村民举行舞龙、扮色活动，家家户户做豆腐酿。每到传统节日和重大庆典时，黄姚古镇古戏台会表演黄姚彩调等。这一系列的民俗文化吸引了大量的游客前来游玩，为旅游开发提供了极大的便利。第六，黄姚古镇的旅游形式丰富，在逛古镇的同时还可以乘船游姚江，从不同的视角观赏古镇。古镇道路的承载力已经达到饱和，在旅游旺季时会出现道路拥堵的现象。同质化问题，与其他古镇雷同，没有突出当地的特色，黄姚古镇目前的旅游开发已经成熟，但存在几点问题。

第一，乡土风貌特色消失，近年来，部分新建和翻建的建筑，以现代模式为主，对材料、色彩和建筑风格的选择不注重，缺少本地特色、乡土风貌，与传统的地方特色、民居风貌画面不统一。同时，乱建现象普遍存在，对道路的通达性与建筑的协调性造成阻碍，也严重影响了古镇的整体风貌。第二，古镇环境问题突出，环境问题主要是建筑的破坏、生活居住区脏乱，生活污水乱排，致使景观破坏，沿河垃圾堆积等现象严重制约了原有的水上空间的利用和生活环境的改善。第三，引路景观缺失，黄姚古镇入口较多，缺乏景观导引。现代建筑与石板、砖墙、匾额等不协调。河岸空间缺乏修整，石块杂乱，环境质量差，致使原本的乡土景观特色不明显，乡土文化气息不够浓厚。

由于黄姚四面环山，易守难攻，交通不便。目前，古镇依然处于半封闭状态，这使得古老的建筑、众多的文物得以保存至今。近几年在现代生活方式下，黄姚古镇这种独特的景观形态吸引了国内外大量的游客，但与此同时也出现了一些问题，一方面是逐年增加的游客对传统村镇生态有破坏性，另一方面是极其薄弱的基础设施，这一矛盾导致古镇的人居环境逐渐恶化，丰富的传统文化受到冲击。因此在以后的古镇改造过程中如何通过改造来保护众多的古镇风貌建筑、文物古迹，传承传统文化，达到"修旧如旧"的目的，同时又更具时代气息，满足现代人的生活需要及古镇经济发展需要，是我们急需解决的问题。

（四）秀水村

1. 村落概况

富川秀水村又称"状元村"，为瑶族村落，位于广西富川县朝东镇境内，距县城 30 千米。在通往湖南江永县桃川镇与广西恭城县的富桃公路边，是"潇贺古道"重要驿站。前接桂东及粤港澳台旅游黄金线，后靠桂林、阳朔旅游大圈，平坦宽阔的旅游公路贯穿其中。村境之内有"三江涌浪""灵山石宝""眠兔藏烟""天然玉鉴""青龙卷雾""鳌岫仙岩""大鹏展翅"和"化鲤排云"等八大景观，故有"小桂林"之美称。

2. 景观结构

秀水状元村的聚居形式呈现为血缘聚族，民居建筑以各级祠堂为中心，建立以村落统一制度的生活秩序及顺势而成的村落形态，结合宗祠和支祠形成较为集中的单元街区，呈现多中心格局和模糊中心的形式，区段分明，邻里单位明晰。村落空间形态呈现向心型，以村落总祠——毛氏宗祠作为秀水村的村镇中心，形成精神中心与象征的形式，统领村落的空间形态通过物质环境的空间布置与构造形式得以体现。宗祠常位于聚落的中心，在聚落区位与总平面布局中得以显现，同时，综合对比毛氏宗祠与各支祠及民居的开间、进深、面积、材质等特点，均彰显其核心地位。秀水村村落空间形态呈向心型，其空间结构表明了历代人群内心聚合的心理结构需求和形式的外化，是等级、尊卑等礼制控制体系的物化形式。整体上看秀水村以秀水河为界划分为两大肌理斑块。秀水河西侧以秀峰为中心呈辐射状向外发展（见图 7-20）。古村核心部分肌理保持完整，游离于外部的新建民居布局对古村肌理造成一定程度的破坏。

图 7-20　秀水村景观节点布置

3. 民居形式

秀水村建筑平面基本形式是三间平列。中间是厅堂，两侧两间分前后两部分，后部做卧室，前部一般安置灶膛做厨房使用。另一种是三合院形式，在三间平列的前面设天井，天井两侧建厢房。极少数因地形或者经济能力所限，采用两间平列的样式，以一间做厅堂，另一间做卧室或者厨房。厅堂正中靠后一般设有神龛。楼上则以堆放谷物或其他杂物为主（见图 7 – 21）。因为秀水村聚族而居，民居多为多个单元小院落构成一个大院落，影壁是民居中重要的精神象征形式，一般位于大型院落对面，具有较强的宗族精神（见图 7 – 22）。

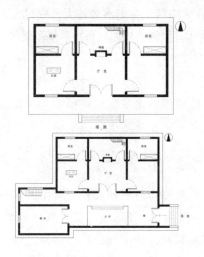

图 7 – 21　秀水村单体民居布局

图 7 – 22　秀水村影壁

4. 保护状况

秀水村四周边界保存较好，村内靠近山体部分有部分房屋开始倒塌，在山体一侧已建有许多新房，新房风格与古民居风格相差较大。"空心村"现象已很严重。随着到秀水村旅游的游客逐渐增多，有村民开始做家庭旅馆，也有将古民居重新装修的。整体来看，秀水村若做旅游开发，其劣势主要表现如下：第一，秀水状元村是一个以状元文化为旅游吸引力的古村镇，村内除了状元楼之外，并没有体现状元文化的节点，文化吸引力不强。第二，秀水状元村目前大部分建筑物处于荒废状态。村内街巷狭小，不利于旅游景观的发展。第三，村内吃住不方便，旅馆、饭馆较少且档次较低，不能充分吸引游客消费。第四，村内没有体现当地特色的旅游商品，降低了旅游吸引力。第五，状元村旅游形式单一，游客多为走马观花地观赏古建筑风貌，未能长时间地停留。总之，秀水村尽管已经进行旅游开发，但主要以居民自发为主，没有形成统一模式，开发区域较零散，旅游服务设施不完善，体现在民俗、餐饮等设施较差，需要做进一步规划，应采取"圈层式"协同开发保护模式。

（五）秀山村

1. 村落概况

秀山村位于富川瑶族自治县古城镇，在北纬 24°48′2″，东经 111°22′13″之间，是一瑶族古村，村中居民皆姓胡。村庄因山清水秀而得名秀山。1000 年前先民从湖南江永迁徙至此，周边山势呈环形，由四座独立小山及一道弧形小岭组成，分别为面前山、大弓山、后头山、古山庙大山、塘祠面大岭及大牧园岭，在塘祠面大岭左右两侧分别有泉水流出，泉水流经后头山前，左侧水势较大，故村人于旁边立水川庙。村中树木以火楝树为主，其他还有枫树、乌桕、黄皮、橘子树等。

2. 景观结构

秀山村选址在山之南、水之侧，中间有一条主街，街随水势走势呈"一"字形曲折走向，民居呈一排房屋临水，一排房屋被水，临水房屋前为主路，被水房屋后面为水，水以条形青石覆盖，或全覆盖，或露出一截水体，为居民洗菜洗衣所用。

3. 民居形式

院落形式为套院，在东西各有一排，东西每排有三四套独立院落，即东西门进院落。排水以左侧门前为主，依地势逐级而立，不改变自然地形地势坡度。独立院落由天井、影壁、主屋、侧房及门楼构成，青水砖砌墙。楼有二层，上层以门楼连廊连接，即二楼皆可连通。房屋以条形、方形青石为基石，高度为 90 厘米左右。

民居以三开间为主，中间为正厅，祖先与神龛在正厅后面，两侧为卧室，卧室用杉木板分隔为前后两间，二楼作储藏也可作卧室。中间为大门，两侧卧室正面也有入户门，比正门略小，其上为两小窗，卧室的侧面有小门连接街道。

秀山村古民居装饰较注重大门口，以青石雕、木雕为主，受汉族文化影响较重，注重对"天""地""祖先"崇拜，主要体现在传统纹饰上，包括宝相花、凤、鱼、牡丹、传说故事等（见图 7 - 23）。纹饰主要装饰在门当、柱础、门窗、柱等部位，纹饰的样式极少重复，但其象征意向相似，即祈福纳祥。建筑材料包括青石、杉木、红砖与青砖，砖上无雕，尤其石雕为主。天井形状为"回"字形，以青石构筑。房顶以灰瓦覆盖，瓦下有瓦当，门为实空间与虚空间构成，下部为实，上部为虚，上部以几何为骨架，以木雕为连接，起到承重及装饰双重作用，木雕以花、叶及花叶组合为主，窗以几何形与立柱构成，注重对门口与墙头的装饰，门当图案以八卦纹饰天地为主，线条清秀，构图自由。

防御性体现：巷两侧有巷门，巷正中有"门"，而"门"的防御性较为明显，有主干巷巷门、村门、小巷门（见图7－24）。户与户连接度不够强，呈现出以"户"为主的院落形式，村中无树，村边古树较多，古树的种类也较多。

图7－23　秀山村民居木雕装饰

图7－24　秀山村巷道

4. 保护状况

秀山村许多有文化价值的建筑，已呈现人去楼空、无人保护的状态，许多能体现民俗传统的石雕、木雕正逐渐遭到破坏。有些门与窗正逐渐腐烂与缺失。

街道与自然环境保持相对较好。但在无人保护的状态下，秀山村的传统村落还能坚持多久很难预料。

（六）程阳八寨

1. 村落概况

程阳八寨位于广西柳州市三江侗族自治县，距三江县城 19 千米。三江位于广西西北部，与湖南、贵州交界，而这个区域正是侗族主要聚居区。程阳八寨保留有原生态侗族村落景观，主要体现在干栏式建筑、生活习俗、传统服饰及石板路。随着旅游文化的兴起，越来越多的游客到程阳八寨乡村旅游观光，成为广西重要的旅游景点。

2. 景观结构

程阳八寨景观空间结构从整体上说是以鼓楼为中心形成的民居建筑群，再加上程阳八寨所处的自然景观，构成天人合一的乡村景观。村落内部景观节点有建筑组群、鼓楼、风雨桥、带状巷道；外部自然景观有河流、水井、山体等。这些元素按照侗族对人居模式理解形成层次丰富的内部空间结构（见图 7-25）。

图 7-25　程阳八寨航拍图

通过航拍图可以看到，程阳八寨自然景观保持较好，山、水、田、民居的布局有良好生态性。

3. 民居形式

干栏式建筑是程阳八寨民居的典型代表，其特色为随地形建造，不改变自然地势，民居组团高低错落，形成视觉上的错落感，单体民居分上下两层，下层架空，楼上做人居空间，梁柱结构外露，同时，密檐、批檐等外部建筑形势装饰感也极强。作为干栏式建筑民居，四周围墙以木板构成，做工考究，密不透风，具有较好的人居生态性。干栏式建筑使用的是南方最常见的穿斗结构

（见图7-26）。穿斗式又称为立贴式。"穿"是穿过、串联、贯通之意。"斗"意为拼合、拼接、镶嵌、斗榫之意。穿斗结构的构架主要是用柱，包括瓜柱、穿、枋和屋面的檩（桁）、椽（桷）构成。建筑进深方向的柱之间用"穿"相连组成一榀（排）构架，面阔的两榀（排）构架之间用"枋"相连，使两榀梁架得以稳定。柱和穿上立有瓜柱支承檩椽（桁桷）和屋顶。

图7-26 程阳八寨木结构房屋图

建筑依山就势，以柱的长短、柱础的高矮去取平层。单体建筑由三层构成，一层建筑的结构形式是用木柱和木梁构成房屋的骨架，柱子起承重作用。墙由木板构成，只起隔断作用，不能承重。二层干栏式楼房分上下两层，底层架空，圈养猪、牛、羊等家禽，上层是人的活动空间，设梯而上，设有卧室、火塘间、堂屋和走廊。走廊是侗族民居中功能最复杂、最活跃的部分。

火塘间是同幢房屋中兄弟分家后独立小家庭饮炊、取暖之所；堂屋是家庭所有成员活动的公共场所；侗寨民居的走廊也是民居空间中的一部分，与内部空间分割可以清晰也可以模糊，有较高自由度，除了为大家庭成员提供日常户内生产活动的场所外，也可以作为收获时节晾晒，堆放收获物的场地，同时还是举行一些侗族特有礼仪、接待宾客及社交活动的地方，因此走廊往往面积最大。干栏式建筑与地面交接关系比较自由，可以搭接在道路台阶上，也可以固定在地面上，由于"占天不占地"的生活观导致楼上的阳台或房间可悬空，以立柱承重（见图7-27）。单体建筑采用相同建造原理，但具体表现形式有差异，每个民居在地势上不强调同一，因此出现高低错落的审美感受，这种因势利导进行布局的建筑组团，不强化地势改造保留自然地形，每个建筑体量只是相似，并不完全相同，因此，从视觉上形成丰富层次（见图7-28）。

传统侗族民居主要分为两种：一种为平底式，一种为杆栏式（见图7-29）。三江侗族民居以矩形平面为主要类型，与汉族建筑纵深发展不同，侗族民

图 7 - 27　程阳八寨民居与地面交接方式

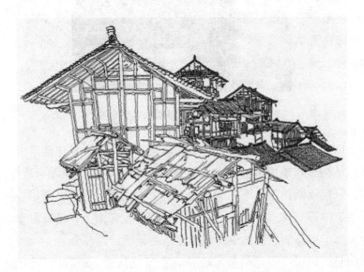

图 7 - 28　程阳八寨建筑组群关系（写生稿）

图 7 - 29　程阳八寨两种干栏式建筑比较

居主要横向发展，以三五开间为主，少数联排民居的长屋，建筑开间大小为 3.6 ~ 4.2 米，建筑分为三层，一楼主要用于牲畜圈养以及大型农具存放；二楼作为生活居住活动空间；三楼以储存及粮食晾晒等功能为主，部分也有居住空间。起居空间包括火塘室、堂屋等，不仅具有供主人会客、娱乐、团聚的使用功能，也是重要精神空间，休息空间包括平廊、卧室和客房等，辅助空间包括楼梯、卫生间、牲畜棚等，起到日常生活相互辅助的作用，储藏空间包括杂物间和粮食晾晒储藏空间。

民居空间关系分为以下几种：（1）山面楼梯，前廊直入。这一类型较为原始，并没有出现明堂，前廊占地面积也较为细长。（2）山面楼梯，前廊—火塘型。与上一类型最明显的区别是房间开门方向，体现了火塘地位的提升。（3）山面楼梯，前廊—堂屋型。堂屋出现代替火塘的作用，表现出少数民族与汉族文化融合的现象，是汉族"居中为尊"的体现。

传统侗族民居中，平廊位于二楼的第一个大面积生活空间一侧，通常是不封闭的开放式空间。根据考察走访发现，在一些年份较古老的居民住宅里，平廊占据相当一部分空间，开放式的构造是侗族淳朴开放民风的体现。楼梯位于山墙面，上有披檐遮盖，层层叠叠的披檐对建筑本身起到防风吹日晒作用，也可以呈现出多层次的视觉审美。

火塘（见图7-30）不仅仅用于烹煮食物、烤火取暖、照明等，还被侗族赋予了重要的精神内涵，是家庭的象征。通常火塘设在二楼的中心，根据火塘空间的设定以及侗族向心性的特点，火塘的地位于侗族人心里十分重要，一个新房建好后，是以火塘开火作为新居入住的重要仪式，由老房子带来的火种不仅体现出火种的延续，也体现了侗族人民宗族精神的延伸。

图7-30　程阳八寨的火塘

侗族风雨桥是一种集桥、廊、亭三者于一体的木石结构桥梁建筑，多架在寨脚或寨边的河溪之上，与鼓楼相呼应，与山水相协调，成为侗寨一道亮丽的风景。侗乡风雨桥不是一个孤立的文化事象，它与民族的生境和文化氛围有着密切的关系。作为物化的象征符号，风雨桥背后隐藏着丰富的意义（见图 7 - 31）。

图 7 - 31　程阳八寨风雨桥侧立面

鼓楼是侗族村寨的标志性建筑，也是整个族人共同信奉的精神中心，其外观结构形式为歇山式和攒尖顶式。作为村寨公共建筑的鼓楼全用杉木凿榫衔接，造型美观，顶层悬有一长形大鼓，高度可达 10 多米。一般来说，杉木可用材的高度为 12.5 米，所以鼓楼高度较多受材质影响，可有几层至十几层不等。鼓楼形似宝塔，从立面平面来看更像是杉树的立面造型，主要是以杉树的生命力为象征而构建，最早的功能是击鼓传信，现在发展到休闲场所，可在一起聊天、烤火等，体现出侗族亲和团结的文化内涵（见图 7 - 32）。

侗族风雨桥、鼓楼上楼亭呈方形，多角重檐，共有房檐五层，层层而上，形似宝塔，气势宏伟。建筑层层出挑，多层重叠挑檐。挑檐达 1.1 米，上下檐间所形成的拐雨角小于 30 度，这样既能阻挡雨水飘入，又能阻挡阳光直射，利于屋内通风、改善湿气，同时也保护了墙角，减少雨水的侵蚀。楼檐角突出翘起，给人以玲珑雅致，如飞似跃之感。长廊和楼亭的瓦檐、柱头都雕花刻画，龙凤花草，秀丽玲珑，蔚为壮观（见图 7 - 33）

禾晾、晾台，形状像汉族地区的牌坊，通常有一排排高达 4 米的大木架，

图7-32 平寨、岩寨鼓楼侧立面比较图

图7-33 楼檐角装饰形式

整齐地围寨而立。大木架由两根粗大的杉木柱和两根穿方构成，穿方中间横穿着一二十根由圆木组成的可以活动的桁条，顶部两边盖上一尺宽的人字形杉木皮挡雨（见图7-34、图7-35）。

图7-34 程阳八寨晾台　　　　　　图7-35 程阳八寨禾晾

侗族民居的门窗几乎没有装饰，入户门开在建筑侧边，高约2米，宽约1米，多由木板拼接而成。内部有的则只留有一个门洞，不安装实体的门。门的位置比较随意，开在路旁或靠近农田的位置，一般从侧门出入，但几乎没有装饰品，注重实用性。所有门的门槛都较高，有30~40厘米。窗的数量较少，为了遮风挡雨多用杉木皮进行遮挡，所以室内采光较差。鼓楼也是侗族的重要建筑，但门上没有过多装饰，只在门上面和旁边的窗户以网格交错状装饰（见图7-36、7-37）。

图7-36　程阳八寨室内门1　　　　　图7-37　程阳八寨室内门2

4. 保护状况与问题思考

程阳八寨的历史悠久，木构建筑极富特色，是南方侗族群体的典型缩影。程阳八寨现存问题如下。

（1）程阳八寨依山傍水的选址营造出了独特的自然景观，但是并没有把水引入村里的每一条路旁，使得植被的种植欠缺，降低了道路的美感度。

（2）程阳八寨百姓的出行方式为汽车，同时道路的狭窄导致小汽车可以进入景区，大巴车不能进入，可是在景区内外并没有设置大型停车场，导致小汽车在景区内、道路两旁随意停放，影响交通的同时也影响景观美感。

（3）程阳八寨的旅游景观吸引力为程阳八寨的自然景色以及侗族的少数民族物质文化遗产、非物质文化遗产。侗族有独特的侗族建筑、鼓楼、风雨桥等特色景观，百家宴、侗族歌舞、侗族节日等特色侗族民族文化，民族服装、吉祥花、竹背篓等特色民族手工制品，艾叶粑、糯米饭、茶叶、重阳酒等特色民族小吃，具有丰富的物质景观吸引力和人文景观吸引力。

（4）程阳八寨游客的购物点多为艾叶粑、糯米饭、茶叶、重阳酒等食品以及吉祥花、小手链等手工艺品。多为家庭作坊式，没有形成大的规模。

（5）景区内的游客多为中老年人，由于没有设置针对小朋友以及青年人的娱乐形式，在游客来源方面有所限制。

综合以上分析，程阳八寨的发展策略可为：第一，应该从外部环境、内部景观、民族文化三方面入手，力争实现程阳八寨的可持续发展；第二，开发要以改善当地居民生活环境为目标，以发展旅游业为途径，以激活村寨的生命力为战略，做到人与自然、保护与开发、经济与文化的多元并存与和谐发展；第三，多宣传侗族的传统文化，努力提高节庆文化品位，实现一寨一景、八寨生辉；第四，借助有利的区位条件打造桂北旅游区夺目的亮点。

（七）龙胜龙脊大寨村

1. 村落概况

以梯田景观闻名的龙脊十三寨距桂林市约 80 千米，位于龙胜各族自治县和平乡东部。龙脊十三寨由 13 个规模较大的村寨及 12 个壮寨和瑶寨组成，因曾有十三寨头人会议的社会自治组织而得名十三寨。地形为两高山夹峙、一水中分，"谷底一水"是金江河，两山指金竹山和龙脊山，海拔都在 1000 米以上。两侧山体有层层叠叠的梯田，从山底延伸至山腰，村寨点缀其中，壮寨、瑶寨散布在金江河两侧 40 平方千米范围之内。

龙脊梯田相传始于元代，成型于清代（没有明确证据证实）。山势较陡，坡度在 26~35 度。山腰的梯田宽度很窄，平均 1~2 米，但长度多在 10~20 米以上。每当稻禾成熟，山上层层叠叠的金黄色形成亮丽景观吸引着国内外游客参观（见图 7-38）。

图 7-38 龙脊梯田航拍

2. 景观结构

龙脊梯田大寨村地处半山腰之上，四面环山。村寨建立在缓坡上，周围溪流环绕，为村民的农耕及生活提供了丰富的水源。村寨建立在周围日照充足、土壤肥沃的山坡上。村寨房屋修建在半山腰或山脚下，围绕中间的平地而建，充分利用平地进行农耕。交通道路大部分沿着水源旁的平地修建。大寨村平面布局如图 7-39 所示，两侧为金沙河支流，两个支流在寨前汇集，梯田分布在左右两侧，寨子后面为一片山林。

大寨村落景观节点布局如图 7-40 所示，包括寨前风雨桥、学校、长廊、梯田等。主要交通道路呈"之"字形盘旋而上，并通达四个方向。

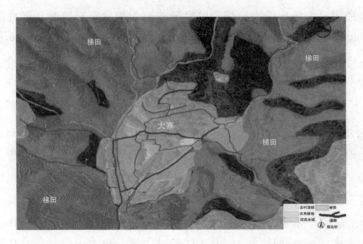

图 7 - 39   龙脊大寨村平面布局

图 7 - 40   龙脊大寨村水系、道路、村落节点

3. 民居形式

龙脊瑶族民居明间高度大于进深现象明显。龙脊瑶族堂屋面积明显大于三江，呈现平廊与堂屋相结合的趋势；空间布局也出现居中为尊的现象，即堂屋位于建筑中心位置，神龛位于堂屋墙壁的中心位置（见图 7 - 41）。

随着堂屋的出现与扩大，堂屋逐渐取代火塘间成为瑶族、侗族人民的主要活动空间，火塘退居次堂，出现灶台与火塘共存的现象（见图 7 - 42）。

在三江侗族的一些老房子里，堂屋在前，空间由檐柱与中柱构成，形成了有会客、活动功能的前廊，卧室在后，为私密的休息空间。但在龙脊瑶族民居中，这种"前堂后室"的格局变得模糊。龙脊瑶族民居的堂屋面积开阔，后室面积狭窄，有很多民居堂屋后面虽然有房间，但往往被改造为储物空间，意即侗寨民居内的前廊在这里内置为房屋空间。年份近些的房屋多堂屋居中，明亮开阔，两侧房间为较暗的就寝房间，形成了"一明两暗"的布局形式（见图7-43、图7-44）。

图7-41　龙脊民居内部图　　　　图7-42　龙脊民居内火塘

图7-43　龙脊"前堂后室"　　　　图7-44　广西龙脊大寨明屋样式

瑶族与侗族对自然有着相似的憧憬，"天人合一"的思想在其传统民居的体现尤为突出。半干栏即依照地形特点，一半直接在地上，一半为干栏式木柱，所以一楼室内面积仅有二楼一半的面积（见图7-45）。堂屋靠后墙，火塘设在实地上。三层高度减小，没有半开放式平廊。由于龙脊自然天气以及地处海拔较高的地方，瑶族在建筑的外观上体现在屋檐山墙面开口减小以及三楼功能的削减，三楼基本做杂物储存。楼梯在进门后，"一明两暗"以堂屋为中心，与堂屋相对一侧为封闭的平廊，卧室分布于明堂的右侧，堂屋上无遮挡，火塘间在堂屋左侧。山墙面楼梯，堂屋位于中部偏右，火塘室位于中部偏左，靠近堂屋，堂屋上方无遮挡。依靠地势上二楼，无楼梯，火塘位于堂屋左侧，堂屋上无遮挡。三层梁柱间空隙封闭，基本为封闭状态（见图7-46、图7-47）。

图 7 - 45　龙脊大寨某民居一层拍摄图　　　　图 7 - 46　龙脊民居三层内部

4. 保护状况

大寨村尽管地处大山深处，但由于梯田景观已享誉国内外，游客较多，村寨正成旅游开发热点，大量新建的房子做旅馆，基本能满足游客吃与住的问题，传统老房子逐渐消失。新房子在样式上与原有房子在建造风格上有相似之处，但在内部空间及单体建筑体量上又和以前有所不同，新房房间较多，主要做客房，其布局与现代城市的旅馆有相似之处。

图 7 - 47　龙脊民居外观

从旅游角度来看，大寨村旅游开发存在以下优劣：第一，瑶族的选址在大山深处，耕地面积小，为了扩大耕地面积，耕地向山上发展，出现了梯田景观。水稻一年一季，每年十月份稻子成熟；第二，瑶族的传统房屋已所剩无几，已基本上被改为仿古的吃住一体的旅店；第三，龙脊的旅游模式给非自驾游客带来了不便，龙脊景区分为古壮寨梯田、平安壮族梯田、金坑大寨红瑶梯田，每一梯田景观平均相距 10 千米，而每个景点之间无公共交通，使得非自驾游客只能选择一个景点游玩，给非自驾游客带来了不便；第四，龙脊每个景点内的游玩模式为爬山登高观景，形式少且单一，景点内无导视系统，观景台的路线指引欠缺；第五，龙脊的旅游景观吸引力为梯田的自然景观，以及瑶族的少数民族文化，瑶族有特色的民族服装，留长头发、抬狗节等风俗，手工纺织的民族工艺品，以及当地特产罗汉果、木耳等；第六，龙脊的购物点为以家庭为单位的织品，竞争激烈，市场无序；第七，瑶族传统的房屋为五开间，两层半的悬山式屋顶吊脚楼，但目前随着旅游的开发，许多村民把自家的房屋改建成砖混结构的仿古建筑，破坏了当地建筑景观的吸引力。

龙脊村位于龙胜县城东南的和平乡境内，山高水长，植被覆盖率高，空气清新，景观奇特度对于城市人而言具有较高吸引力。龙脊村梯田风光独具特色，别具一格，整个梯田依山势层层而下如金龙探宝，蔚为壮观。

对于建筑单体，由于村民的自主选择和政府适当干预相结合，村落建筑基本控制在三层以下，建筑外观则采用木构架形式；对于建筑色彩方面，以杉木构建的干栏式民居，色彩古朴自然，色彩同一。

龙脊为瑶族农耕村落，景观节点不清晰，随着村落开发，原有节点得到强化，如各种凉亭、桥梁、古井、古树得到了保护并进一步修复，公共空间如停车场、餐饮、休憩场所逐渐形成，为强化乡村景观趣味性，还增添了水车、碾坊等公共景观。龙脊村由于地势陡峭，交通不便，随着旅游跟进，在原有的道路系统基础上进行拓展，这些措施在开发旅游的同时也方便了村落居民的日常生活。地面的陡坎与护坎都保留了原有的岩石砌筑形式，以体现自然原貌。

近年来，随着龙脊梯田旅游业发展，其知名度越来越大，桂林到龙脊旅游开通专线，游客持续增加。对于村民而言，最能看到效益的是餐饮及民宿，所以民宿较多，但服务意识不足。传统的农业生产模式和农田基本建设投入不足，给景区内的农业和耕地保护带来一系列副作用，农民逐渐疏于田间管理，使得梯田塌方，撂荒严重。而且由于木材的耐久性较差，其生命周期一般不超过200年，很多保护建筑已经处于生命周期的末端，因此，在确定保护对象的时候要以整体、动态的视野来进行审视，更多地注重传统聚落整体性的保护以及传统工艺、风格的传承，而不是过于注重单体静态保存。可建立规划和保护反馈机制，把保护与发展旅游业相结合。保护传统聚落和民居最终要通过旅游业来弘扬，展示民族传统文化，并获得必要的经济支持来改善居民生活。因此在发展旅游业时，切忌盲目扩张，胡乱建设，要保持生态资源的可持续发展，维持文化生态的质朴纯真。

（八）乐业花坪村

1. 村落概况

坐落于百色西北部的乐业县，山多、树多、田地少，属于人口较少的山区。这里汉族与壮族杂居。花坪村是一个汉族村落，相传为明代驻军后裔，移居地大概为湖南、江西，村民有曾与郑两个姓氏。村子建在半山腰，村落布局清晰，民居以大屋顶、斜山式为特点，内部空间宽敞，宜居性较好。由于地处偏远，鲜有外地人至此。村落至今仍为传统农业耕作为主，受商品经济大潮影响，年轻人大都外出务工，村内留守老人、孩子居多。

2. 景观结构

村庄三面环山，山脚建房由上而下呈线形分布，受三面环山地势影响直线变为曲线，即环状由山下向山上延伸，呈同心圆状，有很强的向心性（见图7-48）。中间为路，路东建筑与路西建筑两面对视向心性明显。古树为榕树，在村庄之外，泉水从后山上流下来，村中有泉，砌为井，可饮用可灌溉。

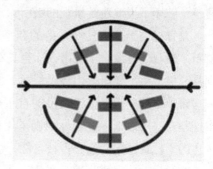

图7-48 花坪村向心型布局

3. 民居形式

建筑呈"五"间房结构，柱下为石（有防震性）。房屋一侧为客厅与卧室（单体建筑平面图见7-49），五间房中间一间为祖先供奉排位，排位只供奉祖先与天地，火塘为左二或右二间，砌台，可祛湿寒（烤火）亦可烧饭，高度为350毫米左右，四周砌砖中间置火。房屋前有廊（由柱支撑），前有天井，由于地势不平，天井与主房屋找平，由巷路入天井侧有落差，一侧石台阶进入。房屋与天井围合成人居空间，天井侧为半封闭空间，天井一侧可有厢房亦可无，牲圈在人居住空间外，人畜分离。由于房屋进深较深，主梁两侧各4根椽，屋脊有中心点，中点有装饰，两侧有翘起，住房无两侧屋顶向三面展开，由主房向两侧房屋屋脊过渡呈二次叠级为翘脊，有庙宇建筑样式痕迹，装饰性极少，重要装饰在神台区域。空间较开阔，有很强的实用性。

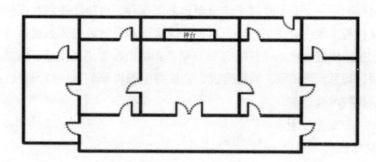

图7-49 花坪村单体建筑平面图

4. 保护状况

这个村庄没有实行政府政策方面的保护，但由于村落经济较差，原有房屋较少进行整改，村落街道及景观节点没有受到破坏。

（九）扬美古镇

1. 村落概况

扬美古镇位于广西壮族自治区南宁市西南部，属于南宁市江南区江西镇，距离南宁市区约 36 千米。亚热带季风气候，降水较多，较为湿润，光热充足，植被茂密。扬美古镇沿左江而建，大小码头共 9 个，水运交通便利，古镇内大小街巷共 8 条，路上交通发达（见图 7-50）。

图 7-50 扬美古镇航拍图

古镇始建于宋朝，最初因其人烟稀少，遍地野草百花，故得名"百花村"。明朝发展迅速，因滨水而改名"扬溪村"，后改名为"扬美村"。扬美村由于其水路交通便利，于清代发展成为大型货物集散地，进入鼎盛时期。早期扬美人是来自山东的戍边将士以及广州沿河而上经商贸易的商人，由于战乱、经商等原因，他们与广西原驻居民共居于此，百越文化与汉族文化在扬美古镇相互融合，形成了这一地区的独特历史风貌。扬美古镇自然景色秀丽，以古镇、碧水、奇石、怪树著称。左江扬美段江湾被称为"龙潭夕影"的景点，是由造型奇特的榕树、石柱以及榕树下被称为"龙潭"的水潭共同构成。

扬美古镇至今仍保留着明清时期的石碑、巷子、宗祠、民居、码头等，成为现在扬美古镇景区丰富的人文旅游资源。古镇保存较为完好的建筑有清代一条街（又称临江街）、明代民居、魁星楼、三界庙、黄氏庄园、五叠堂、金五码头等，这些古建筑展现了扬美明清时期经济与文化的繁华与兴盛。

扬美古镇有着独特的风俗节日，优秀的风俗文化节可以更好地激发人们对古镇传统文化的继承和保护，扬州特色小吃"豆豉""梅菜""沙糕"合称扬美三宝，是扬美古镇传统饮食文化的特色美食。

2. 景观结构

早期扬美古镇村落空间形态的形成受汉族传统儒家宗法血缘、"天人合一"理念、讲求风水以及商人经商活动的影响。主要表现在：扬美古镇选址近水，且地势较高，水运交通便利，满足其商业贸易活动需求，地势较高可以预防洪涝灾害；扬美古镇遵循传统"负阴抱阳、背山面水"的原则，借助自然地形地势背靠垒除岭、火楼岭，山脉作为天然防御屏障；面朝左江，利用交通优势发展商业贸易，体现出因地适宜"天人合一"的理念。

扬美古镇共八条街巷，街巷依照地形地势修建，有石板街巷。沿街设有大大小小的闸门，是村落防御性的体现，村落的防御性还体现在街巷交错，少见十字路口，大多为相互交错的人字形路口；通往码头的街巷出入口都设有闸门，且在怪石古树掩映下相对较为隐秘。在扬美古镇的街头巷尾古树旁常见祭祀土地的神龛，通常一个神龛由一条街巷的居民所供奉，表现出扬美人对天的崇敬（见图7-51）。

图7-51 扬美古镇巷道

3. 民居形式

扬美古镇的整体布局模式呈现密集的自由式布局，并未出现明显的向心式或网格状布局。传统村落布局形式与当地传统文化有着紧密联系，广府式和北方院落式民居文化与百越乡土文化相互融合，呈现出扬美古镇村落布局中多种模式并存的现象。扬美古镇的古建筑形式受移民以及土著文化的影响，其建筑形式表现为受干栏式建筑影响下的南北方建筑形式的融合。

传统天井式民居与院落民居受不同地域文化影响，在对房屋中间透空的空间处理上有较大差异。其建筑形式不同于南方特有的天井式民居建筑，传统南方天井式民居中的天井是由四周屋檐围合而成的空间，天井上方的檐为四周高中间低，由于南方降水较多，屋檐四周围合向中心低有利于将水收纳至天井中间的水池中，寓意"肥水不流外人田"。而在相对较为干燥的北方，民居对排水不做过多强调，其院落形式由于受儒家传统文化"中庸"的影响，表现为方正、规矩且对称平衡。从空间格局来看，北方传统院落讲求错落有致，体现出强烈的家族内部的等级秩序与尊卑秩序。以黄氏庄园为例，黄氏庄园为三进式，每一进都有一厅四房，都有独立庭院，院落平坦为长方形，院落一边设有排水的暗渠，厅堂堂屋两层通高，空间高大开场，正中设有祭祀祖先的神龛，左右两边房间为两层高。将其与桂北干栏式建筑的空间格局比较发现黄氏庄园的空间格局表现出干栏式建筑由楼居向地居转化的雏形，即由院落代替干栏式的低层，置于堂屋的前侧充当室内外过渡的灰色空间。

4. 保护状况

扬美古镇尽管在历史上以商品交易而闻名，但保护与开发状况很不理想。主要表现为：大量传统建筑被拆除，保留较好的只有几处院落，有的院落已消失，只保留几间古宅。扬美古镇的传统建筑消失主要由于保护意识不强。古镇基本骨架形式未发生根本改变，但内在形式已与原来差距较大，且改变速度较快，近五年之内，江边大量传统建筑被新建民居所取代，而江边原来的码头被餐饮摊位所取代。从古镇文化价值与开发价值来说，扬美古镇有较好的地理位置，距离南宁较近，且随着交通工具越来越先进，游客应不成问题。但由于开发模式不适宜，近些年，出现游客下降趋势，主要是传统建筑消失、古镇景观吸引力下降、开发模式不适宜等所导致。

（十）江头村

1. 村落概况

江头村已有800多年历史，位于桂林市北郊的九屋镇，据说是北宋文学家周敦颐的后裔之村，村落景观保留相对完好，文化氛围浓郁，秉承"出淤泥而不染，濯清涟而不妖"的高贵品德，把"爱莲"的风骨融入族规家训。在清乾隆以后的100多年间，出仕200多人，且为官都勤政廉洁，爱民惠民，尊师重教，不畏强权，高风亮节，造就了周氏家族引以为豪、受世人称道的"百年清官村"。2006年6月江头洲爱莲文化入选广西非物质文化遗产名录；2014年被批准为国家AAA级旅游景区，并入选中央电视台大型纪录片《记住乡愁》第一季第55集；2015年被农业部推荐为"中国最美休闲乡村"。江头古民居布局讲究，建造技艺高超。村前有一条河流过，街道以鹅卵石铺设，青砖灰瓦，院落整齐，现在保存较好的有180余座，大部分是明清时代建筑。直至今日，这里依然人文荟萃，民风淳朴。江头村古建筑群的规模很大，具有很高的艺术人文研究价值。在村落布局上呈现出较强秩序性（见图7-52），却给人一种简朴而文雅的感觉。

2. 景观结构

江头村依山傍水，自然山水、田园风光、建筑群落形成了静态景观，人流、禽畜形成了动态景观。春耕秋收、淙淙流水、民居院落展现出村落的动态景观

图7-52 江头村航拍

与静态景观交相辉映，体现了天人合一的人居精神。护龙河、祠堂、道路、水口、池塘是村落重要节点形式（见图7-53）。

图7-53 江头村节点布局分析

3. 民居形式

村内建造的家祠、民居等建筑以青砖做墙、以杉木为主要构件、木雕与石雕做装饰，民居依地势而建，体现了汉族民居进入广西的地域适应性。其特色体现在小体量、低层高，在一种构造中寻求多样性变化的丰富效果，屋顶大坡度，形式舒缓，与山形地势相协调。建筑材料多为杉木，杉木遇雨水不易变形且不生白蚁。杉木做防腐防潮处理，一般是在杉木表面刷桐油，新刷桐油的杉木呈黄色，随时间流逝，杉木颜色变深，自然材质色彩与村落环境相得益彰。

由于民居结构木作较多，村民防火意识强，这一点在民居构建中体现出来，风火墙将院落与院落隔离开来，风火墙以火砖构建，具有保温、隔火、隔热的性能。

江头村周氏的宗祠为爱莲家祠，至今有130多年历史，用6年时间建成，工艺严谨，装饰繁缛，文化意蕴深厚，整个宗祠占地 1200 平方米，共六进庭院，五间面阔，堪称宗祠建筑的经典之作。"文革"中宗祠大部分被毁掉，现在只有"大门楼"保存较完整（图 7-54）。

图 7-54　江头村祠堂门楼

4. 保护现状

江头村现在正在进行旅游开发，村落民居建筑得到较好保护，传统街道、建筑、景观节点都得到较好传承，是通过旅游开发带动保护较好的案例。

本章小结

本章主要分析两个问题。一是广西传统村落分布格局。在此基础上，分析这些村落的影响因素，认为广西传统村落集中区域为东部沿河一带，并且显示出自北而南逐渐稀疏的趋势，另外对广西西部也有零星分布，因此，在整体上出现东北—西南走向，这主要是由于人群文化、经济因素、地势等原因共同影响所决定的，在此基础上，选取具有民族特色、文化特质、典型性代表的 54 个村落作为调研点。二是根据调研点实地考察，选取 10 个传统村落进行描述，主要对其文化概述、景观结构、民居形式、保护现状做分析，认为广西传统村落中由村民进行自发保护的村落较少，旅游开发是许多村落较常见的形式，但每个村落开发形式有差异，在村落景观保护传承上需进一步拓展策略。

第八章

广西传统村落景观保护传承及发展策略

　　广西地处我国西南沿边沿海的少数民族地区，历史文化丰富，民族风情浓郁，自然村 18.5 万多个，传统村落数量多且各具特色，具有极高的研究保护价值。但是，由于地理位置偏远，基础条件落后，大部分传统村落缺乏科学有效的保护和规划，村落景观人为破坏、自然损毁严重。对广西传统村落景观进行调查研究，对保护发展优秀民族文化、建设美丽广西意义重大。本章通过对广西传统村落的景观保护规划策略的研究，分析广西传统村落的基本概况和保护现状，提出并分析现存问题，探讨广西传统村落景观保护规划的整体思路和保护发展策略，以期为广西传统村落景观保护与开发利用提供借鉴。

　　广西传统村落景观在当代的主要表现为：（1）大量劳动力外出，导致村落"空心化"，传统民居倒塌，缺乏修缮；（2）村落发展壮大主要体现在民居增多，向四周无序扩展，传统民居居于中心，缺乏保护机制，显示出两个现象，表现为无序发展过程中，原有村落景观节点消失或失去原有意义，传统民居位于村落中心，但原住民迁移，成为危房；（3）村落开发分为旅游开发或生态开发两种模式，方式单一，缺乏有较强针对性的策略。

第一节　广西传统村落现状分析

　　为了更好地保护我国的文化遗产，国家住建部、文化部、财政部等部门于 2012 年联合发起了"中国传统村落"调查和评选工作。同年，广西住房城乡建设厅、文化厅、财政厅组织在全区范围内开展传统村落调查摸底和统计核实工作。截至 2018 年，广西列入中国传统村落名录总量达到了 162 个，自治区级传统村落 654 个，涵盖了广西世居的 12 个民族，分布在山区、丘陵、平原、滨海等多种地形中，且具有干栏式建筑、院落式建筑等多种建筑形态。

一、广西传统村落基本概况

从分布上来看，广西传统村落分布特点为东北多，西南少。以入选广西传统村落名录的传统村落来看，桂东北地区数量最多，共有传统村落 124 个，占广西传统村落总量的 46.62%；而桂西南地区传统村落只有 20 个，占总数量的 7.52%。桂东北地区包括桂林市、柳州市及贺州市，是少数民族分布最广的聚集地，有壮、瑶、侗、苗等少数民族群体。山岭绵延，海拔较高，主要有大瑶山、桥架岭等，地理位置闭塞偏远，少数民族世居于此，且受现代化、城镇化的影响较弱，使得传统村落景观多以活态为主，且能够数量大并较好地保存下来。

从传统村落的类型上来看，主要有民族文化型、古代商业型和自然生态型。民族文化型主要存在于少数民族地区，以少数民族风情浓厚为主要特点，如融水苗族自治县长赖村、宜州区刘家村等；古代商业型主要存在于沿江沿河地区，村落以经商为主要活动，如南宁扬美古镇、贺州昭平县黄姚古镇、桂林灵川县大圩古镇等；自然生态型传统村落景色优美，主要以当地的自然环境为特色，如龙胜和平乡龙脊村、隆安县布泉村等。

从广西传统村落形成年代上来看，以清代以前为主。通过对广西传统村落分析，元代以前 47 个，明代 92 个，清代 96 个，民国 16 个，现代 1 个，其他 14 个。清代以前形成村落占传统村落的 86.08%，是广西传统村落的主体。

二、广西传统村落保护现状

随着新型城镇化建设的发展，广西传统村落村民的生活水平得到了提升，但同时，传统村落的景观特色正在流失。广西传统村落保护现状令人担忧，许多传统村落由于村民过度追求个人利益最大化，使其原始风貌发生了巨大的改变，破坏了传统村落的原始性和生态性。根据保护的现状，可以将广西传统村落分为以下三种类型：逐渐消失型、正在保护型和正在开发型。

(一) 逐渐消失型

逐渐消失型村落是指缺乏保护与开发，破坏严重的传统村落。21 世纪以来，我国快速的城市化进程对传统村落产生了巨大的冲击。随着人民生活水平的提高，传统村落的落后生活条件已经无法满足人们的实际生活需求。在农村外出打工的浪潮下，有了一定积蓄的村民重修或舍弃旧屋，使传统村落建筑遭到遗弃，最终坍塌毁坏，无人修复。经济发展的同时也改变了传统村落建筑的建造技术，现代的钢筋水泥材料代替了传统的砖木材料，甚至改变了传统村落建筑的空间格局，破坏了传统村落的景观肌理和整体风貌。

　　桂林市阳朔县白沙镇旧县村，始建于 1400 年前，该村建于旧县城遗址旁，故取名旧县。旧县村现存 44 座传统民居，建筑布局自由、灵活，注重完善通风、采光和排水系统。传统典型建筑为三开间，中轴对称。位于中轴线上的厅堂主要进行礼仪活动和日常起居，其中央板壁为神龛，用以供奉神位。厅堂两侧对称分布，一层为卧室，二层则供储藏之用。厅堂的隔扇后设有楼梯，有的宅居兼做厨房。该类建筑当地称作"三大空"。在实地调查中发现，旧县村许多村民保护意识薄弱，大部分传统建筑被遗弃，呈现坍塌的状态，一些搬走的村民将空置的房屋用来储物或饲养牲口，不合理的使用使建筑愈加破败（如图 8 - 1）。故将此类传统村落归为逐渐消失型村落。

图 8 - 1　旧县村被闲置的传统建筑

（二）正在保护型

　　正在保护型传统村落是指处于政府或其他组织保护下的传统村落。2001 年底，广西开始启动生态博物馆建设，先后在南丹里湖、三江、靖西旧州展开了生态博物馆的建设。目前，广西已经建成南丹白裤瑶生态博物馆、三江侗族生态博物馆、靖西旧州壮族生态博物馆、贺州客家生态博物馆、那坡黑衣壮生态博物馆、灵川县长岗岭村商道古村生态博物馆、东兴京族生态博物馆、融水安太苗族生态博物馆、龙胜龙脊壮族生态博物馆和金秀坳瑶生态博物馆共 10 个民族生态博物馆。

　　此外，广西从 2012 年开始在全区范围内开展传统村落保护和发展工作，广西壮族自治区政府根据传统村落调查、验收和审核方案，设立传统村落名录，每个传统村落投入300万元中央财政补助，集中投入传统村落保护。同时，自治区政府开展立法工作，将传统村落保护发展的有关内容纳入该条例。我们将此类处于政府或其他组织保护下的传统村落归为正在保护型。

（三）正在开发型

正在开发型传统村落是指正处于利益集团的旅游或其他利用形式下的传统村落。广西的传统村落多处于优美的自然生态环境之中，民族特色浓厚，具有较高的开发利用价值。

黄姚古镇始建于明朝万历年间，是一个天然的中国古典园林式古镇，被誉为中国的五大古镇之一。黄姚古镇自然景观优美，古镇内孤峰平地而起，姚江蜿蜒环绕，人文景观丰富，各类建筑保存较为完好，牌匾石刻独特丰富，保护开发利用价值极高。在利益集团进驻运作之后，黄姚古镇以文化生态旅游为定位进行开发，当地居民开始充分利用古镇文化生态旅游的优势改善环境。我们将此类处于利益集团的旅游或其他利用形式下的传统村落归为正在开发型。

第二节　广西传统村落现存问题

一、传统村落同质化

在城镇化的进程中，传统村落民居在城市的建筑风格和建设方式影响下，出现同质化现象。许多缺乏保护意识的村民在修缮传统村落住房时选择使用水泥、钢筋等新型材料模仿城市建筑的样式，抛弃了传统青砖黛瓦或干栏式建筑样式，造成传统村落传统建筑与现代建筑混杂，严重影响了传统村落景观的统一性，也导致传统村落景观出现了雷同性的"万村一面"的现象。如三江县程阳八寨侗族传统村落，当地村民在旅游业发展的冲击下，将传统干栏式建筑拆除，在原址上修建餐馆、旅店等营业场所，并且传统干栏式建筑建造时间较长，为了早日达到盈利效果，新式建筑往往在材料、空间布局等方面与传统侗族建筑格格不入，造成了景观的不可逆的破坏（如图8-2）。

图 8 - 2　程阳八寨中混乱的景观肌理

（作者摄于 2017 年 10 月）

二、传统村落空心化

近年来，广西区内劳动力流动不断加大，传统的以农业生产生活为主的生活方式越来越艰难，越来越多的传统村落青壮年劳动力涌向城市和生活条件更好的地方，造成传统村落"空心化"。"空心化"给传统村落造成了许多问题：首先，传统建筑遭到破坏。许多村民外出打工造成古建筑无人居住年久失修，最终倒塌、毁坏。其次，传统村落文化无人传承。许多传统村落有独特的地域文化和民族文化，特别是在少数民族聚集地区，"空心化"导致村民缺乏对本民族的文化认同感。"由于传统村落空心化比较严重，所以许多传统节庆活动都已经不再热闹，甚至数年才由族长牵头举办组织。相反，在外来文化的影响下，许多农村孩子反而对情人节、圣诞节、万圣节、感恩节等西方国家的节庆文化知之甚详，这不得不说是一种传统民俗失落的遗憾，更是一个民族传统习俗的悲哀。"① 桂林市大圩古镇曾经是一个依漓江水运而兴旺的商业型传统村落，村落的传统建筑保存完好，传统格局也基本未被破坏。但随着水运的交通形势落寞，村落往日的繁荣景象已不见，村落呈闲置状态，居民早已搬走，且留存的原住民中以老人、妇女、儿童居多，难以开展正常的农业生产活动，传统生产生活方式难以为继（如图 8 - 3）。

---

① 杨军. 广西传统村落文化保护路径新探 ［J］. 广西民族大学学报（哲学社会科学版），2017（3）：49 - 55.

图 8 – 3 "空心化"严重的大圩古镇
（作者摄于 2017 年 10 月）

三、过度商业化

广西传统村落类型丰富，民族文化型村落民族风情浓厚，自然生态型村落景色优美，具有旅游开发等商业行为的潜力。但是，有一些开发较早的传统村落出现了过度商业化的现象。"过度商业化指的是旅游景区的管理人员在开发过程中，将旅游景区简单地看作一种经济产品，为了追求旅游景区最大的经济效益，对旅游景区进行过度开发的一种现象。"① 此现象较多地出现在开发较早的传统村落中。黄姚古镇的旅游开发已 10 余年，虽获不少美誉，但在旅游开发的过程中也出现了许多问题。首先，景区超负荷接待。在节假日等旅游旺季时期，开发公司对游客数量没有进行有效控制，来者不拒，造成"人挤人""人看人"的人满为患现象，使游客的旅游体验大打折扣。其次，旅游开发公司管理混乱。黄姚古镇在开发前期，为了追求利润，强制征用村民土地，使得世代以耕田为生活方式的村民失去了经济来源。在门票等收益方面分配不均，"黄姚古镇居民每人每年只能分到 18 元的门票收入"，导致出现了黄姚古镇本地居民以低价出售门票的方式来增加收益，扰乱了正常的市场规律，也使黄姚古镇景区形象大打折扣。过度的开发破坏了黄姚古镇的真实性。

---

① 孙乐淇. 试分析旅游景区开发中的过度商业化问题［J］. 旅游纵览·行业版，2016
（4）.

第三节　广西传统村落传承方式

一、传承要素

通过对广西传统村落分布最广的桂北地区进行调研，发现广西传统村落具有优秀的传承要素，包括物质形态要素和非物质形态要素。物质形态要素是指为了满足人类生存和发展需要所创造的物质产品，主要体现在村落选址、布局等物质形态方面。非物质形态要素是指非物质形态的有艺术价值、历史价值的物质，是人类在社会历史实践过程中所创造的各种精神文化，如传统歌舞、人文精神等非物质形态要素。目前传统村落空心化、同质化等问题的出现，对广西传统村落的优秀传承要素造成了严重的影响。

物质形态要素应从优秀的、具有明显识别度的文化符号及由传统思想统领下产生的物质形式中提取，包括景观细节、规划布局等。如民居景观要素有纹饰符号、雕刻技艺、材质等；规划布局包括道路、景观节点、村落布局、村落与田地关系处理等，如干栏式建筑要素的植物纹、几何纹、民俗物象等。传承要素除了符号抽取外，还应运用合理的设计方法。以侗寨为例，以图案为原型延伸至具体物品或建筑的设计，反复试验变形，形成物体雏形，加入村落景观，营造侗寨景观特色，传承具有民族及地域文化意义的文化符号，如竹编、绣球、葫芦、稻作文化符号等（如图8-4）。另外，对具有景观特色的节点形式进行分析，寻求合理的变形方式，以道路为例，注重对道路的梯度、弯曲度、叠级形式保留，注重铺装形式的材质及肌理形式保留（如图8-5）。

二、传承方式

针对传统村落优秀传承要素的传承方式研究，国内学术界的研究主要集中于建立政策法规、宣传宣讲、传统文化资源挖掘等方面。如王敏认为应当将文化遗产保护纳入城镇化建设规划中，应当建立科学的评估机制和完善的政策法规来推动传统村落的文化传承。周小玲、刘淑兰提出构建农耕文化展览馆来展示村落中具有价值的民俗器物，以宣传农耕文化的方式对传统文化进行传承。庄学村认为政府应当营造一个良好的文化氛围，引导专家学者和民众等社会各界力量参与到文化传承中来。刘燕在《非物质文化遗产在传统村落保护中的传承研究》一文中以安徽省泾县黄田村为例提出了以传承非遗项目为重要着力点，

图 8 - 4　干栏式纹饰要素元素提取

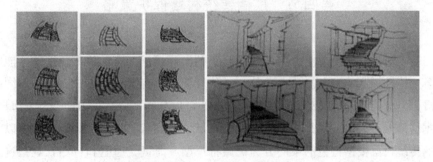

图 8 - 5　侗寨街道铺装基本构成形式

将非物质文化保护与传承工作同传统产业相结合的产业格局传承方式，以及充分运用微信等新媒体成立由专家学者、地方文化学者等构成的传统村落文化传承宣讲团，建立定期宣讲制度的传承方式。

广西传统村落不同形态的要素可采用不同的传承方式。如对村寨选址等人居精神要素的传承可以注重村落水体、河流的走向以及形式等，不应在规划时发生改变。周边的山体以及环境要以可持续发展的理念进行传承，以保持村落原有的发展模式。黄姚古镇在建设初期十分重视选址的周边环境因素，古镇周围群山环绕，小河姚江蜿蜒流淌。对于这一类传统村落在现代的旅游开发或者传承保护时应对这些山体和水体实行保护，不应发生改变。对传统村落内部空间布局可以保持村落边界的连续性，维持村落空间的内向性等。如贺州江氏客家围屋是目前广西保存最完整的客家古建筑聚落。该村落一个围屋就是一个村寨，在围屋内开展各项生活活动，具有明显的内向性。对其进行传承保护时应保持边界连续性和内向性。在村落的建筑形态方面，可以遵守"修旧如旧"的原则，最大限度地在传承中体现建筑的使用价值。对于民俗民艺等非物质形态要素可采取组建文化艺术团等方式来传承。如三江程阳八寨侗族大歌起源于春秋战国时期，与侗族风雨桥、鼓楼一起被称为"侗族三宝"，目前已列入《世界非物质文化遗产名录》。由于受到经济发展的影响，村中的年轻人纷纷去经济更发达的地区谋生，导致了村落空心化的出现，引发了优秀传统文化得不到传承的问题。针对这种现象，可以通过组建民俗艺术团，并定期举行有侗族特色的民俗活动，对年轻一代进行科普教育。通过这种方式可以提升侗族人民的文化认同感，强化他们的文化遗产观念，从而自发地对本民族优秀非物质形态要素进行传承。

第四节　广西传统村落保护策略

　　传统村落的保护要结合传统村落自身的实际情况，有的放矢，这样才能突出各个传统村落的特色。目前，传统村落分类并没有统一的方式，根据不同的标准可以分为不同的类型。按照地形来分，可以分为平原型、山地型、滨海型。根据格局形态来分，可以分为城垣状、带状、组团状。经过田野调查，可以将广西传统村落根据特色的不同分为民族特色型、商贸交通型和自然景观型这三个类型。民族特色型主要存在于少数民族地区，以少数民族风情浓厚为主要特点，如融水苗族自治县长赖村和宜州区刘家村等。商贸交通型主要存在于沿江沿河等交通便利地区，村落以经商为主要活动，如南宁扬美古镇、贺州昭平县黄姚古镇和桂林灵川县大圩古镇等。自然景观型传统村落景色优美，主要以当地优美独特的自然环境为特色，如龙胜和平乡龙脊村和隆安县布泉村等。

一、理论分析

（一）中国传统村落保护理论

　　目前，国内学术界对于民族特色型、商贸交通型、自然景观型的传统村落提出了不同的保护策略。村落的整体保护多集中于分区保护，即划分核心保护区、风貌控制区、环境协调区。对于传统建筑的保护多集中于修复修缮、修旧如旧等方式。对于非物质性文化的保护多集中于制定法规政策、加大宣传力度、结合第三产业等保护模式。

　　民族特色型传统村落由于其独特的民族文化,产生了特色建筑、民族风俗习惯等自然及人文景观,甚至有的民族风俗已经成为文化遗产。在保护时,主要针对其村落风貌、民族建筑如风雨桥、鼓楼等,周边自然环境以及与之有关的艺术、风俗、节庆等进行保护。黄滢、张青萍提出了以政府为主导者,以社会组织、文化专家、宗族、村民为参与者的多元主体保护模式,使少数民族村落得到可持续性的存留和发展。王登辉以云南省彝族传统村落乐居村为例,对其自然环境和社会环境提出了划定核心保护区、建设控制区和环境风貌协调区的分级整体性保护的方法,同时对民居建筑进行分类,制定不同的修缮维护方案,对精神文化则以整理记载等方法来建立文化技艺保护机制。张先庆以四川省北川县黑水村为例,以实地踏勘法对其传统民居建筑提出了对有一定保护价值,但质量中下的建筑进行局部改善和修护,对与传统风貌协调建筑或质量中上的建筑给予保留,对不协调或质量差的建筑进行整治改造的保护措施。同时,对村落中的古树名木、山体、街巷、梯田等历史环境要素进行保护。对羌年、转山会、口弦等非物质文化遗产提出了建立文化保护实验区、专家指导与人才建设等保护方法。

　　商贸交通型传统村落由于其经济发展较快,一般成为当地的经济中心。由于其经济特性,传统村落中一般会出现商业街、商号店铺、码头、会馆、桥等,以及当地的水体景观、民俗民艺等。在保护时应重点对这些要素进行重点保护,保持传统村落的原真性。广州黄埔古村是典型的商贸交通型传统村落,杨宏烈、肖佑兴通过对其研究提出了保护文物精华、维护古风古貌、创新第三产业的保护遗产开发与旅游互动的保护模式,以及以学术为基础、以姓氏文化为线索、以名人故居为亮点、以海神文化为特色的文化建筑遗产单体保护策略。同时建立乡规民约,使保护政策深入人心,进一步保障保护策略的实施。刘婷通过分析论证、实地考察等方法对四川省泸州市泸县新溪村进行研究,提出了保护第一、合理利用、以人为本、整体保护,保持历史格局的完整性的文化景观保护原则。同时,划分历史保护区、长江生态景观保护区、农田生态保护区三个保护区域,采用保护修缮的手段来保护新溪村的传统建筑,以及“以旧显旧”的方式保护文物古迹。胡瑾对茶马古道上的重要驿站云南省沙溪古镇进行研究,提出了原真性、整体性和可持续发展的保护原则,在材料、结构、设计、工艺以及功能上体现原真性。同时对传统道路格局、原有街道肌理、空间接口、重要节点等进行地域特色的研究与保护,对非物质文化景观提出了重拾教化地位、恢复民俗活动、延续传统生活方式、纳入产业链条、重塑新集市商贸地位的保护方式。

　　自然景观型传统村落一般位于交通欠发达，受现代化、城镇化影响较小的地区，环境优美，景观独特。此类传统村落保护应着力于空间布局、村落风貌以及周边自然环境等要素。郭冬雪在对山东省荣成市俚岛镇海草房民居的发展概况、利用价值深度剖析的基础上，提出编制村落保护与发展规划、整理保护利用、建设生态博物馆的保护策略。蒋刚通过构建传统村落保护与开发价值评价体系，对张谷英村提出了划分历史文化保护区、建设控制地带、环境协调区的分区保护模式，对自然环境与景观提出了通过构建人文景观轴线、人文生态景观轴线和自然生态景观轴线的方式对整个村落的景观轴线进行控制，对文物古迹提出了"修旧如旧，维持原貌"的保护原则，对传统建筑执行不同等级的保护规定，同时对新建建筑提出控制的要求。张剑文则引入了PPP保护模式，并提出纳入文物保护团体、将原住民纳入PPP体系中的优化模式来缓解传统村落的"空心化"问题。

　　（二）广西传统村落保护理论

　　2017年11月，广西壮族自治区政府为了推动传统村落保护模式的创新，开始尝试以专家团队包村打造、乡村规划师驻地建设，即当地住建局与有资质的规划设计单位签订合作协议，规划设计单位组建专家团队并派规划设计专家进驻当地传统村落，全程指导和组织实施村落的保护和发展的保护模式。除此之外，自治区政府还提出了"腾屋新建"的保护机制，以及开展历史建筑和历史环境要素的建档、挂牌保护和创建传统村落数字博物馆的创新保护模式。

　　国内学术界对于广西传统村落保护策略的研究日益增多。民族特色型传统村落的保护多集中于生态博物馆的保护策略，保护村落民族建筑的原真性，保护民族非物质形态景观的"活态"。商贸交通型传统村落的保护多集中于对展现商贸特征的建筑的保护，以及针对当地民俗的民俗博物馆保护形式。自然景观型传统村落的保护多集中于对古村落进行整体性的分区保护模式，以保证传统村落景观的统一性。

　　民族特色型传统村落多分布于桂北、桂西等广西少数民族地区，各族传统村落的村落空间形态、文化景观各不相同。黄智尚对广西三江县程阳侗寨传统村落进行实地调查，提出了对居住建筑采取分级保护、"修旧如旧"的原则定期维护和合理修缮，最大限度地保护历史传统和整体格局的原真性。同时，加强对村民保护意识的宣传教育，让村民自愿、主动、积极参与。贺剑武对桂林市龙胜瑶族传统村落景观进行梳理，提出了以农业生态系统为基础，以当地少数民族文化现象为基本内容，以当地"活态人文遗产"为展示重点的生态博物馆的保护模式。

商贸交通型村落主要位于广西漓江流域、左江流域等水系交通便利的地区。由于其交通的便利性，往往成为周边地区的经济贸易中心。王林通过对大圩古镇调研，提出了古镇缺乏"原真性"的行为景观、商业行为取代了"原真性"民俗等问题，并提出了以"原真性"为理念，引入"活态"民俗行为、深度挖掘"原真性"民俗文化、开设古镇民俗博物馆等保护策略。宇世明、宋书巧、屠爽爽通过对扬美古镇景观的梳理，针对可进入性低、新旧民居不协调、景观破坏比较严重等问题提出了对古埠、古码头进行修复，加大宣传投入，加大配套项目开发力度等保护策略。

自然景观型村落的保护主要着力于保护村落的景观空间及其周边优美自然环境。荣海山通过对昭平县黄姚古镇景观的梳理，提出了划定古镇保护范围的方式，避免旅游开发对古镇造成破坏，对传统建筑提出了保护、更新、修复与重建的策略，以维护古镇景观统一的整体效果。王路生通过对秀水村实地调查，提出了建筑群体衰败、传统物质空间与古村落发展空间不足、居民文物保护意识淡薄等问题，提出了原真性、整体性、协调性、可识别性、可逆性的五点保护原则，以及划定保护区、保护点，对传统建筑采取重点保护、立面保护、骨架保护、结构保护、网络保护和功能创新的综合方法。

二、传统村落文化保护类型

通过实地调研发现，民族特色型、商贸交通型、自然景观型三种不同类型的村落，由于村落的特点不一样，在保护时的侧重点不同，应采取的方式方法也不同。

（一）民族特色型

广西民族特色型传统村落在整体保护时可采取生态博物馆的保护模式。"生态博物馆是在原来的地理、社会和文化条件中保存和介绍人类群体生存状态的博物馆。"[1] 传统博物馆的侧重点在于建立不同主题的博物馆建筑，将文物转移到建筑物内部，这样的保护模式改变了物体存在的周边环境，打破了文物的原始状态。与传统的博物馆所不同的是，生态博物馆的保护模式主要是强调村民的参与，将其传统文化以活态的形式保护起来，保证了其真实性。我国生态博物馆是对遗产，包括自然遗产和文化遗产（一般为弱势文化）进行整体保护及保存的社区，是社区居民追溯历史，掌握和创造未来发展服务的特殊的博物馆

---

① 苏琨，郝索. 国内外生态博物馆研究综述 [J]. 安徽农业科学，2012（29）：14348 - 14351.

形式。

例如广西桂林市龙胜瑶族村寨，通过田野调查与分析，依据上文传统村落类型的划分，该村落属于民族特色型传统村落。龙胜瑶族村寨具有独特的民族文化景观。

（1）瑶族干栏式建筑主要利用杉木为材料，在屋顶铺设瓦片。整个建筑依地形而建，一层为牲畜间，二层为生活起居用，三层用来储物。整个建筑不用装饰，具有自然生态的特性。

（2）日常生活中以刺绣为民俗景观标志，瑶族妇女从8岁左右便要开始学习刺绣和织布，以红色为主色调的花衣上绣有瑶族独特的"瑶王印"。由此也产生了农历六月六瑶族晒衣节。

（3）最具有标志性的民俗文化景观，是瑶族女性的盘长发。

（4）丰富的民族风俗习惯也是文化景观的重要组成部分。传说中瑶族在从北方迁徙时，狗舍弃性命救下了瑶族人，因此每年除夕夜有抬狗的习俗。除此之外还有半年节等特色瑶族节日。

龙胜瑶族村寨的物质景观和文化景观在近些年的旅游开发的冲击下，也出现了传统建筑被人为破坏、村落空心化、优秀民族传统文化无人传承等问题，与生态博物馆对自然遗产和文化遗产进行整体保护的理念相符合。

在施行生态博物馆的保护策略时，在宏观层面应先分析游客的来源，发掘村落特色，为村落的发展性质与定位做出准确的判断。在中观层面划定生态博物馆的保护范围，对保护范围进行分区保护，按照核心保护区、建设控制地带、风貌控制区的程序进行。在微观层面应对保护区域道路交通系统、绿化景观系统、服务设施系统进行规划。提倡社区参与的方式，以有利于传承村落的优秀民族文化。

（二）商贸交通型

商贸交通型传统村落在保护时，可采取"修旧如旧"的保护模式。梁思成先生曾在《闲话文物建筑的重修与维护》一文中提出，重修具有建造以及艺术价值的历史建筑应遵循"修旧如旧"的基本原则。

如桂林市大圩古镇，北宋时是商业繁华的集镇，在清代已成为广西四大古镇之一，按照前文对传统村落的划分依据，大圩古镇应为商贸交通型传统村落。大圩古镇依漓江而建，整个古镇以"一"字形沿江而建，以商铺为核心的民居文化是其最突出的特点。在对大圩古镇等商贸交通型古镇进行保护时，可以以"修旧如旧"的理念，对古镇传统建筑进行分类保护。将古镇建筑分为文物保护单位、传统风貌建筑、风貌协调建筑、风貌不协调建筑四大类。文物保护单位建筑根据国家文物建筑修复的要求进行保护。传统风貌建筑主要是对其外观进行维修，保持其传统风貌特征。风貌协调建筑可予以保留。对风貌不协调建筑进行改造或拆除。保护的同时，应在建筑空间布局、材料等方面体现"修旧如旧"。如恢复明清时期前店后院的传统空间布局，在颜色肌理上使风貌不协调的建筑与传统建筑产生和谐的关系。通过恢复商业、商号，重修古码头等形式来"活态"保护大圩古镇建筑人居文化以外的非物质文化景观。

（三）自然景观型

自然景观型传统村落在保护时应着重于保护村落的空间布局、周边山水格局等景观要素，在保护时可以采取分区保护的策略。如黄姚古镇山水格局优美，是一个天然的山水园林古镇。在保护时可采取核心保护区、建设控制区、风貌控制区的分区保护模式。核心保护区是指黄姚古镇范围内民居、宗祠等传统风貌的历史建筑密集的区域。古镇范围内，除核心保护区之外的所有区域为建设控制区，此区域是为了保证古镇传统风貌的完整性。风貌控制区主要是对古镇周边的山体、水体等自然景观进行整体保护。核心保护区重在对黄姚古镇的寺观、宗祠、亭台楼阁等历史建筑、文物保护单位及其周边环境的保护；建设控制区重在对村民新建建筑物在使用性质、肌理、体量、颜色等方面的控制；风貌控制区则控制村落周边新的建设行为对自然山水格局的破坏。

第五节　传统村落发展模式

中共十八大召开以后，国家下发了《关于加强传统村落保护发展工作的指导意见》。传统村落发展应结合传统村落自身的自然条件，结合周边的地理、资源优势，发展特色产业。调查研究发现，广西传统村落的发展策略，可以采用农业园、旅游观光、特色小镇、美丽乡村、保护规划这五个模式。

一、农业园

农业园的发展模式又称"休闲农业园""农业观光园"等，是一种以农业和农村为基础，以休闲、旅游、示范为发展的新型产业。农业园可以按照开发内容分为专类采摘农业园、高新科技农业园、花卉植物专园、民俗风情农业园、都市居民农业园、森林式农业园以及休闲观光农业园。专类采摘农业园指果园、花园或菜园等，在农作物成熟的时候，将游客引入赏花赏果、采摘等的体验方式。高新科技农业园是将现代化的科学技术与农业相结合，展示高新技术在农业生产中的运用，将奇花异果向游客展示。花卉植物专园主要培育珍贵花卉植物以及经济花卉植物，是集观赏、科普、旅游于一体的农业园。民俗风情农业园是指具有当地民俗风情的农家生活园区，让游客体验、享受以及学习当地的乡土风情和民俗文化知识。都市居民农业园是近些年逐渐兴起的农业园模式，指的是政府或者农民等土地拥有者，将土地租赁给城市居民，让居民在闲暇时期参与蔬菜瓜果耕作的方式，使游客体验到农耕的乐趣。森林式农业园主要以树木的种植为主，将森林风光与旅游相结合，可提供狩猎、采摘、露营等空间。休闲观光农业园是以上几种模式的综合形式，游客不仅可以采摘瓜果、游览乡村景色，还可以住宿等。

广西农业基础较好、有特色的传统村落可以采取农业园的发展模式，发掘自身的农业特色，结合村落的周边环境进行旅游开发。如大圩古镇位于桂林市郊，距市区只有 18 千米，境内盛产草莓、优质梨、美国提子等瓜果以及包心菜、四季豆、长茄等农作物。从其优越的地理位置以及具有特色的农作物来看，可以打造以当地农产品为基础、以优质瓜果为特色的采摘农业园或都市居民农业园，同时与大圩古镇的古镇旅游相结合的发展模式。

二、旅游观光

旅游观光，是指以当地独特的自然景观或人文景观为基础，由政府、利益集团或村民自发为主体的旅游开发行为。当前国内旅游已成为人们的重要活动方式，由都市转移到偏远地区的旅游趋势已经越来越明显。国内传统村落开发目前有村民集体经营、个人承包经营、企业租赁经营、政府投资经营以及 PPP 模式经营等方式。广西由于其秀美的自然山水景观与独特的少数民族文化，已越来越频繁地成为人们的旅游观光目的地。传统村落的旅游开发是一把双刃剑，适度开发可以提高村落的经济水平、改善村落环境、传播地域文化。但过度开发有可能造成环境的破坏、过度商业化等问题，给传统村落带来不可逆的破坏。

广西传统村落的旅游观光发展，应因地制宜，结合自身的特色。桂北、桂东北地区可以瑶、侗等少数民族文化为基础进行旅游开发；桂南、桂东南地区可以客家文化为基础进行旅游开发；桂西地区则可以壮族文化为基础进行旅游开发。旅游开发的同时，可以推动社区的积极参与。由于现代化、城镇化的冲击，广西传统村落出现了空心村等问题。在旅游开发时若强调村民的参与，可以保证村落人文景观的"原真性"，这一点在少数民族传统村落尤为重要。同时，村民与旅游开发商若有一个良好的经济效益关系，可进一步缓解传统村落"空心化"等问题。

三、特色小镇

特色小镇理念兴起于浙江，与"城镇"有所不同，特色小镇的发展目标是基于特色产业和特色区域文化，借助高端技术和科研创新，最终达到多方面综合发展。它具有全方位综合性的产业链条，通过政府与企业合作，融合多种经济元素，进行产业升级，促进区域经济发展。中国住房城乡建设部、国家发展改革委、财政部决定在全国范围内开展特色小镇培育工作，到2020年培育1000个左右各具特色、富有活力的商贸物流、休闲旅游、教育科技、现代制造、传统文化、美丽宜居的特色小镇。特色小镇的"特色"在于，特色小镇推行的产业为高新服务业或者传统产业中的某一个环节，而不是一个完整的产业链；特色小镇注重人才培养，其人群为高学历、有独立思想的创新型人才，而不是"草根"创业者；特色小镇重视文化建设，而不是单纯追求经济效益；特色小镇的选址一般位于与城市较近的周边区域，方便与周边的联系。

在政府建设特色小镇的进程中，广西有柳州市鹿寨县中渡镇、桂林市恭城瑶族自治县莲花镇、北海市铁山港区南康镇、贺州市八步区贺街镇四个地区进入第一批建设名单。有河池市宜州区刘三姐镇、贵港市港南区桥圩镇、贵港市桂平市木乐镇、南宁市横县校椅镇、北海市银海区侨港镇、桂林市兴安县溶江镇、崇左市江州区新和镇、贺州市昭平县黄姚镇、梧州市苍梧县六堡镇、钦州市灵山县陆屋镇共10个地区进入第二批建设名单。广西的特色小镇建设，应着力于发掘特色小镇发展的主题，可以以当地的自然条件为基础，从当地农业、林业、渔业、服务业、商贸业等产业中深挖，建设特色定位的特色小镇。

四、美丽乡村

2013年中央农村工作会议提出：中国要强，农业必须强；中国要美，农村必须美；中国要富，农村必须富。同年，中央一号文件指出，要加强农村生态建设、环境保护和综合整治，努力建设美丽乡村。在国家颁布的《美丽乡村建设指南》中，美丽乡村的定义为政治、经济、文化、社会和生态等多方面协调发展，规划科学、生产发展、生活宽裕、乡风文明、村容整洁、管理民主，宜居、宜业的可持续发展乡村。在现代化、城镇化的背景下，建设美丽乡村，对人居环境改善、乡村空间重构、城乡差距缩小和城乡一体化发展都具有重要意义。美丽乡村建设的目的在于美化村落环境，做到外表整洁有序、生态环境优美，从而带动乡村的经济发展、倡导乡风文明等。

中共十八大召开后，广西壮族自治区政府以"美丽广西"为主题，以"清

洁乡村"为切入点，提出了计划在两年时间内改善自治区乡村环境面貌。到
2023年，乡村产业加快发展，脱贫攻坚成果进一步巩固，农村基础设施条件及
人居环境持续改善，农村基本公共服务水平进一步提升，乡村振兴取得阶段性
结果。乡村旅游对于美丽乡村建设起推动作用，要发展乡村旅游，就要有良好
的环境，需要清洁乡村、美化环境，整合乡村的民居建筑、民风民俗等。同时，
乡村旅游推动传统村落基础设施建设，改善村民生活条件。传统村落的美丽乡
村建设又对传统村落旅游起促进作用，村落的环境改善了，可以更好地提升村
落旅游吸引力。总之，建设美丽乡村有利于广西传统村落的保护与发展。

五、保护规划

传统村落的保护规划一直以来是学术界的热门话题，1986年，国务院公布
第二批国家历史文化名城时，第一次涉及关于历史文化村镇的保护。传统村落
的保护规划是一种以规划设计为手段，对传统村落的物质文化与非物质文化进
行保护的方式，从国家到省、自治区、直辖市都有不同等级的保护规划制度。
2012年全国展开传统村落调查摸底，确定了第一批共646个具有重要保护价值
的传统村落列入中国传统村落名录。截至目前，住房和城乡建设部等七部门已
公示四批共4153个传统村落列入保护名录。2012年国家住房和城乡建设部印发
的《传统村落评价认定指标体系（试行）》要求建立地方传统村落名录，各级
传统村落必须编制保护发展规划，确定保护对象及其保护措施。广西壮族自治
区住房城乡建设厅、文化厅、财政厅、国土资源厅、农业厅、旅游发展委六部
门开展广西传统村落名录建设工作。截至目前，广西已经有654个广西传统村
落和161个中国传统村落。

第六节　广西传统村落景观保护及发展策略解析

广西传统村落存在现状令人担忧。政府、村民、商业集团对当代传统村落
的态度决定了其保护现状，由此，传统村落的保护状态呈现三种：第一，无人
保护，任其发展；第二，政府与村民对此关注，对部分民居与景观节点进行维
护；第三，政府、村民、商业集团三者达成共识，进行保护性开发。这三种态
度导致广西当今传统村落保护出现两个重要冲击：一是商业集团不合时宜切入，
对村落的旅游开发带来许多负面效应；二是村落内大量居民迁出，造成村落内
部空心化，使其失去往日发展活力。

保护资金、对待传统村落的保护意识、村落保护技术与方法是广西传统村落保护的三个关键点。对这三个关键点进行解析可知：保护资金通道包括村民自筹、政府成立维护基金、社会资金注入；对待传统村落的保护意识包括社会各界专业部门进行文化鉴定、政府协助宣传、村民认可、社会认可；村落保护技术与方法包括遗地精神核心文化提取、景观节点保留与修缮、民居建筑维修技术。

针对广西传统村落存在情况不一、价值各异的具体情况，其保护手段也应细化。从宏观来说，主要分为动态保护与静态保护两种。静态保护主要指生态博物馆及自发保护两种，生态博物馆式保护适用于原生态性较强的传统村落，如已经在广西南丹里湖白裤瑶、三江侗族等地设立生态博物馆，对于独特性较强的村落采取文化认同下的自发式保护，如兴坪古镇。动态保护包括旅游观光补偿、再设计更新保护、功能拓展性保护。旅游观光补偿保护不仅能有旅游资金收入，还可以借助社会各界资金对村落进行保护，这类形式主要针对具有自然旅游风貌特征与异文化并存的古村镇，如大圩古镇、黄姚古镇。可对单个村落进行旅游开发，也可以对几个相邻区域传统村落进行"串珠式"开发，"串珠式"不仅让游客在旅游中得到更丰富的体验，也可通过旅游开发带动一个区域的经济发展，"串珠式"开发的前提是周边有相似或相近的景观形式或文化形式，这类形式的注意点在于对村落廊道景观、节点景观的控制性规划。

广西传统村落在再设计更新时可针对不同类型的村落采取不同的保护规划方法。在宏观层面，采取分区、分类保护的方式，划分核心保护区、建设控制地带和风貌协调区；在中观层面，采用"修旧如旧"或修缮修复的方式对传统村落内的历史文物建筑、传统民居等进行保护规划；在微观层面，对传统村落内的道路交通结构、景观空间结构、服务设施结构等方面进行梳理，从不同层面对传统村落进行保护规划。采取的具体策略主要包括"圈层式""协同式""修复式"。"圈层式"规划共分三层，即核心保护区、风貌控制区、协调发展区，主要针对远离城市的单体传统村落；"协同式"主要针对在城市近郊的村落，在传统村落与城市的模糊边界地带采取协同城市到传统村落景观廊道元素渐变的协同规划；对于良性发展的传统村落采取修复式保护。

传统村落景观保护、传承、发展三者关系是相辅相成且不可割裂的，这是由传统文化存在、传承、发展的一脉相承性决定的。传统村落景观集聚了民族、人群、地域的民众智慧而成，体现了物质文化与非物质文化的高度统一。流传至今的文化传统不仅有深厚的文化积淀，也是传承发展的基础。传统村落景观发展是在传承保护基础上进行的，而保护传承的目的也在于可持续发展。由此，三者和谐一体的关系决定了发展策略。广西传统村落景观发展根据以上论述可从动态保护与静态保护两种模式基础上展开，并在策略上进行细化。

一、静态保护

静态保护发展策略包括生态博物馆式及自发式两种。

通过第三章至第六章分析可知，广西传统村落在选址及构建存在两种重要方式，即少数民族的生态型与汉族受儒释道文化影响下形成的传统风水型，原生态文化保存较好的少数民族村寨能较好地展示民族整体文化，对文化完整性保留较好且能较好发展的村寨实行生态博物馆式保护与发展策略是切实可行的。

至今，广西有 10 个生态博物馆村寨，包括三江侗寨、南丹白裤瑶、贺州客家、那坡黑衣壮、东兴京族、靖西旧州、灵川长岗岭、融水安太苗岭、龙胜龙脊、金秀坳瑶生态博物馆。这 10 个生态博物馆以保护民族传统文化为主，集中展示了广西少数民族原生态村落、自然风貌及隐含于其中的村落非物质文化遗产，保护手段采用直属单位负责、技术人员跟进辅导、原住民保护的策略。广西生态博物馆建立以来，这些村落在一定程度上得到有效保护并取得一定发展。成果体现在村落景观原貌得到维持、民族文化记忆得到发展、一些古旧民居得到修缮，这在传统村落急剧消失的今天显得难能可贵。但也存在一些不足，在各个管理环节得不到有效衔接的过程中，有的生态博物馆出现片段式损坏，如长岗岭村，主要体现在居民争利、配合不到位出现的维护乏力，导致一些民居出现倒塌、景观节点不清晰等负面形象，但这种策略从整体上看是有效且可行的。通过十几年来对广西生态博物馆的实施效果来看，尚需加大专业技术人员指导力度，并将这种模式拓展到更多符合条件的村落。

自发保护的传统村落范围界定在村落文化保留不完整，对整个村落进行完整性修复已不可能或没必要，但某些独立民居尚有一定遗产价值并有保留的可能性。如玉林苏家大院，其周边民居逐渐倒塌且难以整体修复，但苏家大院保留较完整且遗产价值较高。苏家大院体现出中华文化传统的轴线对称，建筑布局严谨，建造技艺高超，装饰繁缛文化内涵深厚。这类形式的村落尽管有的已进入中国传统村落名录但保护不力，村落的完整性呈加速度缺失，采用自发性保护是基本有效的手段，如富川秀山村，尽管整个村落景观价值极高，但从保护现状看，近几年呈现出快速破坏状态。因此，自发性保护应属抢救性保护的基本策略。在自发保护基础上得到文物部门及政府相关部门的重视与支持应是这种策略发展的后续。

二、动态保护

动态保护策略包括旅游观光补偿、再设计更新、功能拓展三种。

旅游观光补偿是当今对传统村落采取的最常见的发展策略，从全国范围来看，这种形式已取得一定成效，如丽江、乌镇、周庄、和顺等传统古镇。广西一些传统村落也开展了旅游观光补偿策略，比较有特色的村落有扬美、大圩、江头、黄姚、龙脊等。从调研状况来看，每个村落实行的具体策略不同，结果也有差异，效果较差的为扬美古镇，从其旅游效果分析，由于许多传统民居遭到破坏，每个原住民都希望将原有民居进行重建以获取更多空间，民居消失导致旅游文化价值逐渐丧失，游客越来越少。龙脊村旅游效果较好，首先龙脊是由几个寨子组成，居住区较分散，原住民在追求经济效益的同时，保留了原有民居的基本样式，最主要的原因在于龙脊梯田的自然风光对游客具有强烈吸引力，这是对自然风光维护的结果。黄姚古镇在开发中注重对村落的原生态景观进行保留，将旅游区与现代民居隔离开来，从而保证黄姚古镇景观特色。

旅游观光策略尽管运用较多，但也是一把双刃剑，存在三个方面的博弈：第一，旅游观光在对村落景观保护与传承提供支持的同时，城市文化也很容易渗透，使得村落原生景观文化保留不完整；第二，在村容村貌得到改善的同时，其生态承载也有超负荷的可能；第三，旅游开发带来的经济效益促使人口回流，但原生居民的经济利益或投资者的利益有发生冲突的可能。由此，村落旅游要考虑生态维护、村落文化保留、利益主体经济分配合理性。

根据以上分析，旅游观光补偿策略程序为：分类保护民居及景观节点原生形态—维持传统村落视觉肌理—进行分级保护与整治—制定保护发展工作程序。第一，对传统村落景观文化进行分析，保留或强化有地域景观特色的景观节点，对传统民居或节点进行价值论证，并对其进行分级，针对不同级别或不同形式采用不同保护策略；第二，在修缮与改造的同时，注意保留原有视觉肌理，如墙面或地面的材质与组成方式；第三，根据保护级别进行合理整治；第四，指定合理保护发展工作程序，如原住民、商业集团、政府等根据村落具体情况达成协议，并制定管理措施以保证各方利益。

再设计更新主要针对已不适合当代人居住环境但有一定保护价值的传统村落。根据对广西传统村落调研，大部分传统村落在人居方面不尽如人意，主要存在以下几个问题：第一，通风与采光存在问题；第二，村落交通形式已不适应当代形式，如道路狭窄不能通车；第三，现在民居居住者许多是新中国成立后土改所分配的住房，在原来分配住房时期，每个家庭只能分到一间或几间，随着家庭规模扩大和成员增加，原有居住面积已不能容纳后辈人居住，在争取各自利益时，导致原有民居空置却难以解决房屋归属问题。

再设计更新策略主要解决村落过去与现代居住不适问题，策略的目的在于使原住民居住条件得到改善并对原有景观进行保留。再设计策略又可细化为"圈层式""修复式""协同式"三种。"圈层式"再设计是将原住区定位为核心保护区，外围为风貌控制区，提取核心保护区设计符号、元素，并将当代人居环境与传统文化进行叠加，形成风貌控制区构成元素，协调发展区可利用当代设计观念进行再设计，这种策略实行的目的在于将村落保护、控制、发展三者结合，将传统与现代人居观念进行融合；对于良性发展的村落采取修复式保护，如果村落在人居、生态方面呈正向发展，可将部分破坏或受损部分进行修复即可；"协同式"主要针对城市近郊的村落，随着城市发展壮大，许多临近城市的传统村落受其冲击较大，同时也面临发展机遇，协同策略在于解决从城市到乡村景观过渡，传统村落景观廊道元素渐变与城市景观协同规划，做到从城市到乡村景观过渡性规划，实现无痕迹衔接，在保留村落原生景观的同时适应当代城市景观发展，并给村落发展带来机遇。

功能拓展策略主要针对传统村落保留较差但又进行产业转型的村落，在对传统村落景观尽可能保留的前提下，进行村落产业转型或功能拓展。产业转型主要针对村落景观中生产空间转变，如改变原有作物品种或产出功能分区以提高村落物质产出，实现村落生产空间优化，如构建生态农业园区。

当代城市对乡村的吸引、乡村对城市的补给是一个严重问题，城市在服务、交通、物质产出等方面较乡村更具有优势，导致乡村人口流入城市，而乡村物质产出对城市发展提供的补给功能遭到削弱，由此出现乡村"空心化""城市病"。解决这一问题可把城市与乡村之间的小镇作为切入点，小镇在物质流及信息流较传统村落更具优势，同时，在发展空间及生态承载力方面较城市具有优势。

传统村落的存在给我们两个启示：第一，可考虑将传统村落向特色小镇发展；第二，可根据传统村落景观文化积淀，在适宜地方进行特色小镇构建。若传统村落根据自身优势发展为特色小镇，其景观文化可得到良好传承，其经济发展通道更为通畅；若另选址进行特色小镇构建，可从附近传统村落景观文化中得到有益启示，从而构建具有地域、民族文化特征的特色小镇。同时，特色小镇构建将对周边乡村发展起到带动作用。

本章小结

　　本章主要以广西传统村落保护传承为基础，探讨其发展策略。认为广西传统村落保护、传承与发展三者关系相辅相成、缺一不可。由三者关系可知，保护、传承、发展可分静态保护与动态保护两种。静态保护发展策略有生态博物馆及自发性保护两种；动态保护有再设计、旅游观光补偿、功能拓展三个发展策略。

参考文献

一、专著

［1］Soja E W. *Thirdspace* ［M］. Oxford：Blackwell，1996.

［2］安介生. 民族大迁徙 ［M］. 南京：江苏人民出版社，2011.

［3］班固. 汉书·地理志：第8、28卷 ［M］. 北京：中华书局，2009.

［4］蔡涤. 铁围山丛谈 ［M］. 北京：中华书局，1983.

［5］邓昌达. 北海第一村 ［M］. 南宁：广西人民出版社，2009.

［6］丁文魁. 风景名胜研究 ［M］ 上海：同济大学出版社，1988.

［7］董浩，等. 全唐文. 卷八三懿宗：恤民通商制 ［M］. 北京：中华书局，1983.

［8］范成大. 桂海虞衡志 ［M］. 清四库全书本复印本，1869.

［9］范晔. 后汉书 ［M］. 北京：中华书局，1965.

［10］房玄龄，等. 晋书 ［M］. 北京：中华书局，1974.

［11］费尔南·门德斯·平托. 葡萄牙人在华见闻录：十六世纪手稿 ［M］. 海口：三环出版社，1998.

［12］《古镇书》编辑部. 广西古镇书 ［M］. 石家庄：花山文艺出版社，2004.

［13］广西百色市政协文史和学习委员会. 百色古镇 ［M］. 南宁：广西人民出版社，2011.

［14］《广西传统民族建筑实录》编委会. 广西传统民族建筑实录 ［M］. 南宁：广西科学技术出版社，1991.

［15］广西壮族博物馆. 广西文物考 ［M］. 北京：文物出版社，2005.

［16］广西壮族自治区博物馆. 广西考古文集 ［M］. 北京：文物出版社，2004.

[17] 郭译注. 周易 [M]. 北京：中华书局, 2006.

[18] 桓宽. 盐铁论简注 [M]. 北京：中华书局, 1984.

[19] 黄现璠, 黄增庆, 张一民. 壮族通史 [M]. 南宁：广西民族出版社, 1988.

[20] 居阅时. 中国象征文化 [M]. 上海：上海人民出版社, 2011.

[21] 雷翔. 广西民居 [M]. 北京：中国建筑工业出版社, 2009.

[22] 李长杰. 桂北民居建筑 [M]. 北京：中国建筑工业出版社, 1990.

[23] 郦道元. 水经注 [M]. 谭属春, 陈爱平, 校点. 长沙：岳麓书社, 1995.

[24] 列维–布留尔 (Левц–Брюлъ). 原始思维 [M]. 北京：商务印书馆, 1981.

[25] 刘敦桢. 中国古代建筑史 [M]. 北京：中国建筑工业出版社, 1984.

[26] 罗德胤, 等. 西南民居 [M]. 北京：清华大学出版社, 2010.

[27] 罗杰·弗莱. 视觉与设计 [M]. 易英, 译. 南京：江苏教育出版社, 2005.

[28] 罗泌. 路史·后记：第8卷 [M]. 北京：中华书局, 1980.

[29] 蒙文通. 越史丛考 [M]. 北京：人民出版社, 1983.

[30] 彭一刚. 传统村落聚落景观分析 [M]. 北京：中国建筑工业出版社, 1992.

[31] 彭一刚. 传统村镇聚落景观分析 [M]. 北京：中国建筑工业出版社, 1994.

[32] 彭一刚. 建筑空间组合论 [M]. 北京：中国建筑工业出版社, 1998.

[33] 钱家渝. 视觉心理学 [M]. 上海：学林出版社, 2006.

[34] 阮仪三, 王景. 历史文化名城保护理论与规划 [M]. 上海：同济大学出版社, 1995.

[35] 上林县志编纂委员会. 上林县志 [M]. 桂林：广西人民出版社, 1989.

[36] 司马迁. 史记 [M]. 北京：中华书局, 1982.

[37] 覃彩銮. 广西居住文化 [M]. 南宁：广西人民出版社, 1996.

[38] 覃乃昌. 广西世居民族 [M]. 南宁：广西民族出版社, 2004.

[39] 覃业银, 张红专. 非物质文化遗产导论 [M]. 沈阳：辽宁大学出版

社, 2008.

[40] 唐旭, 谢迪辉. 桂林古民居 [M]. 桂林: 广西师范大学出版社, 2010.

[41] 唐绪, 谢迪辉. 桂林古民居 [M]. 桂林: 广西师范大学出版社, 2010.

[42] 田永复. 中国仿古建筑构造精解 [M]. 北京: 化学工业出版社, 2010.

[43] 王浩, 唐晓岚, 孙新旺, 等. 村落景观的特色与整合 [M]. 北京: 中国林业出版社, 2008.

[44] 王钦若, 等. 册府元龟. 卷九一: 赦宥第十 [M]. 北京: 中华书局, 1960.

[45] 王文章. 非物质文化遗产概论 [M]. 北京: 文化艺术出版社, 2006.

[46] 王云才, 郭焕成, 徐辉林. 乡村旅游规划原理与方法 [M]. 北京: 科技出版社, 2006.

[47] 喜仁龙 (O. Siren) [M]. 许永全, 译. 北京: 燕山出版社, 1983.

[48] 徐松石. 泰族、壮族、粤族考 [M]. 上海: 中华书局, 1946.

[49] 杨国仁, 吴定国. 侗族祖先哪里来 [M]. 贵阳: 贵州人民出版社, 1981.

[50] 于瑮. 广西历史文化 [M]. 南宁: 广西人民出版社, 2003.

[51] 余达忠. 返璞归真——侗族地扪"千三"节文化诠释 [M]. 北京: 中国文联出版社, 2002.

[52] 俞孔坚. 景观: 文化、生态与感知 [M]. 北京: 科学出版社, 1998.

[53] 袁犁, 游杰. 消失的聚落——北川古羌寨遗址与环境空间研究 [M]. 重庆: 重庆大学出版社, 2015.

[54] 张广智, 张广勇. 史学: 文化中的文化 [M]. 上海: 上海社会科学院出版社, 2003.

[55] 张声震. 壮族史 [M]. 广州: 广东人民出版社, 2002.

[56] 赵逵. 川盐古道 文化线路视野中的聚落与建筑 [M]. 南京: 东南大学出版社, 2008.

[57] 赵晓梅. 中国活态乡土聚落的空间文化表达——以黔东南地区侗寨为例 [M]. 南京: 东南大学出版社, 2009.

[58] 赵勇. 中国历史文化名镇名村保护理论与方法 [M]. 北京: 中国建筑工业出版社, 2008.

[59] 中国美术全集. 中国美术全集: 绘画篇 [M]. 北京: 文物出版社, 1989.

[60] 钟文典. 广西通史 [M]. 南宁: 广西人民出版社, 1999.

[61] 仲富兰. 中国民俗学文化导论 [M]. 杭州: 浙江人民出版社, 1998.

[62] 周开保. 桂林古建筑研究 [M]. 桂林: 广西师范大学出版社, 2015.

[63] 周庆华. 黄土高原·河谷中的聚落 陕北地区人居环境空间形态模式研究 [M]. 北京: 中国建筑工业出版社, 2009.

二、报刊

[1] 蔡龙, 赵清. 丁登山风景名胜区规划实施的景观生态效应 [J]. 地理研究, 2004, 23 (5).

[2] 陈润羊. 美丽乡村建设研究文献宗师 [J]. 云南农业大学学报, 2018 (4).

[3] 陈世娟. 论村落文化的基本特征 [J]. 湖北师范学院学报, 1993 (2).

[4] 陈晓强, 沈守云. 关于传统村落景观的思考 [J]. 现代园艺, 2016 (3).

[5] 陈永林, 谢炳庚. 江南丘陵区乡村聚落空间演化及重构——以赣南地区为例 [J]. 地理研究, 2016 (1).

[6] 程潮. 儒学南传与岭南儒学的变迁 [J]. 广州大学学报 (社会科学版), 2010 (3).

[7] 程俊, 何昉, 刘燕. 岭南村落风水林研究进展 [J]. 中国园林, 2009 (11).

[8] 程湘叶. 黄姚古镇旅游可持续发展研究 [J]. 南宁职业技术学院学报, 2012 (6).

[9] 褚兴彪. 多民族艺术对腾冲民居景观的影响与启示 [J]. 贵州民族研究, 2014 (4).

[10] 褚兴彪, 刘庆涛, 周信颖, 等. 图像学视角下漓江流域古民居装饰信息研究 [J]. 包装工程, 2016 (4).

[11] 褚兴彪. 图像学视角下漓江流域古民居装饰图案解析 [J]. 桂林师范高等专科学院学报, 2012 (4).

[12] 创邦. "干栏" 词义原始 [J]. 广西民族研究, 1988 (1).

[13] 代亚松, 姜平平. 铜仁市乡村旅游资源现状与发展对策 [J]. 铜仁学院学报, 2012 (3).

[14] 段进, 季松. 太湖流域古镇空间研究回顾 [J]. 乡村规划建设, 2015 (12).

[15] 范俊芳. 侗族村寨空间构成解读 [J]. 中国园林, 2010, (7).

[16] 范俊芳, 熊兴耀. 侗族村寨空间构成解读 [J]. 中国园林, 2010 (4).

[17] 傅云峰, 林燕. 金华市传统村落旅游开发实证研究——以汕头下古村为例 [J]. 金华职业技术学院学报, 2018 (7).

[18] 高燕琼. 非物质文化遗产是民族文化的基因——以宣威市 "非遗" 保护工作为例 [J]. 致富时代, 2018 (7).

[19] 广西壮族自治区文物工作队兴安博物馆. 广西兴安县秦城遗址七里圩王城城址的勘探与发掘 [J]. 考古, 1998 (11).

[20] 韩海娟, 朱霞, 彭俊杰. 浅析乡村旅游与古村环境整治和保护的结合 [J]. 小城镇建设, 2009 (5).

[21] 贺剑武. 广西少数民族农业文化遗产旅游开发研究——以桂林龙胜龙脊梯田为例 [J]. 安徽农业科学, 2010 (7).

[22] 胡道生. 古村落旅游开发的初步研究——以安徽黟县古村落为例 [J]. 人文地理, 2002 (8).

[23] 黄琪康. 慧琳大圩镇乡村旅游发展策略研究 [J]. 商品与质量, 2012 (5).

[24] 黄滢, 张青萍. 多元主体保护模式下民族传统村落的保护 [J]. 贵州民族研究, 2017 (10).

[25] 黎虎. 汉魏晋北朝大宅、坞堡与客家民居 [J]. 文史哲, 2001 (5).

[26] 黎勇. 关于大芦村古建筑群景观的风水文化探讨 [J]. 建筑技艺, 2009 (4).

[27] 李伯华, 尹莎, 刘沛林, 等. 湖南省传统村落空间分布特征及影响因素分析 [J]. 经济地理, 2015 (2).

[28] 李萌, 张健. 中国古典园林中的风水布局浅析 [J]. 沈阳建筑大学学报, 2015 (3).

[29] 李仁杰, 傅学庆, 张军海. 非物质文化景观研究: 载体、空间化与时空尺度 [J]. 地域研究与开发, 2013 (6).

[30] 李银河. 论村落文化 [J]. 中国社会科学, 1993 (9).

[31] 李珍. 贝丘、大石铲、岩洞葬考古学研究——南宁及其附近地区史前文化的发展与演变 [J]. 中国国家博物馆馆刊, 2011 (7).

[32] 李自若. 从广西旧县村的自主更新再利用谈传统聚落的保护与发展 [J]. 南方建筑, 2011 (3).

[33] 梁思成. 广西容县真武阁的"杠杆结构" [J]. 建筑学报, 1962 (7).

[34] 梁思成. 闲话文物建筑的重修与维护 [J]. 文物, 1963 (7).

[35] 廖军. 祥禽瑞兽纹饰中的自然崇拜思维探析 [J]. 苏州大学学报 (工科版), 2003 (3).

[36] 廖开顺. 侗族水文化与文化记忆 [J]. 包装工程, 2014, 36 (4).

[37] 廖荣盛. 论视觉传达中的视觉流程 [J]. 装饰, 2006 (7).

[38] 林宪德. 民居立体分布论 [J]. 新建筑, 2011 (3).

[39] 刘滨谊, 王云才. 论中国乡村景观评价的理论基础与指标体系 [J]. 中国园林, 2002 (5).

[40] 刘炳献, 潘夏宁, 周永博. 旅游地居民对旅游影响的感知——广西扬美古镇的个案研究 [J]. 社会科学家, 2005 (4).

[41] 刘沛林, 董双双. 中国古村落景观的空间意象研究 [J]. 地理研究, 1998 (3).

[42] 刘夏蓓. 传统社会结构与文化景观保护——三十年来我国古村落保护反思 [J]. 西北师范大学学报, 2009 (3).

[43] 刘晓光, 姜宇琼. 中国建筑比附性象征与表现性象征的关系研究 [J]. 学术交流, 2004 (4).

[44] 刘雪. 浅议自然物与人造物的关系 [J]. 艺术与设计 (理论), 2010 (6).

[45] 刘哲. 广西传统村落现状与保护发展的思考 [J]. 广西城镇建设, 2014 (11).

[46] 刘志宏，李锺国. 广西少数民族地区传统村落分析研究 [J]. 山西建筑，2017 (2).

[47] 刘智博，丁钒，赵泽钞，姜中天. 北京市村镇农宅传统风貌现状研究 [J]. 城市住宅，2017 (12).

[48] 吕埴. 浅议民族生态博物馆的集群化发展——对广西"1＋10"生态博物馆模式的回顾与思考 [J]. 中国博物馆，2018 (2).

[49] 潘顺安，张伟强. 广西古村落选址与布局分析——以秀水、扬美和大卢村为例 [J]. 广西教育学院学报，2016 (3).

[50] 彭博，张雪旸，彭雄，李伟，黄佳琦. 安吉县生态发展模式研讨 [J]. 环球市场信息导报，2017 (9).

[51] 彭适凡. 几何印纹陶与古越族 [J]. 民族论坛，1986 (2).

[52] 彭守仁. "徽州古民居之奥秘"——论古建筑形式与功能关系 [J]. 安徽建筑，1996 (1).

[53] 任俊华. 论中国文化起源的多元性 [J]. 长白学刊，2000 (6).

[54] 荣海山. 历史街区的保护和更新——以广西昭平县黄姚古镇规划为例 [J]. 广西城镇建设，2005 (12).

[55] 尚廓. 中国风水格局的形成、生态环境与景观 [J]. 风水典故考略，2004 (5).

[56] 宋晓龙. 从发展的视角看古村落的保护——由山西大阳泉古村保护引发的思考 [J]. 北京规划建设，2008 (4).

[57] 苏琨，郝索. 国内外生态博物馆研究综述 [J]. 安徽农业科学，2012 (29).

[58] 孙静，吕金阳. 广西黄姚古镇建筑装饰艺术研究 [J]. 家具与室内装饰，2013 (11).

[59] 孙乐琪. 试分析旅游景区开发中的过度商业化问题 [J]. 旅游纵览，2016 (4).

[60] 唐承丽，贺艳华，周国华，等，基于生活质量导向的乡村聚落空间优化研究 [J]. 地理学报，2014 (10).

[61] 唐璟瑶，章锦河，胡欢，等. 中国传统村落空间分布特征分析 [J]. 地理科学进展，2016 (7).

[62] 仝晓晓，褚兴彪. 少数民族古村落景观保护与发展研究——以富川瑶

族自治县为例 [J]. 湖北民族学院学报（哲学社会科学版），2016 (5).

[63] 佟玉权，龙花楼. 贵州民族传统村落的空间分异因素 [J]. 经济地理，2015 (3).

[64] 汪清蓉，李凡. 古村落综合价值的定量评价方法及实证研究——以大旗头古村为例 [J]. 旅游学刊，2006 (1).

[65] 汪永华. 景观生态学研究进展 [J]. 长江大学学报（自然科学版），2005，2 (8).

[66] 汪月，佟林，杨霞，等. 基于 SWOT 分析的黎平县侗族文化旅游资源开发研究——以肇兴侗寨为例 [J]. 旅游纵览（下半月），2018 (5).

[67] 王柏中. "雒田"问题研究考索 [J]. 中国史研究动态社，2012 (3).

[68] 王丽. 浅析桂林秦家大院建筑风格特点 [J]. 广西城镇建设，2010 (8).

[69] 王林. "原真性"民俗文化之于古镇旅游的价值——以广西大圩古镇为例 [J]. 青海民族研究，2008 (1).

[70] 王敏. 城镇化不可忽视文化建设 [J]. 北京观察，2014 (3).

[71] 王伟昭. 永安守御千户所城与大士阁 [J]. 中国文化遗产，2008 (10).

[72] 王仰麟，祁黄雄. 区域观光农业规划的理论与案例研究 [J]. 人文地理，1999 (4).

[73] 王寅寅，李若愚. 关于非物质文化景观的研究——以高淳区为视点 [J]. 安徽工程大学学报，2016 (3).

[74] 王莹. 基于 90 后新兴市场的古村落保护开发研究 [J]. 旅游论坛，2017 (11).

[75] 王政. 大汶口文化"握牙"葬俗与拔牙古俗的巫术文化内涵 [J]. 民族艺术，2008 (1).

[76] 韦江，何安益，张宪文，等. 甑皮岩遗址发掘填补广西史前文化空白 [N]. 中国文物报，2001 (10).

[77] 韦学飞. 广西传统村落景观规划发展探讨 [J]. 艺术评论，2017 (3).

[78] 文永辉. 新型城镇化建设背景下传统村落的法制化保护探析 [J]. 求实，2018 (1).

[79] 吴茜婷. 对贵州传统村落大中村的调研及思考 [J]. 当代旅游, 2018 (7).

[80] 吴伟峰. 从民族生态博物馆看广西民族文化的保护与传承 [J]. 广西民族研究, 2007 (2).

[81] 吴晓颖, 张士伦, 刘爱丽. 社区居民文化自觉性视角下的文化遗产旅游地保护策略研究——以广西灵山大卢村为例 [J]. 文化学刊, 2015 (6).

[82] 吴应科. 桂林漓江风景名胜区总体规划编制探讨 [J]. 桂林旅专学报, 1998, 9 (4).

[83] 伍国正, 余翰武, 周红. 湖南传统村落的防御性特征 [J]. 中国安全科学学报, 2007 (10).

[84] 项红梅, 宋力, 初宝顺. 乡土景观的国内研究状况 [J]. 中国园艺文摘, 2010 (1).

[85] 徐赣丽. 侗寨的公共空间与村民的公共生活 [J]. 中央民族大学学报, 2013, 211 (6).

[86] 严昌洪. 侗寨鼓楼的起源与功用新论 [J]. 中南民族学院学报, 1996, 77 (1).

[87] 杨宏烈, 肖佑兴. 广州黄埔古村商埠文化建筑遗产的保护利用 [J]. 广州城市职业学院学报, 2010 (3).

[88] 杨军. 广西传统村落文化保护路径新探 [J]. 广西民族大学学报 (哲学社会科学版), 2017 (3).

[89] 杨萍, 梁玮男. 广西水源头古村落解读 [J]. 山西建筑, 2010 (2).

[90] 杨毅, 杨杰. 秩序: 村落生长机制及其现代意义 [J]. 云南工业大学学报, 1997 (4).

[91] 杨宇亮, 张丹明, 党安荣, 等. 村落文化景观形成机制的时空特征探讨 [J]. 中国园林, 2013 (2).

[92] 姚华松, 许学强, 薛德升. 人文地理学研究中对空间的再认识 [J]. 人文地理, 2010 (2).

[93] 佚名. 广西创新传统村落保护模式 [J]. 城市规划通讯, 2017 (22).

[94] 宇世明, 宋书巧, 屠爽爽. 广西古村落乡村旅游开发的思考——以南宁市扬美古镇为例 [J]. 安徽农业科学, 2010 (32).

[95] 袁丽红. 壮族与客家杂居的空间结构分析 [J]. 广西民族研究,

2009，1（95）.

[96] 张安蒙. 当古村落成为景区的时候——保护村落景观建设景观村落 [J]. 今日国土，2006（9）.

[97] 张桂红. 孤岛型古村落景观的保护与传承——以贺州黄姚古镇为例 [J]. 安徽农业科学，2015（9）.

[98] 张剑文. 传统村落保护与旅游开发的 PPP 模式研究 [J]. 小城镇建设，2016（7）.

[99] 张轶群. 传统聚落的人文精神——解读和顺乡 [J]. 规划师，2002（10）.

[100] 张自玲.《法国人的港湾》——空间叙事理论下的女性范文化书写 [J]. 天水师范学院学报，2015（1）.

[101] 章锦河，凌善金. 黟县宏村古村落旅游形象设计研究 [J]. 地理学与国土研究，2001，17（3）.

[102] 赵万民，史靖塬，黄勇. 西北台塬人居环境城乡统筹空间规划研究——以宝鸡市高新区为例 [J]. 城市规划，2012（4）.

[103] 赵冶，熊伟，谢小英. 广西壮族人居建筑文化分区 [J]. 华中建筑，2012（5）.

[104] 郑灵燕. 现代包装设计的生态观对生活观念的影响 [J]. 包装工程，2015（20）.

[105] 郑凌. 云南甲马造型中原始思维的物化特征 [J]. 装饰，1992（6）.

[106] 周海军. 桂东北瑶、汉族古村落的历史文脉与空间解析 [J]. 江南大学学报（人文社科版），2017（7）.

[107] 周乾松. 城镇化过程中加强传统村落保护的对策 [J]. 城乡建设，2014（8）.

[108] 周小玲，刘淑兰. 文化自信视域下福建传统村落文化的保护与传承 [J]. 石家庄铁道大学学报（社会科学版），2017（4）.

[109] 诸葛凯. 中国早期造物的朴素本质及其宗教意识的交织 [J]. 东南大学学报（哲学社会版），2003（5）.

三、论文

[1] 陈伟. 雷州地区传统民居门楼研究 [D]. 广州：华南理工大

学，2017.

[2] 陈晓蓁. 我国特色小镇主导产业选择案例——以云栖小镇为例 [D]. 济南：山东建筑大学，2017.

[3] 成亮. 甘南藏区乡村聚落空间模式研究 [D]. 武汉：华中科技大学，2016.

[4] 程宝飞. 新常态下江西乡村旅游景观热点研究 [D]. 南昌：南昌大学，2016.

[5] 杜佳. 贵州喀斯特山区民族传统乡村聚落形态研究 [D]. 杭州：浙江大学，2017.

[6] 方赞山. 海南传统村落空间形态与布局 [D]. 海口：海南大学，2015.

[7] 冯明明. 海岛传统文化村落的价值及其评价——以舟山群岛新区为例 [D]. 舟山：浙江海洋学院，2015.

[8] 富格锦. 民族村落景观构成及保护研究 [D]. 昆明：昆明理工大学，2016.

[9] 盖晓媛. 杭州市乡村景观旅游规划设计研究 [D]. 杭州：浙江理工大学，2010.

[10] 郭冬雪. 传统村落保护与旅游开发的互动关系研究 [D]. 济南：山东建筑大学，2017.

[11] 胡瑾. 云南沙溪古镇文化景观及其保护策略研究 [D]. 天津：河北工业大学，2014.

[12] 黄智尚. 广西三江县程阳侗寨传统村落保护与发展研究 [D] 广州：广州大学，2017.

[13] 蒋刚. 传统村落保护规划研究 [D]. 长沙：中南大学，2013.

[14] 李华. 罗田县乡村旅游景观设计研究 [D]. 武汉：华中师范大学，2014.

[15] 李建华. 西南聚落的文化学诠释 [D]. 重庆：重庆大学，2010.

[16] 李娇娇. 重庆的聚落文化与建筑艺术风格研究 [D]. 淮北：淮北师范大学，2018.

[17] 廖娟. 新公共服务理论视域下美丽乡村建设研究 [D]. 桂林：广西师范大学，2015.

[18] 刘沛林. 聚落文化景观文化基因图谱的新探索 [C]. 中国地理学会百年庆典学术论文摘要集, 2009 (10).

[19] 刘婷. 泸县新溪村传统错落文化景观保护研究 [D]. 成都：成都理工大学, 2017.

[20] 刘燕. 非物质文化遗产在传统村落保护中的传承研究 [D]. 北京：北京建筑大学, 2013.

[21] 刘志成. 特色景观的审美心理表现形态研究 [D]. 武汉：华中科技大学, 2008.

[22] 聂存虎. 人与自然交往观念的历史考察与当代重构 [D]. 北京：北京交通大学：2007.

[23] 宁暕. 非遗类传统村落保护研究 [D]. 武汉：华中科技大学, 2016.

[24] 牛丹丹. 古村落景观保护与旅游开发研究 [D]. 咸阳：西北农林科技大学, 2012.

[25] 庞春林. 广西历史文化名村景观规划与建设研究 [D]. 南宁：广西大学, 2013.

[26] 祁雷. 村镇历史文化要素综合价值评价及保护研究 [D]. 保定：河北农业大学, 2010.

[27] 沈卓娅. 中国门文化特征系统研 [D]. 无锡：江南大学, 2008.

[28] 孙国花. 大圩古镇保护与发展研究 [D]. 广州：华南理工大学, 2014.

[29] 王登辉. 云南典型民族传统村落保护更新研究 [D]. 昆明：云南农业大学, 2017.

[30] 王留青. 苏州传统村落分类保护研究 [D]. 苏州：苏州科技学院, 2014.

[31] 王路生. 传统古村落的保护与利用研究——以秀水国家历史文化名村为例 [D]. 重庆：重庆大学, 2012.

[32] 王益. 徽州传统村落安全防御与空间形态的关联性研究 [D]. 马鞍山：安徽工业大学, 2017.

[33] 吴俊. 秦汉时期广西地区汉文化研究——以考古资料为中心的考察 [D]. 武汉：武汉大学, 2010.

[34] 谢佳艺. 川西临盘地区传统民居墙体营造研究 [D]. 成都：西南交

通大学，2016.

[35] 许超. 休闲农业园景观规划与体验模式研究 [D]. 杭州：浙江农林大学，2014.

[36] 许文聪. 城市边缘区传统村落保护与发展研究 [D] 北京：北京交通大学，2016.

[37] 闫培良. 村落文化的当代价值 [D]. 长春：吉林大学，2014.

[38] 杨牧. 平地瑶宗族文化研究 [D]. 南宁：广西民族大学，2015.

[39] 杨萍. 广西水源头古村落解析 [D]. 北京：北方工业大学，2010.

[40] 杨锐. 传统村落人居环境评价 [D]. 石家庄：河北师范大学，2015.

[41] 易锰钢. 长沙市乡村旅游发展研究 [D]. 长沙：湖南农业大学，2011.

[42] 曾艳. 广东传统聚落及其民居类型文化地理研究 [D]. 广州：华南理工大学，2016.

[43] 张先庆. 四川省民族地区传统村落保护方法研究 [D]. 绵阳：西南科技大学，2017.

[44] 赵璐. 京郊传统村落建筑再生利用研究 [D]. 北京：北京林业大学，2016.

[45] 郑鑫. 传统村落保护研究. [D] 北京：北京建筑大学，2014.

[46] 周艺. 广西侗族传统文化与当代民族发展 [D]. 桂林：广西师范大学，2001.

[47] 朱黎明. 非物质文化视野下的蒋村传统村落环境研究 [D]. 西安：西安建筑科技大学，2011.

[48] 朱晓芳. 基于 ANP 的江苏省传统村落保护实施评价体系研究 [D]. 苏州：苏州科技大学，2016.

[49] 庄学村. 新型城镇化建设中传统村落文化传承研究 [D]. 福州：福建农林大学，2016.